U0077545

圖說運算思維與演算邏輯

使用 Python + ChatGPT 訓練系統化思考與問題解析方法

榮欽科技 著

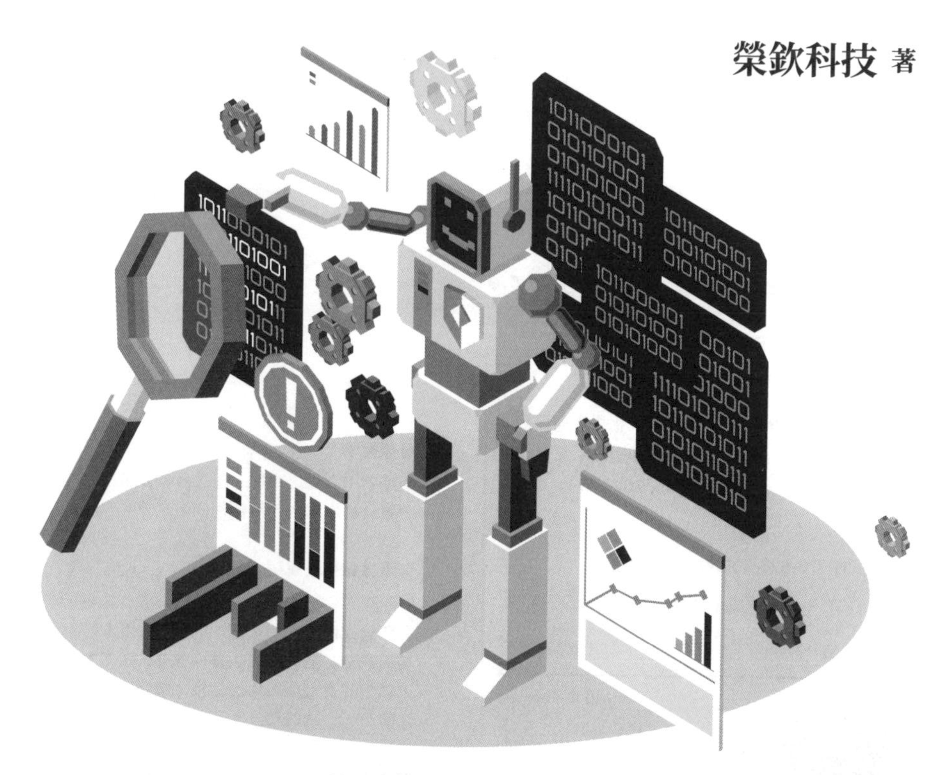

- 依演算邏輯規劃章節架構，增加訓練的強度
- 運用Python實作，訓練運算思維與演算邏輯
- 採豐富圖例講解，精確提高演算法的理解程度
- 結合ChatGPT輔助應用，加速程式設計
- 提供完整範例程式碼，增強學習成效

博碩官網下載範例檔

作　　者：榮欽科技 著
責任編輯：Cathy

董 事 長：陳來勝
總 編 輯：陳錦輝

出　　版：博碩文化股份有限公司
地　　址：221 新北市汐止區新台五路一段 112 號 10 樓 A 棟
電話 (02) 2696-2869　傳真 (02) 2696-2867

發　　行：博碩文化股份有限公司
郵撥帳號：17484299　戶名：博碩文化股份有限公司
博碩網站：http://www.drmaster.com.tw
讀者服務信箱：DrService@drmaster.com.tw
讀者服務專線：(02) 2696-2869 分機 216、238
（周一至周五 09:30 ～ 12:00；13:30 ～ 17:00）

版　　次：2023 年 12 月初版

建議零售價：新台幣 560 元
I S B N：978-626-333-686-5
律師顧問：鳴權法律事務所 陳曉鳴律師

本書如有破損或裝訂錯誤，請寄回本公司更換

國家圖書館出版品預行編目資料

圖說運算思維與演算邏輯：使用 Python+ChatGPT, 訓練系統化思考與問題解析方法 / 榮欽科技作 . -- 初版 . -- 新北市 : 博碩文化股份有限公司 , 2023.11

面；　公分

ISBN 978-626-333-686-5(平裝)

1.CST: Python(電腦程式語言) 2.CST: 人工智慧

312.32P97　　112020495

Printed in Taiwan

博碩粉絲團

歡迎團體訂購，另有優惠，請洽服務專線
(02) 2696-2869 分機 216、238

商標聲明

本書中所引用之商標、產品名稱分屬各公司所有，本書引用純屬介紹之用，並無任何侵害之意。

有限擔保責任聲明

雖然作者與出版社已全力編輯與製作本書，唯不擔保本書及其所附媒體無任何瑕疵；亦不為使用本書而引起之衍生利益損失或意外損毀之損失擔保責任。即使本公司先前已被告知前述損毀之發生。本公司依本書所負之責任，僅限於台端對本書所付之實際價款。

著作權聲明

本書著作權為作者所有，並受國際著作權法保護，未經授權任意拷貝、引用、翻印，均屬違法。

PREFACE

自序

當程式語言已經是越來越普及的通識課程，讓人人擁有程式設計實作能力，更是各學校資訊教育的首要重點。程式設計課程的目的特別著重「運算思維」（Computational Thinking, CT）的訓練，也就是分析與拆解問題能力的培養，並藉助程式語言實作，進而訓練學生系統化的邏輯思維模式。由於 Python 語言簡潔、易懂、易學的特性，因此是學習運算思維與演算邏輯訓練的最佳程式語言。

對於第一次接觸運算思維與演算邏輯教材的初學者來說，大量的演算法邏輯文字說明，常會造成學習障礙與挫折感。為了幫助各位快速理解運算思維與演算邏輯，本書採用豐富圖文及最簡單的表達方式，闡述各種運算思維與演算邏輯，並配合以 Python 語言來實作，能有效提高運算思維與演算邏輯的訓練。

市面上以 Python 語言來訓練運算思維與演算邏輯的書籍較為缺乏，本書則是一本運算思維與演算邏輯訓練的重要著作。為了方便各位學習，書中都是完整的程式碼，可以避免片段學習程式的困擾。本書一開始先介紹程式設計與運算思維兩者間的關係，接著簡介常見的資料結構，包括陣列、矩陣、串列、堆疊、佇列、樹狀結構、圖形及雜湊表等，接下來的各章則針對分治法、貪心法、動態規劃法、樹狀演算法、堆疊與佇列演算邏輯及經典演算邏輯，分別搭配 Python 語言來實作，期能提高運算思維與演算邏輯訓練的成效。

另外，本書加入了 ChatGPT 與 Python 雙效合一的應用，這個新單元精彩 ChatGPT AI 程式範例如下：

- 使用 Pygame 遊戲套件繪製多媒體圖案
- 以內建模組及模擬大樂透的開獎程式
- 建立四個主功能表的視窗應用程式
- 演算法的應用：迷宮問題的解決方案
- 海龜繪圖法（Turtle Graphics）繪製圖形
- 猜數字遊戲
- OX 井字遊戲
- 猜拳遊戲
- 比牌面大小遊戲

為了驗收各章的學習成果，章末安排了習題，提供實戰演練的機會，然而一本好的運算思維與演算邏輯訓練書籍，除了內容難易適中外，更需要有清楚易懂的架構安排及表達方式，希望本書能幫助各位以最輕鬆的方式，達到運算思維與演算邏輯訓練的基礎目標。

CONTENTS 目錄

大話運算思維與程式設計

2

走入資料結構與演算法的異想世界

3 各個擊破的分治演算邏輯

4 給我最好，其餘免談的貪心演算邏輯

5 分治法的麻吉兄弟 - 動態規劃演算邏輯

6 超圖解的樹狀演算邏輯

7 堆疊與佇列演算邏輯徹底研究

8 改變程式功力的經典演算邏輯

Chapter 1

大話運算思維與程式設計

- 我與運算思維
- 認識運算思維
- 生活中到處都是演算法
- 程式設計邏輯是什麼？

對於有志於從事資訊專業領域的人來說，程式設計是一門需要和電腦硬體與軟體皆有涉獵的學科，亦是近十幾年來蓬勃興起的新興科學。更深入來看，學習如何寫程式已經是跟語文、數學、藝術一樣的基礎能力，教育部目前也將撰寫程式列入國高中學生必修課程，欲培養孩子解決問題、分析、歸納、創新、勇於嘗試錯誤等能力，以及做好掌握未來數位時代的提前準備，讓寫程式不再是資訊相關科系的專業，而是全民的基本能力。

【學好運算思維，程式設計是最快的途徑】

程式設計的本質是數學，而且是更簡單的應用數學，過去對於程式設計的實踐目標，我們會非常看重「計算」能力。隨著資訊與網路科技的高速發展，計算能力的重要性已慢慢消失，反而著重學生「運算思維」（Computational Thinking, CT）的訓練。由於運算思維概念與現代電腦強大的執行效率結合，讓我們在今天具備了擴大解決問題的能力與範圍，但必須在課程中引導與鍛鍊學生建構運算思維的觀念，也就是分析與拆解問題能力的培養，以便具備 AI 時代該有的數位素養。

TIPS 人工智慧（Artificial Intelligence, AI）的概念最早是由美國科學家 John McCarthy 於 1955 年提出，目標為使電腦具有類似人類學習解決複雜問題與展現思考等的能力，舉凡模擬人類的聽、說、讀、寫、看、動作等的電腦技術，都被歸類為人工智慧的應用範圍。簡單地說，人工智慧就是由電腦模擬或執行，具有類似人類智慧或思考的行為，例如推理、規劃、問題解決及學習等能力。

如果不同專業的人能理解科技的潛力與限制，也就是擁有如程式設計師一般的腦袋，懂得利用資訊科技提升自己的核心競爭力，再結合數位科技和運算思維，就等於破解了電腦的神奇魔法，開始進入程式設計師的異想世界。

我與運算思維

日常生活中的大小事，無疑都是在解決問題，任何只要牽涉到「解決問題」的議題，都可以套用運算思維來解決。讀書與學習就是為了培養生活中解決問題的能力，運算思維是一種利用電腦的邏輯來解決問題的思維，就是一種能夠將問題「抽象化」與「具體化」的能力，也是現代人都應該具備的素養。目前許多歐美國家從幼稚園就開始訓練學生的運算思維，讓學生們能更有創意地展現出自己的想法與嘗試自行解決問題。

例如今天和朋友約在一個沒有去過的知名旅遊景點，我們在出門前會先上網規劃路線，看看哪些路線適合計畫的行程，以及哪種交通工具最好。簡單來說，整個計畫與考量過程就是運算思維，按照計畫逐步執行就是一種演算法（Algorithm），就如同我們把一件看似複雜的事情，用容易理解的方式來處理，這樣就是具備將問題程式化的能力。以下是規劃高雄一日遊的簡單運算思維的範例：

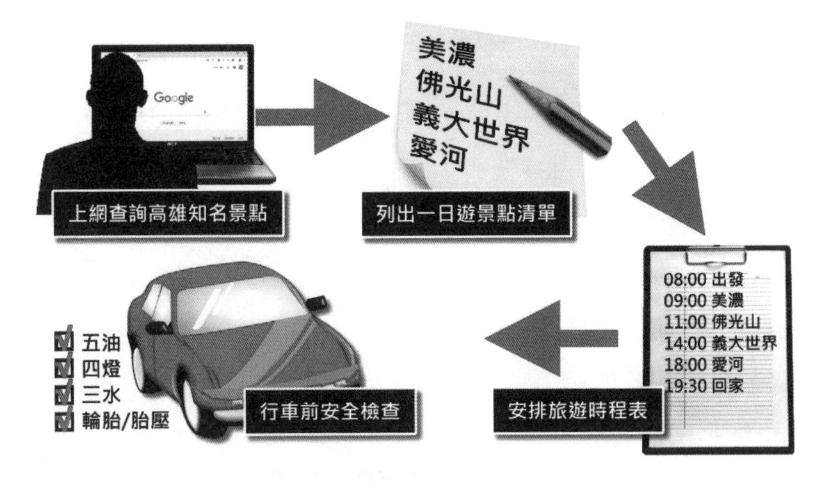

【規劃高雄一日遊過程也算運算思維的應用】

我們可以這樣形容：「學程式設計不等於學運算思維，但程式設計的過程是運算思維的表現，而要學好運算思維，透過程式設計絕對是最佳的途徑。」程式語言本來就只是工具，從來都不是重點，畢竟沒有最好的程式語言，只有適不適合的程式語言，學習程式的目標絕對不是要將每個學習者都訓練成專業的程式設計師，而是能培養學習者具備運算思維（CT）的程式腦。

1-2 認識運算思維

2006 年美國卡內基梅隆大學 Jeannette M. Wing 教授首度提出了「運算思維」的概念，她提到運算思維是現代人的一種基本技能，所有人都應該積極學習，隨後 Google 也為教育者開發一套運算思維課程（Computational Thinking for Educators）。這套課程提到培養運算思維的四個面向，分別是拆解（Decomposition）、模式識別（Pattern Recognition）、歸納與抽象化（Pattern Generalization and Abstraction）與演算法（Algorithm），雖然這並不是建立運算思維唯一的方法，不過透過這四個面向我們能更有效率地發想，利用運算方法與工具解決問題的思維能力，從中建立運算思維。

訓練運算思維的過程中，其實就養成了學習者用不同角度，以及現有資源解決問題的能力，並針對系統與問題提出思考架構的思維模式。正確地運用既有的知識或工具，找出解決艱難問題的方法，而學習程式設計，就是要有系統的學習與組合，並使用電腦來協助解決問題，接下來請看我們詳細的說明。

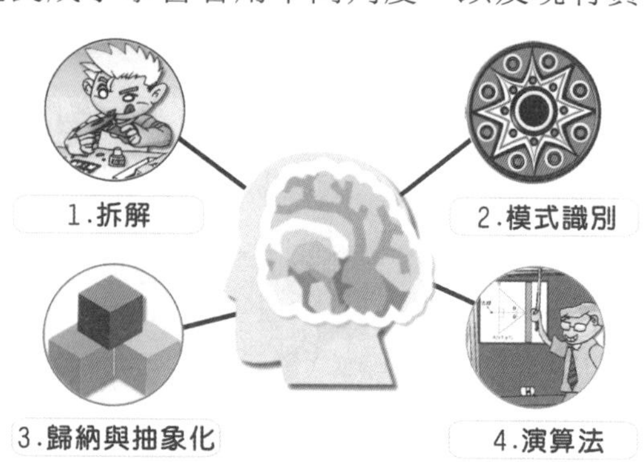

【運算思維的四個步驟示意圖】

1-2-1 拆解

許多人在編學程式或解決問題時，往往因為不知道從何拆解問題，而將問題想得太龐大，如果一個問題不進行拆解，肯定會較難處理。若能將一個複雜的問題，分割成許多小問題，針對小問題各個擊破，當小問題解決之後，原本的大問題也就解決了。

例如有台電腦機器故障了，如果將整台電腦逐步拆解成較小的部分，每個部分進行各種元件檢查，就容易找出問題的所在；或警察在思考如何破案時，也習慣將複雜問題細分成許多小問題；再或者習慣寫程式的人在遇到問題時，通常會開始考慮所有可能性，把步驟逐步拆解後，久而久之，這樣的邏輯就變成他的思考模式了。

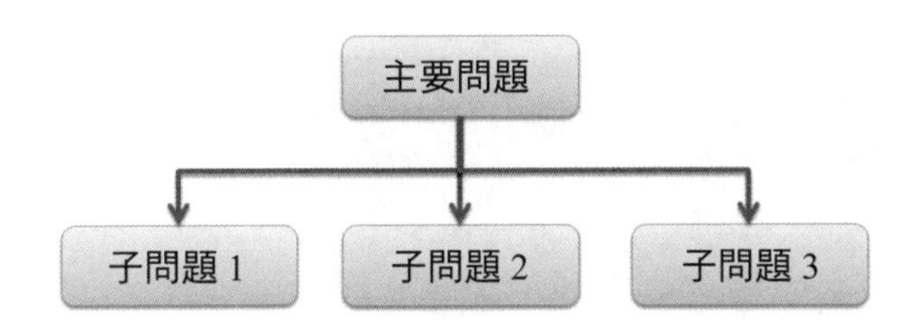

1-2-2 模式識別

將一個複雜的問題分解之後，我們常常能發現小問題中有共有的屬性以及相似之處，在運算思維當中，這些屬性稱之為「模式」(pattern)。模式識別是指在一堆資料中找出特徵（feature）或規則（rule），用來將資料進行辨識與分類，做為決策的判斷。解決問題的過程中找到模式是非常重要，將每個小問題分別檢視，模式可以讓問題的解決更簡化，當問題共享特徵時，能夠被更簡單的解決，因為當共通模式存在時，我們可以用相同方法去解決這類問題。

例如目前常見的生物辨識技術，就是指利用人體的型態、構造等生理特徵（Physiological characteristics）以及行為特徵（Behavior characteristics）作為根據，透過光學、聲學、生物感測等高科技設備密切結合，來進行對個人身份辨認（Identification 或 Recognition）與身份驗證（Verification）。例如指紋辨識（Fingerprint Recognition）系統，以機器讀取指紋樣本，將樣本存入資料庫中，即可將指紋特徵與資料庫進行對比與驗證；而臉部辨識技術則是透過攝影機擷取人臉部的特徵與五官，經過演算法確認，即可從複雜背景中判斷出特定人物的臉孔特徵。

【指紋辨識系統的應用已經相當普遍】

圖片來源：http://www.alsafitech.com/product/access-control

1-2-3 歸納與抽象化

歸納與抽象化的目的在於過濾以及忽略掉不必要的特徵，讓我們可以集中在重要的特徵上，幫助將問題具體化，通常這個過程開始會收集許多的資料，藉由歸納與抽象化，把特性以及無法幫助解決問題的模式去掉，留下相關以及重要的共同屬性的過程，直到建立一個通用的問題以及怎麼解決的規則。

由於「抽象化」沒有固定的模式，它會隨著需要或實際狀況而有不同。例如把一台車子抽象化，每個人都有各自的拆解方式，像是車商業務員與修車技師對車子抽象化的結果可能就會有差異。

- **車商業務員**：輪子、引擎、方向盤、煞車、底盤
- **修車技師**：引擎系統、底盤系統、傳動系統、煞車系統、懸吊系統

1-2-4 演算法

演算法不但是人類利用電腦解決問題的技巧之一，也是程式設計領域中最重要的關鍵，常常被使用為設計電腦程式的第一步，演算法就是一種計畫，每一個指示與步驟都是經過盤算的，這個計畫裡面包含解決問題的每一個步驟跟指示。

日常生活中也有許多工作利用演算法來描述，例如員工的工作報告、寵物的飼養過程、廚師準備美食的食譜、學生的功課表等，甚至經常使用的搜尋引擎都是藉由不斷更新演算法來運作。

特別是演算法與大數據的合作下，開始進行各式各樣的運用，例如當你撥打電話去信用卡客服中心，很可能就會先經過演算法的過濾，幫你找出最合拍的客服人員來與你交談，而透過大數據分析資料，店家還能進一步了解產品購買和需求的族群是哪些人，甚至企業在面試過程中也會測驗新進人員演算法的程度。

【大企業面試也必須測驗演算法程度】

TIPS 大數據（又稱大資料、大數據、海量資料，big data），為 IBM 於 2010 年提出，是指在一定時效（Velocity）內進行大量（Volume）且多元性（Variety）資料的取得、分析、處理、保存等動作，主要特性包含三種層面：大量性、速度性及多樣性。而根據維基百科定義，大數據是指無法使用一般常用軟體在可容忍時間內進行擷取、管理及處理的大量資料。簡單解釋：大數據其實是巨大資料庫加上處理方法的總稱，是有助於企業組織大量蒐集、分析各種數據資料的解決方案。

1-3 生活中到處都是演算法

在韋氏辭典中將演算法定義為：「在有限步驟內解決數學問題的程式。」運用在計算機領域中，我們可以把演算法定義成：「為了解決某一個工作或問題，所需要有限數目的機械性或重複性指令與計算步驟。」

相信各位都聽過可整除兩數的稱之為公因數，而演算法之一的輾轉相除法可以用來求取兩數的最大公因數，以下我們使用 while 迴圈來設計一 Python 程式，以求取所輸入兩個整數的最大公因數 (g.c.d)。

```
Num_1=int(input('請輸入第一個數字： '))
Num_2=int(input('請輸入第二個數字： '))

if Num_1 < Num_2:
    Tmp_Num=Num_1
    Num_1=Num_2
    Num_2=Tmp_Num

while Num_2 != 0:
    Tmp_Num=Num_1 % Num_2
    Num_1=Num_2
    Num_2=Tmp_Num

print('最大公因數 (g.c.d): ',Num_1)
```

1-3-1 演算法的條件

這裡要討論包括電腦程式常使用到演算法的概念與定義。當認識了演算法的定義後，我們還要說明描述演算法所必須符合的五個條件。

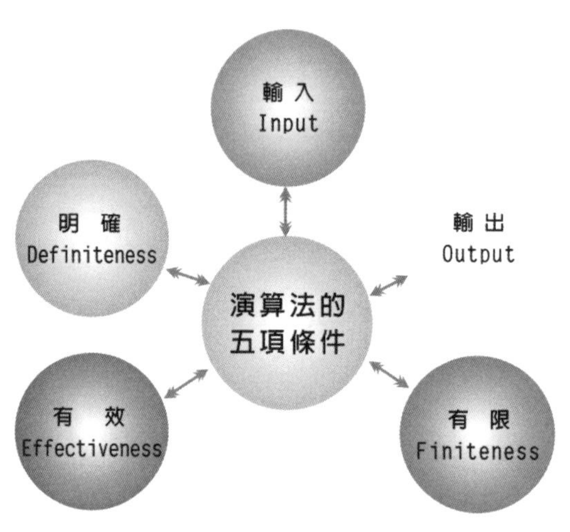

【演算法的五項條件】

演算法特性	內容與說明
輸入（Input）	0 個或多個輸入資料，這些輸入必須有清楚的描述或定義。
輸出（Output）	至少會有一個輸出結果，不可以沒有輸出結果。
明確性（Definiteness）	每一個指令或步驟必須是簡潔明確而不含糊的。
有限性（Finiteness）	在有限步驟後一定會結束，不會產生無窮迴路。
有效性（Effectiveness）	步驟清楚且可行，能讓使用者用紙筆計算而求出答案。

下一步要來思考到該用什麼方法來表達演算法最為適當呢？其實演算法的主要目的是在提供給人們了解所執行的工作流程與步驟，學習如何解決事情的辦法，只要能夠清楚表現演算法的五項特性即可。常用的演算法有文字敘述，如中文、英文、數字等，特色是使用文字或語言敘述來說明演算步驟，右圖就是學生小華早上上學並買早餐的簡單文字演算法。

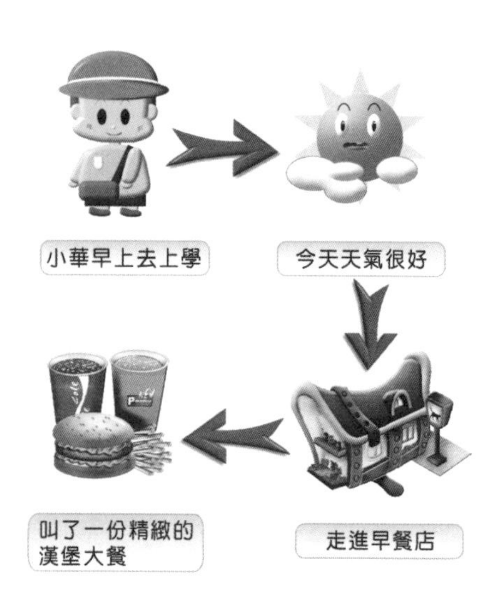

而有些演算法是利用可讀性高的高階語言與虛擬語言（Pseudo-Language）。如以 Python 語言來計算所傳入的兩數 x、y 的 x^y 值函數 Pow()：

```
def Pow(x,y):
    p=1
    for i in range(1,y+1):
        p *=x
    return p

print(Pow(4,3))
```

TIPS 虛擬語言（Pseudo-Language）是接近高階程式語言的寫法，也是一種不能直接放進電腦中執行的語言。一般都需要有特定的前置處理器（preprocessor），或者用手寫轉換成真正的電腦語言，經常使用的有 SPARKS、PASCAL-LIKE 等語言。

另外，流程圖（Flow Diagram）也是相當通用的演算表示法，必須使用某些圖形符號。例如請您輸入一個數值，並判別是奇數或偶數。

TIPS 演算法和程式是有什麼不同？程式不一定要滿足有限性的要求，如作業系統或機器上的運作程式。除非當機，否則永遠在等待迴路（waiting loop），這也違反了演算法五大原則之一的「有限性」。

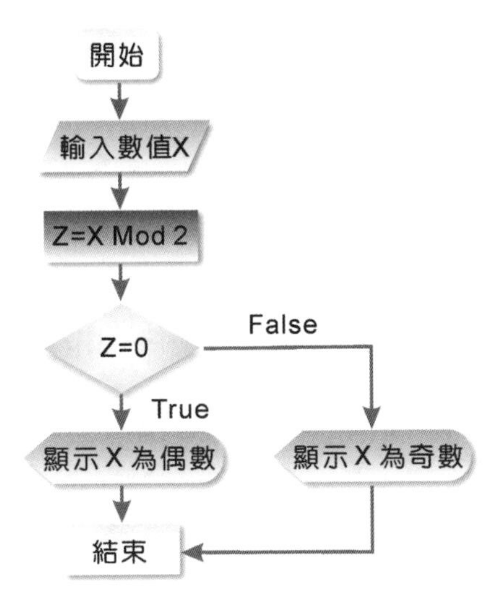

1-3-2 時間複雜度 O(f(n))

各位可能會想，那麼應該怎麼評量一個演算法的好壞呢？例如程式設計師可以就某個演算法的執行步驟計數來衡量執行時間的標準，但是同樣是兩行指令：

```
a=a+1 與 a=a+0.3/0.7*10005
```

由於涉及到變數儲存型態與運算式的複雜度，所以真正絕對精確的執行時間一定不相同。不過話又說回來，如此大費周章的去考慮程式的執行時間往往窒礙難行，而且毫無意義。這時可以利用一種「概量」的觀念來做為衡量執行時間，我們就稱為「時間複雜度」（Time Complexity）。詳細定義如下：

> 在一個完全理想狀態下的計算機中，我們定義一個 T(n) 來表示程式執行所要花費的時間，其中 n 代表資料輸入量。當然程式的執行時間或最大執行時間（Worse Case Executing Time）作為時間複雜度的衡量標準，一般以 Big-oh 表示。

> 由於分析演算法的時間複雜度必須考慮它的成長比率（Rate of Growth）往往是一種函數，而時間複雜度本身也是一種「漸近表示」（Asymptotic Notation）。

O(f(n)) 可視為某演算法在電腦中所需執行時間不會超過某一常數倍的 f(n)，也就是說當某演算法執行時間 T(n) 的時間複雜度（Time Complexity）為 O(f(n))（讀成 Big-oh of f(n) 或 Order is f(n)）。亦即存在兩個常數 c 與 n_0，則若 $n \geqq n_0$，則 $T(n) \leqq cf(n)$，f(n) 又稱之為執行時間的成長率（rate of growth），由於是寧可高估不要低估的原則，所以估計出來的函數，是真正所需執行時間的上限。請各位多看以下範例，可以更了解時間複雜度的意義。

範例 假如執行時間 $T(n)=3n^3+2n^2+5n$，求時間複雜度為何？

解答 首先得找出常數 c 與 n_0，我們可以找到當 $n_0=0$，c=10 時，則當 $n \geqq n_0$ 時，$3n^3+2n^2+5n \leqq 10n^3$，因此得知時間複雜度為 $O(n^3)$。

事實上，時間複雜度只是執行次數的一個概略的量度層級，並非真實的執行次數。而 Big-oh 則是一種用來表示最壞執行時間的表現方式，它也是最常使用在描述時間複雜度的漸近式表示法。常見的 Big-oh 有下列幾種：

Big-oh	特色與說明
O(1)	稱為常數時間（constant time），表示演算法的執行時間是一個常數倍。
O(n)	稱為線性時間（linear time），執行的時間會隨資料集合的大小而線性成長。
$O(\log_2 n)$	稱為次線性時間（sub-linear time），成長速度比線性時間還慢，而比常數時間還快。
$O(n^2)$	稱為平方時間（quadratic time），演算法的執行時間會乘二次方的成長。
$O(n^3)$	稱為立方時間（cubic time），演算法的執行時間會乘三次方的成長。
$O(2^n)$	稱為指數時間（exponential time），演算法的執行時間會乘二的 n 次方成長。例如解決 Nonpolynomial Problem 問題演算法的時間複雜度即為 $O(2^n)$。
$O(n\log_2 n)$	稱為線性乘對數時間，介於線性及二次方程式的中間之行為模式。

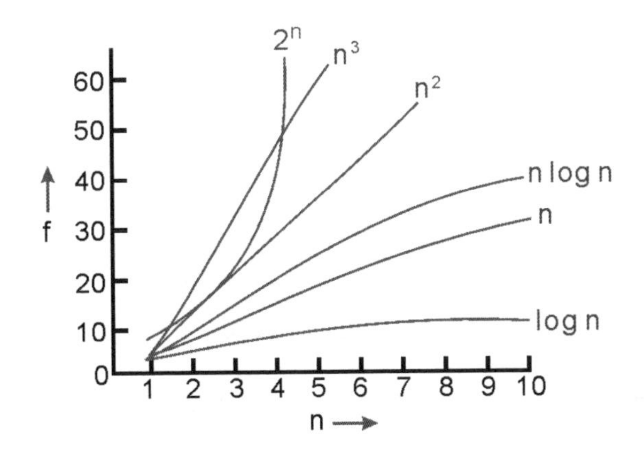

對於 $n \geq 16$ 時，時間複雜度的優劣比較關係如下：

```
O(1) < O(log₂n) < O(n) < O(nlog₂n) < O(n²) < O(n³) < O(2ⁿ)
```

1-4 程式設計邏輯是什麼？

每個程式設計師就像藝術家一般，都會有不同的設計邏輯，不過由於電腦是很嚴謹的科技化工具，不能像人腦一般的天馬行空。對於好的程式設計師而言，還是必須有某些規範，對照程式中的邏輯概念，才能讓程式碼具備可讀性與日後的可維護性。就像早期的結構化設計，到現在將傳統程式設計邏輯轉化成物件導向的設計邏輯，都是在協助程式設計師找到撰寫程式能有可依循的大方向。

1-4-1 結構化程式設計

在傳統程式設計的方法中，主要有「由下而上法」與「由上而下法」兩種。所謂「由下而上法」是指程式設計師將整個程式需求最容易的部分先編寫，再逐步擴大來完成整個程式。

而「由上而下法」則是將整個程式需求從上而下、由大到小逐步分解成較小的單元，或稱為「模組」(module)，讓程式設計師可針對各模組分別開發，不但減輕設計者負擔、可讀性較高，對於日後維護也容易許多。結構化程式設計的核心精神，就是「由上而下設計」與「模組化設計」。例如在 Pascal 語言中，模組稱為「程序」(Procedure)，C 語言中稱為「函數」(Function)。

通常「結構化程式設計」具備三種控制流程，對於一個結構化程式，不管其結構如何複雜，皆可利用以下基本控制流程來加以表達：

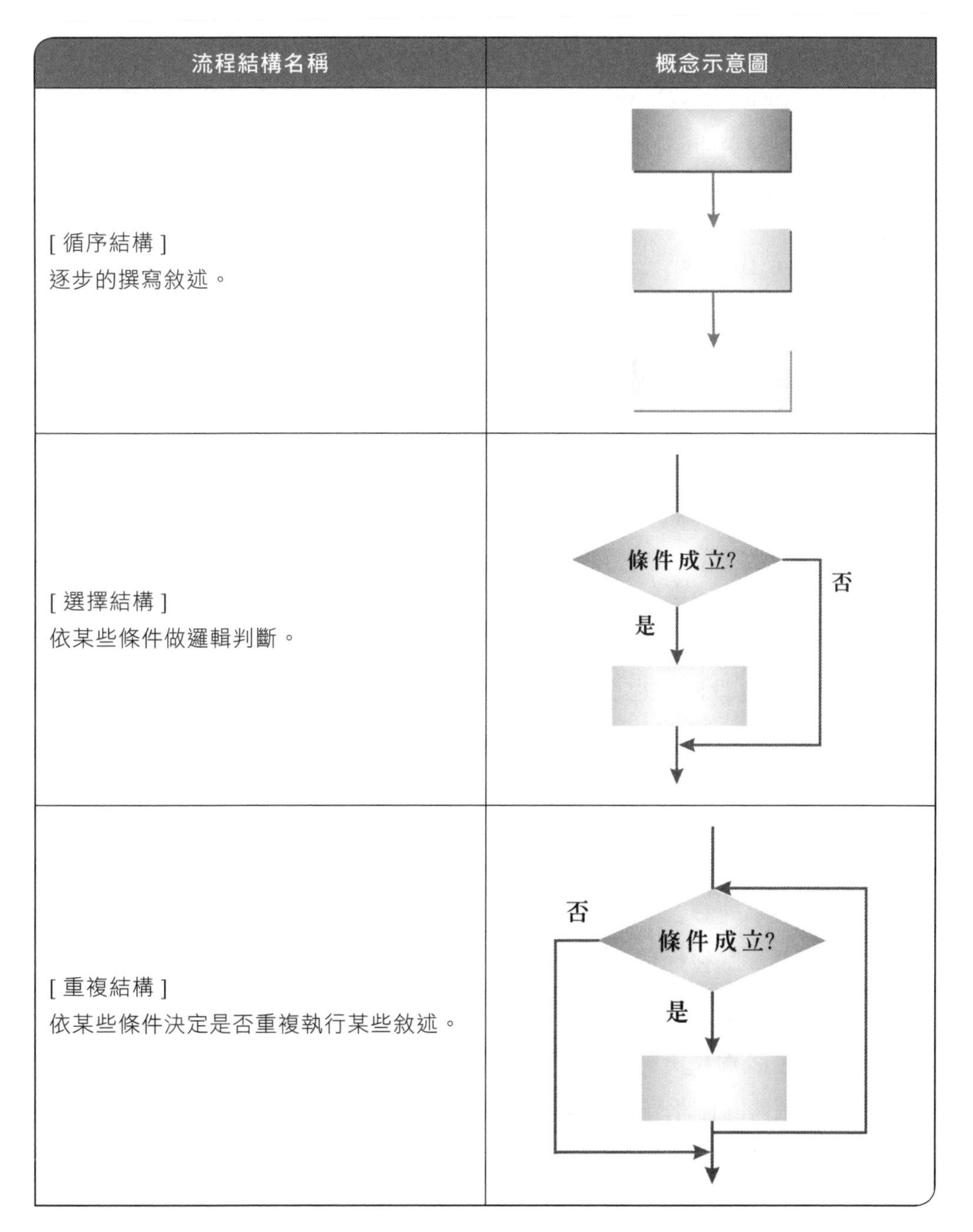

流程結構名稱	概念示意圖
[循序結構] 逐步的撰寫敘述。	
[選擇結構] 依某些條件做邏輯判斷。	條件成立? 否 是
[重複結構] 依某些條件決定是否重複執行某些敘述。	否 條件成立? 是

1-4-2 物件導向 DNA

物件導向程式設計（Object-Oriented Programming, OOP）的主要精神就是將存在於日常生活中舉目所見的物件（object）概念，應用在軟體設計的發展模式（software development model）。也就是說，OOP 讓各位從事程式設計時，能以一種更生活化、可讀性更高的設計觀念來進行，所開發出來的程式也較容易擴充、修改及維護。

現實生活中充滿了各種的物體，每個都可視為一種物件。我們可以透過物件的外部行為（behavior）運作及內部狀態（state）模式來進行詳細地描述。行為代表此物件對外所顯示出來的運作方法，狀態則代表物件內部各種特徵的目前狀況。如右圖所示。

例如想要組一部電腦，而目前身處宜蘭，因為零件不足，可能必須找遍宜蘭市所有的電腦零件公司，如果無法在宜蘭市找齊所需要的零件，或許得到台北找尋其他設備。也就是說，一切的工作必須一步一步按照自己的計畫，分別到不同的公司去找尋所需的零件。試想即使省了少許金錢成本，卻為時間成本付出相當大的代價。

換個方式，假使不必去理會貨源如何取得，完全交給電腦公司全權負責，事情便會單純許多。你只需填好一份配備的清單，該電腦公司便會收集好所有的零件，寄往你所交代的地方，至於電腦公司如何取得貨源，便不是我們所要關心的事。我們要強調的觀念便在此，只要確立每一個單位是一個獨立的個體，該獨立個體有其特定之功能，而各項工作之完成，僅需在這些個別獨立的個體間作訊息（Message）交換即可。

物件導向設計的理念就是認定每一個物件是一個獨立的個體，而每個獨立個體有其特定之功能，對我們而言，無需去理解這些特定功能如何達成這個目標過程，僅須將需求告訴這個獨立個體，如果此個體能獨立完成，便可直接將此任務，交付給發號命令者。物件導向程式設計的重點是強調程式的可讀性（Readability）、重複使用性（Reusability）與延伸性（Extension），本身還具備以下三種特性，說明如下：

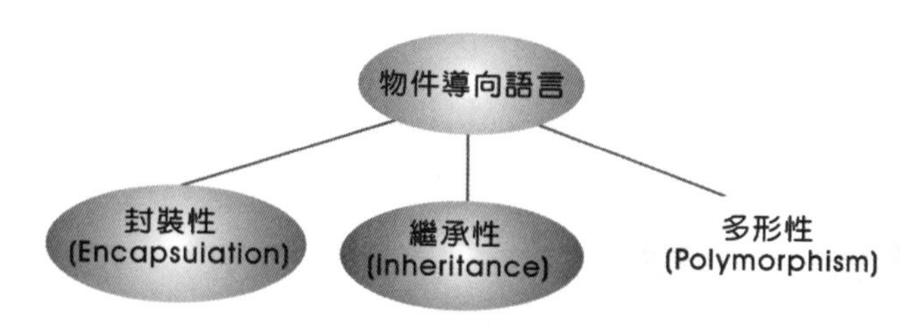

【物件導向程式設計的三種特性】

封裝

封裝（Encapsulation）是利用「類別」(class）來實作「抽象化資料型態」(ADT)，類別是一種用來具體描述物件狀態與行為的資料型態，也可以看成是一個模型或藍圖，按照這個模型或藍圖所生產出來的實體（Instance)，就被稱為物件。

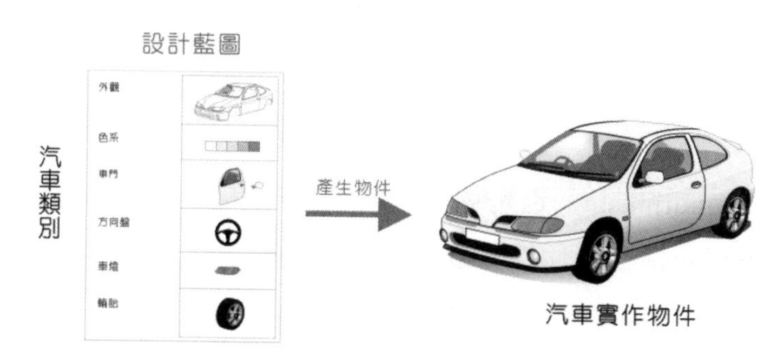

【類別與物件的關係】

所謂「抽象化」就是將代表事物特徵的資料隱藏起來，並定義「方法」（Method）做為操作這些資料的介面，讓使用者只能接觸到這些方法，而無法直接使用資料，符合了「資訊隱藏」（Information Hiding）的意義，這種自訂的資料型態就稱為『抽象化資料型態』。相對於傳統程式設計理念，就必須掌握所有的來龍去脈，針對時效性而言，便大大地打了折扣。

繼承

繼承性稱得上是物件導向語言中最強大的功能，因為它允許程式碼的重複使用（Code Reusability），及表達了樹狀結構中父代與子代的遺傳現象。「繼承」（inheritance）則是類似現實生活中的遺傳，允許我們去定義一個新的類別來繼承既存的類別（class），進而使用或修改繼承而來的方法（method），並可在子類別中加入新的資料成員與函數成員。在繼承關係中，可以把它單純地視為一種複製（copy）的動作。換句話說當程式開發人員以繼承機制宣告新增類別時，它會先將所參照的原始類別內所有成員，完整地寫入新增類別之中。例如下面類別繼承關係圖所示：

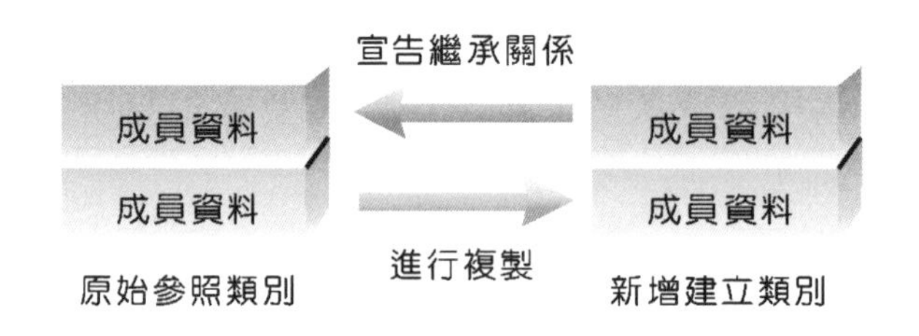

多形

多形（Polymorphism）也是物件導向設計的重要特性，可讓軟體在發展和維護時，達到充份的延伸性。多形（polymorphism）按照英文字面解釋，就是一樣東西同時具有多種不同的型態。在物件導向程式語言中，多形的定義是利用類別的繼承架構，先建立一個基礎類別物件。使用者可透過物件的轉型宣告，將此物件向下轉型為衍生類別物件，進而控制所有衍生類別的「同名異式」成員方法。簡單的說，多形最直接的定義就是讓具有繼承關係的不同類別物件，可以呼叫相同名稱的成員函數，並產生不同的反應結果。如下圖同樣是計算長方形及圓形的面積與周長，首先必須定義長方形和圓形的類別，當程式要畫出長方形時，主程式便可以根據此類別規格產生新的物件。

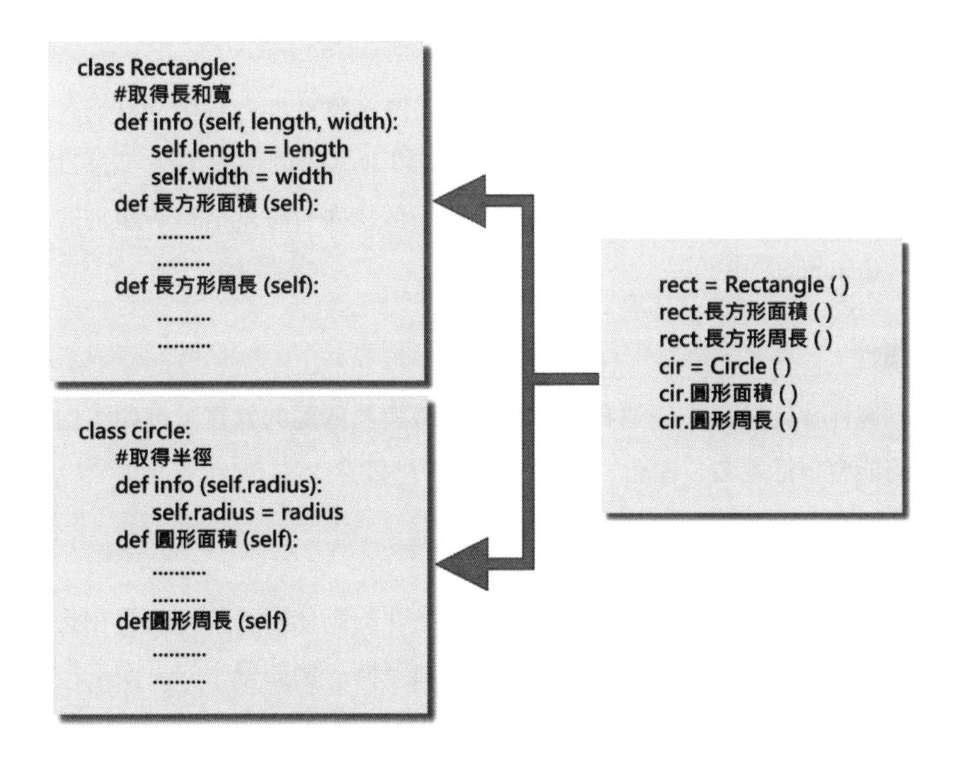

物件

可以是抽象的概念或是一個具體的東西，包括「資料」（Data）以及其所相應的「運算」（Operations 或稱 Methods），它具有狀態（State）、行為（Behavior）與識別（Identity）。

每一個物件（Object）均有其相應的屬性（Attributes）及屬性值（Attribute values）。例如有一個物件稱為學生，「開學」是一個訊息，可傳送給這個物件。而學生有學號、姓名、出生年月日、住址、電話…等屬性，目前的屬性值便是其狀態。學生物件的運算行為則有註冊、選修、轉系、畢業…等，學號則是學生物件的唯一識別編號（Object Identity, OID）。

類別

是具有相同結構及行為的物件集合，是許多物件共同特徵的描述或物件的抽象化。例如小明與小華都屬於人這個類別，他們都有出生年月日、血型、身高、體重…等類別屬性。類別中的一個物件有時就稱為該類別的一個實例（Instance）。

屬性

「屬性」則是用來描述物件的基本特徵與其所屬的性質，例如一個人的屬性可能會包括姓名、住址、年齡、出生年月日等。

方法

「方法」則是物件導向資料庫系統裡物件的動作與行為，我們在此以人為例，不同的職業，其工作內容也就會有所不同，例如學生的主要工作為讀書，而老師的主要工作則為教書。

想一想，怎麼做？

1. 以下兩題的詞彙都有共同點，各自有一個不同，請找出不同的詞彙，並說明差異處？

   (1) A、蛇 B、玫瑰 C、狗 D、老虎

   (2) A、熊 B、兔子 C、老鷹 D、狼 E、狐狸

2. 演算法必須符合哪五項條件？

3. 請找出以下序列的模式，並寫出問號？的值。

   (1) 242、333、424 ？

   (2) CEG、EHK、JN ？

   (3) 65536、256、16 ？

4. 請問以下 Python 程式片段是否相當嚴謹地表現出演算法的意義？

```
count=0
while count!=3:
    print(count)
```

5. 請問以下程式的 Big-O 為何？

```
total=0
for i in range(1,n+1):
    total=total+i*i
```

6. 試述結構化程式設計與物件導向程式設計的特性為何？試簡述之。

7. 請列出物件導向程式設計的三種特性。

8. 請問演算法和程式是有什麼不同？

9. 什麼是「運算思維」？

10. Google 為教育者開發的「運算思維課程」有哪四個面向？

11. 何謂「模式」？何謂模式識別？

12. 求下列片段程式中，函數 my_fun(i,j,k) 的執行次數：

```
for k in range(1,n+1):
    for i in range(0,k):
        if i!=j:
            my_fun(i,j,k)
```

Chapter 2

走入資料結構與演算法的異想世界

- 必懂的資料結構
- 矩陣與深度學習
- 小手拉小手的串列
- 後進先出的堆疊
- 先進先出的佇列
- 盤根錯節的樹狀結構
- 學會藏寶圖的密技 - 圖形簡介
- 神奇有趣的雜湊表

人們當初試圖建造電腦的主要原因之一，就是用來儲存及管理一些數位化資料清單與資料，這也是資料結構觀念的由來。當我們要求電腦解決問題時，必須以電腦了解的模式來描述問題，資料結構是資料的表示法，也就是指電腦中儲存資料的方法。

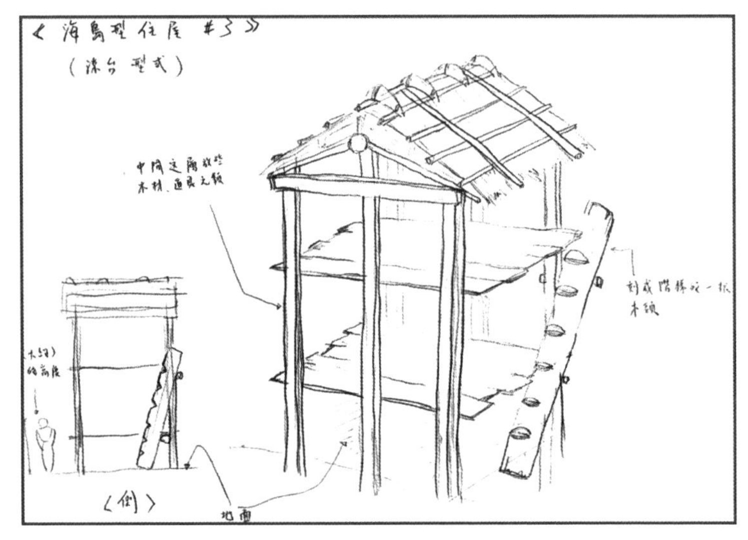

【寫程式就像蓋房子一樣，先要規劃出房子的結構圖】

簡單來說，資料結構的定義就是一種輔助程式設計最佳化的方法論，它不僅討論到儲存的資料，同時也考慮到彼此之間的關係與運算，期望達到加快執行速度與減少記憶體佔用空間等功用。

【圖書館的書籍管理是資料結構的應用】

2-1 資料結構初體驗

在資訊科技發達的今日，生活已經和電腦產生密切的結合，加上電腦處理速度快與儲存容量大的兩大特點，在資料處理的角色上更為舉足輕重。資料結構無疑就是資料進入電腦化處理的一套完整邏輯。就像程式設計師必需選擇一種資料結構來進行資料的新增、修改、刪除、儲存等動作，如果在選擇資料結構時作了錯誤的決定，那程式執行起來的速度將可能變得非常沒有效率，更甚者若選錯了資料型態，那後果更是不堪設想。

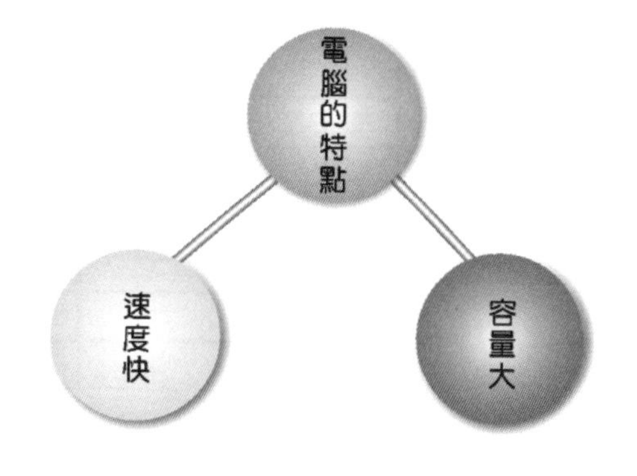

例如醫院會將事先設計好的個人病歷表格準備好，當有新病患上門時，就請他們自行填寫，之後管理人員可能依照某種次序，如姓氏或是年齡來將病歷表加以分類，再用資料夾或檔案櫃加以收藏。日後當某位病患回診時，只要詢問病患的姓名或是年齡。即可快速地從資料夾或檔案櫃中找出病患的病歷表，而這個檔案櫃中所存放的病歷表就是一種資料結構概念的應用。

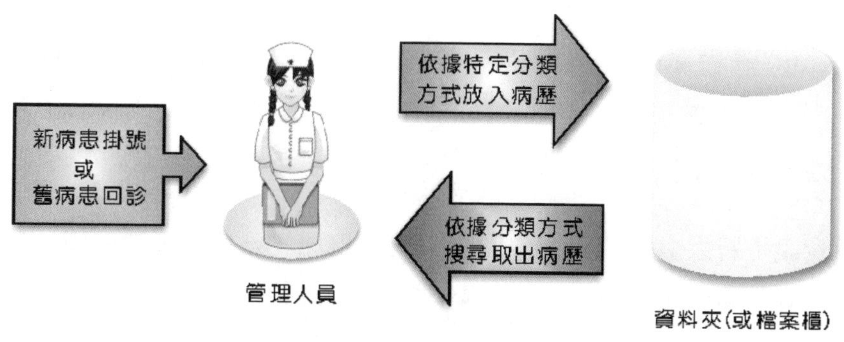

【病歷表也是一種資料結構的概念】

接著來看以下「資料表」的資料結構就是一種二維的矩陣，縱的方向稱為「欄」(Column)，橫的方向稱為「列」(Row)，每一張資料表的最上面一列用來放資料項目名稱，稱為「欄位名稱」(Field Name)，而除了欄位名稱這一列外，通通都用來存放一項項資料，則稱為「值」(Value)，如下表所示：

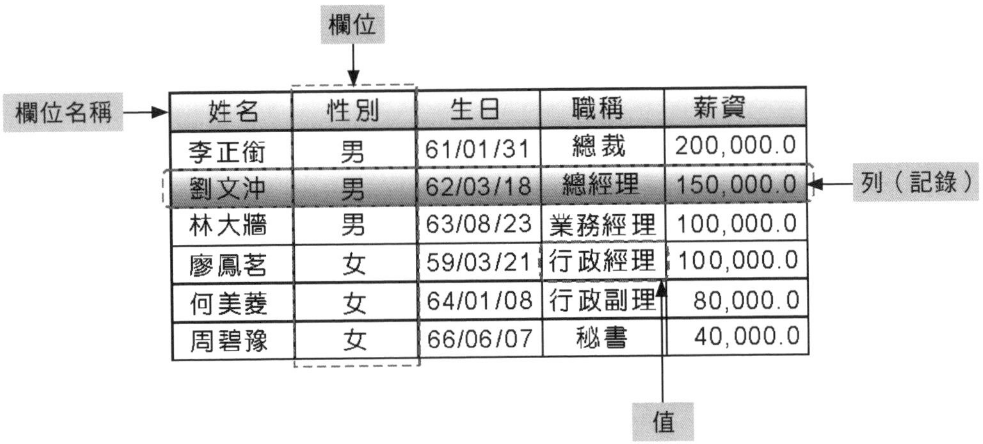

欄位

欄位名稱

姓名	性別	生日	職稱	薪資
李正銜	男	61/01/31	總裁	200,000.0
劉文沖	男	62/03/18	總經理	150,000.0
林大牆	男	63/08/23	業務經理	100,000.0
廖鳳茗	女	59/03/21	行政經理	100,000.0
何美菱	女	64/01/08	行政副理	80,000.0
周碧豫	女	66/06/07	秘書	40,000.0

列（記錄）

值

2-1-1 前因後果的資料與資訊

談到資料結構，首先就必需了解何謂資料（Data）、資訊（Information）。從字義上來看，資料指的是一種未經處理的原始文字（Word）、數字（Number）、符號（Symbol）或圖形（Graph）等，我們可將資料分為兩大類，一為數值資料（Numeric Data），例如 0,1,2,3…9 所組成，可用運算子（Operator）來做運算的資料，另一類為文數資料（Alphanumeric Data），像 A,B,C…+,* 等非數值資料（Non-Numeric Data）。例如姓名或我們常看到的課表、通訊錄等等。

而資訊是將大量的資料，經過有系統的整理、分析、篩選處理，且具有參考價格並提供決策依據的文字、數字、符號或圖表。在「資訊革命」洪潮中，如何掌握資訊、利用資訊，將會是個人或企業體發展成功的重要原因，加上與電腦的充分配合，更能使資訊的價值發揮到淋漓盡致。

不過各位可能會有疑問：「那麼資料和資訊的角色是否絕對一成不變？」。這倒也不一定，同一份文件可能在某種狀況下為資料，而在另一種狀況下則為資訊。例如台北市每週的平均氣溫是 25℃，這段文字僅是陳述事實的一種資料，並無法判定台北市是否是一個炎熱或涼爽的都市。

例如一個學生的國文成績是 90 分，我們可以說這是一筆成績的資料，但無法判斷它具備任何意義。然而若經過排序（sorting）的處理，將可知道這學生國文成績在班上同學中的名次，和清楚在這班學生中的相對好壞，這就是一種資訊，而排序就是資料結構的一種應用。

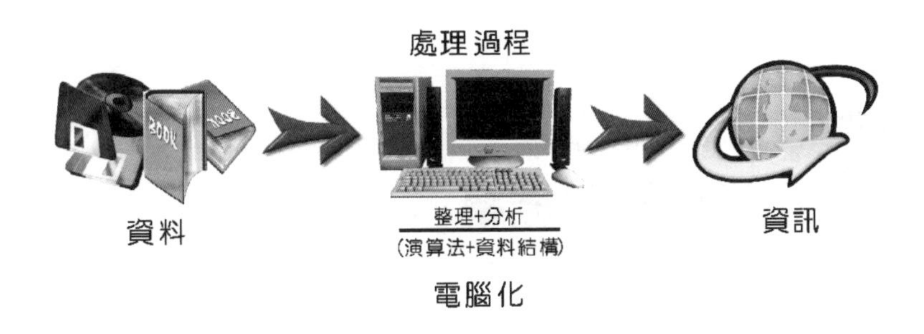

2-1-2 超人氣的資料型態

資料型態主要是表示資料在電腦記憶體中所儲存的位置和模式，通常可以區分為以下三種型態。

基本資料型態（Primitive Data Type）

無法以其他型態來定義的資料型態，或稱為純量資料型態（Scalar Data Type），幾乎所有的程式語言都會提供一組基本資料，例如 Python 語言中的基本資料型態，就包括了整數、浮點、布林（bool）資料型態及字串。

結構化資料型態（Structured Data Type）

或稱為虛擬資料型態（Virtual Data Type），是比基本資料型態更高一層的類型，例如字串（string）、陣列（array）、指標（pointer）、串列（list）、檔案（file）等。

抽象資料型態（Abstract Data Type, ADT）

對一種資料型態而言，可以將其看成是一種值的集合，以及在這些值上所作的運算與本身所代表的屬性所成的集合。抽象資料型態所代表的意義便是定義這種資料型態所具備的數學關係。亦即 ADT 在電腦中是表示一種「資訊隱藏」（Information Hiding）的精神與某一種特定的關係模式。例如堆疊（Stack）這種後進先出（Last In, First Out）的資料運作方式，就是很典型的 ADT 模式。

2-2 必懂的資料結構

資料結構可透過程式語言所提供的資料型別、參照及其他操作加以實作，我們知道一個程式能否快速而有效率的完成預定任務，取決於是否選對了資料結構，而程式是否能清楚而正確的把問題解決，則取決於演算法。所以各位可以直接這麼認為：「資料結構加上演算法等於有效率的可執行程式。」

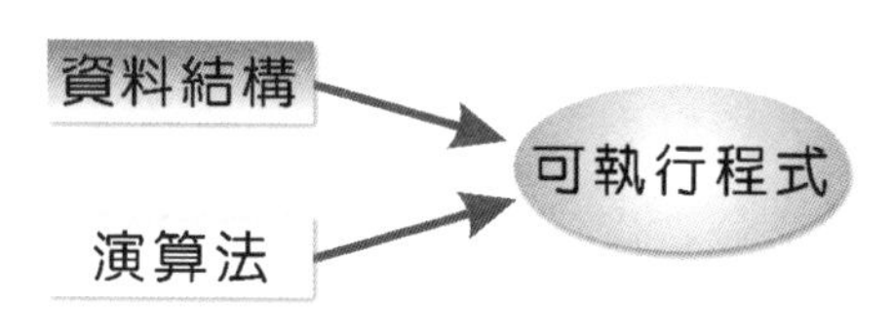

不同種類的資料結構適合不同種類的應用，選擇適當的資料結構將可讓演算法發揮最大效能，並帶來最優效率的演算法。以下我們將為各位介紹一些常見的資料結構。

2-2-1 全方位應用的陣列

「陣列」(Array)結構就是一排緊密相鄰的可數記憶體，並提供一個能夠直接存取單一資料內容的計算方法。可以想像成住家前面的信箱，每個信箱都有住址，路名就是名稱，而信箱號碼就是索引。郵差可以依照傳遞信件上的住址，直接投遞到指定的信箱中，這就好比程式語言中陣列的名稱是表示一塊緊密相鄰記憶體的起始位置，而陣列的索引功能則是用來表示從此記憶體起始位置後的第幾個區塊。

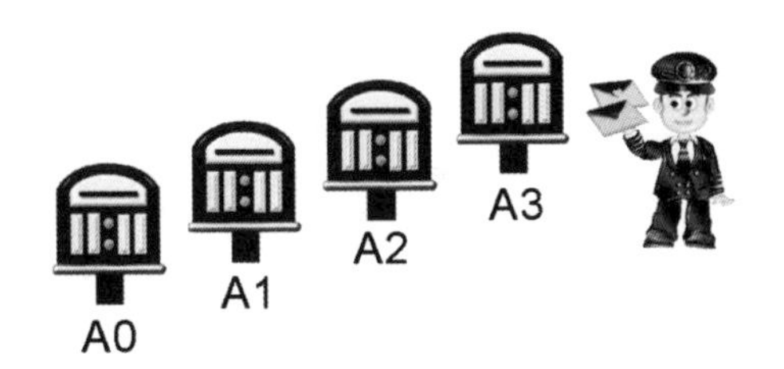

通常陣列的使用可以分為一維陣列、二維陣列與多維陣列等等，其基本的運作原理都相同。例如以 Python 語法表示宣告一個名稱為 Score，串列長度(以資料結構較常見的說法稱為陣列大小)為 5 的串列(Python 語言的 List 資料型態，其功能類似資料結構學科中所討論的陣列 Array)，其宣告語法及示意圖如下：

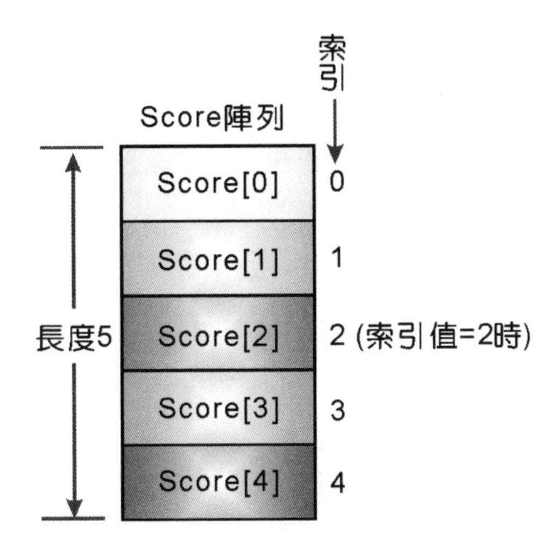


```
Score[0]*5
```

二維陣列

二維陣列(Two-dimension Array)可視為一維陣列的延伸，都是處理相同資料型態資料，差別只在於維度的宣告。例如一個含有 m*n 個元素的二維陣列 A(1:m, 1:n)，m 代表列數，n 代表行數，A[4][4] 陣列中各個元素在直觀平面上的排列方式如下：

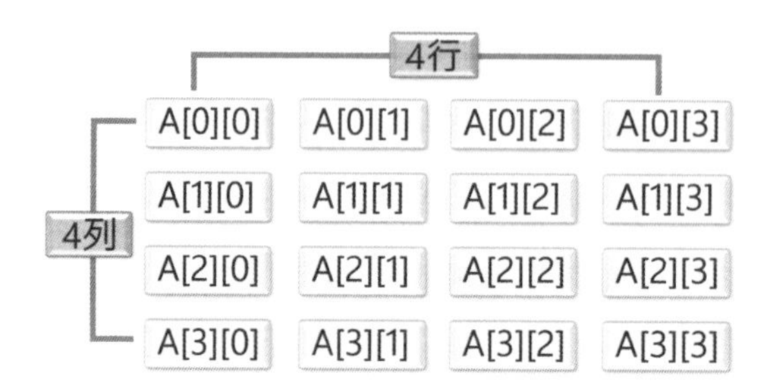

在 Python 中，串列中可以有串列，這稱為二維串列，要讀取二維串列的資料可以透過 for 迴圈。二維串列簡單來講就是串列中的元素是串列，下述簡例說分明：

```
number = [[11, 12, 13], [22, 24, 26], [33, 35, 37]]
```

上述中的 number 是一個串列。number[0] 或稱第一列索引，存放另一個串列；number[1] 或稱第二列索引，也是存放另一個串列，依此類推。第一列索引有 3 欄，各別存放元素，其位置 number[0][0] 是指向數值 [11]，number[0][1] 是指向數值「12」，依此類推。所以 number 是 3*3 的二維串列（two-dimensional list），其列和欄的索引示意如下：

	欄索引 [0]	欄索引 [1]	欄索引 [2]
列索引 [0]	11	12	13
列索引 [1]	22	24	26
列索引 [2]	33	35	37

三維陣列

現在來說明三維陣列（Three-dimension Array），基本上三維陣列的表示法和二維陣列一樣，皆可視為是一維陣列的延伸，如果陣列為三維陣列時，亦可看作是一個立方體。

如右圖即是將 arr[2][3][4] 三維陣列想像成空間上的立方體圖形。在 Python 語言中三維陣列宣告方式如下：

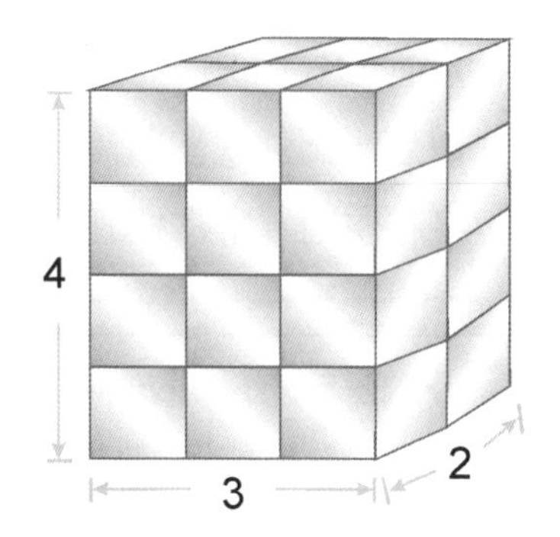


```
arr=[[[33,4,6,12],[23,71,6,15],[55,38,6,18]],[[21,9,15,21],[38,69,18,26],[90,101,89,16]]]
```

2-3 矩陣與深度學習

從數學的角度來看，對於 m*n 矩陣（Matrix）的形式，可以利用電腦中 A(m,n) 二維陣列來描述，基本上，許多矩陣的運算與應用，都可以使用電腦中的二維陣列解決。如下圖 A 矩陣，是否立即聯想到一個宣告為 A(1:3,1:3) 的二維陣列。

$$A=\begin{bmatrix} a_{11} & a_{12} & a_{13} \\ a_{21} & a_{22} & a_{23} \\ a_{31} & a_{32} & a_{33} \end{bmatrix}_{3\times3}$$

例如在 3D 圖學中也經常使用矩陣，因為它可清楚地表示模型資料的投影、擴大、縮小、平移、偏斜與旋轉等等運算。

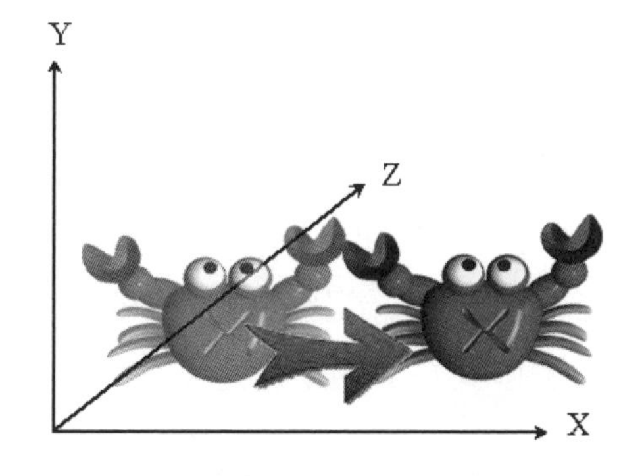

【矩陣平移是物體在 3D 世界向著某一個向量方向移動】

至於深度學習（Deep Learning, DL）則是目前最熱門的話題，不但是人工智慧（AI）的一個分支，亦即可當作是具有層次性的機器學習法（Machine

Learning, ML)，將 AI 推向類似人類學習模式的優異發展。在深度學習中，線性代數是一個強大的數學工具箱，提供了像向量和矩陣這樣的資料結構用來保存數字和規則，常常遇到需要使用大量矩陣運算來提高計算效率。

TIPS 機器學習（Machine Learning, ML）是大數據與人工智慧發展相當重要的一環，機器透過演算法來分析數據、在大數據中找到規則，為大數據發展的下一個進程，可以發掘多資料元變動因素之間的關聯性，並充分利用大數據和演算法來訓練機器。其應用範圍相當廣泛，從健康監控、自動駕駛、機台自動控制、醫療成像診斷工具、工廠控制系統、檢測用機器人到網路行銷領域。

例如 TensorFlow 是 Google 於 2015 年由 Google Brain 團隊所發展的開放原始碼機器學習函式庫，可以讓許多矩陣運算達到最好的效能，並且支持不少針對行動端訓練和優化好的模型，無論是 Android 和 iOS 平台的開發者都可以使用，包括 Gmail、Google 相簿、Google 翻譯等都有 TensorFlow 的影子。

【YouTube 透過 TensorFlow 技術過濾出受眾感興趣的影片】

自從擁有超多核心的 GPU（Graphics Processing Unit）面世之後，其含有數千個小型且更高效率的 CPU，不但能有效處理平行運算（Parallel Computing），還可以大幅增加運算效能，加上 GPU 是以向量和矩陣運算為基礎，大量的矩陣運算可以分配給這些為數眾多的核心同步進行處理，也使得人工智慧領域正式進入實用階段，成為下個世代不可或缺的技術之一。

深度學習是源自於類神經網路（Artificial Neural Network）模型，並且結合了神經網路架構與大量的運算資源，目的在於讓機器建立與模擬人腦進行學習的神經網路，以解釋大數據中圖像、聲音和文字等多元資料。最為人津津樂道的深度學習應用，當屬 Google Deepmind 開發的 AI 圍棋程式－ AlphaGo 接連大敗歐洲和南韓圍棋棋王，AlphaGo 的設計精神是將大量的棋譜資料輸入，透過深度學習掌握更抽象的概念，讓 AlphaGo 學習下圍棋的方法後，創下連勝 60 局的佳績，並且不斷反覆跟自己比賽來調整神經網路。

【AlphaGo 接連大戰歐洲和南韓圍棋棋王】

> **TIPS** 類神經網路是模仿生物神經網路的數學模式，取材於人類大腦結構，使用大量簡單而相連的人工神經元（Neuron）來模擬生物神經細胞受特定程度刺激來反應刺激架構為基礎的研究，透過神經網路模型建立出系統模型，便可用於推估、預測、決策、診斷的相關應用。要使類神經網路能正確的運作，必須透過訓練的方式，讓類神經網路反覆學習，經過一段時間的經驗值，才能有效學習到初步運作的模式。由於神經網路是將權重存儲在矩陣中，矩陣多半是多維模式，以便考慮各種參數組合，當然就會牽涉到「矩陣」的大量運算。

2-3-1 矩陣相加演算法

矩陣的相加運算則較為簡單，前提是相加的兩矩陣列數與行數都必須相等，而相加後矩陣的列數與行數也是相同。亦即兩者的列數與行數都相等，例如 $A_{mxn}+B_{mxn}=C_{mxn}$。以下實際進行一個矩陣相加的例子：

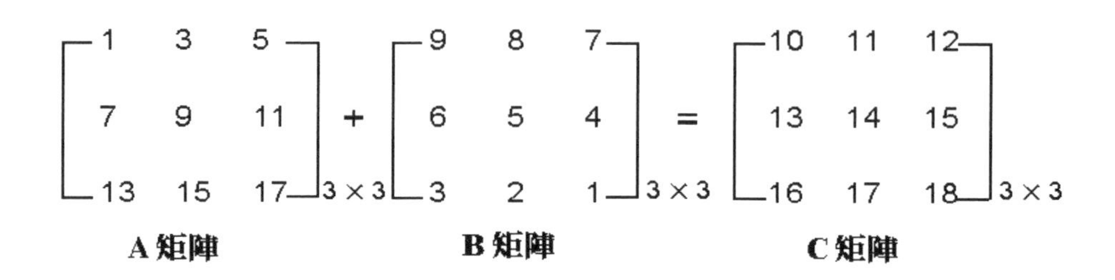

範例 MatrixAdd.py ｜ 請設計一 Python 程式，宣告 3 個二維陣列來實作上圖 2 個矩陣相加的過程，並顯示兩矩陣相加後的結果。

```
01  A= [[1,3,5],[7,9,11],[13,15,17]]  # 二維陣列的宣告
02  B= [[9,8,7],[6,5,4],[3,2,1]]      # 二維陣列的宣告
03  N=3
04  C=[[None] * N for row in range(N)]
05
06  for i in range(3):
07      for j in range(3):
08          C[i][j]=A[i][j]+B[i][j]    # 矩陣 C= 矩陣 A+ 矩陣 B
09  print('[ 矩陣 A 和矩陣 B 相加的結果 ]')  # 印出 A+B 的內容
10  for i in range(3):
11      for j in range(3):
12          print('%d' %C[i][j], end='\t')
13      print()
```

執行結果

```
[矩陣A和矩陣B相加的結果]
10      11      12
13      14      15
16      17      18
```

2-3-2 矩陣相乘演算法

談到兩個矩陣 A 與 B 的相乘，是有某些條件限制。首先必須符合 A 為一個 m*n 的矩陣，B 為一個 n*p 的矩陣，對 A*B 之後的結果為一個 m*p 的矩陣 C。如下圖所示：

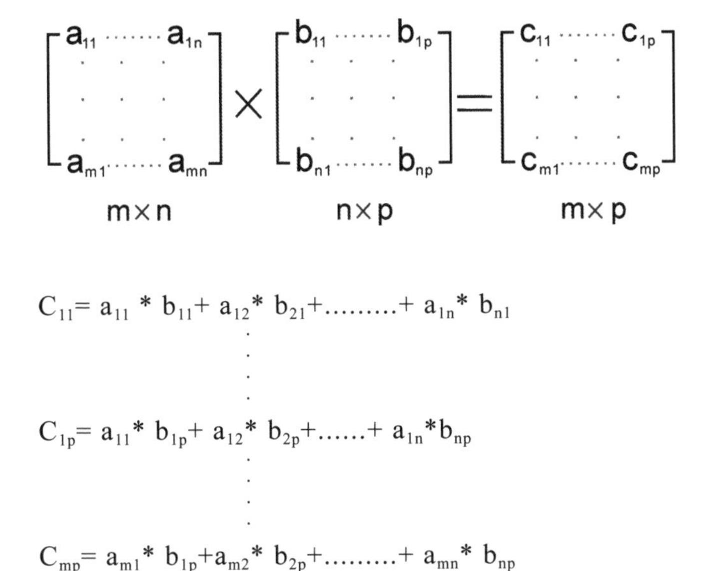

$C_{11}= a_{11} * b_{11}+ a_{12}* b_{21}+.........+ a_{1n}* b_{n1}$

$\vdots$

$C_{1p}= a_{11}* b_{1p}+ a_{12}* b_{2p}+......+ a_{1n}*b_{np}$

$\vdots$

$C_{mp}= a_{m1}* b_{1p}+a_{m2}* b_{2p}+.........+ a_{mn}* b_{np}$

範例 MatrixMultiply.py ┃ 請設計一 Python 程式，實作下列兩個可自行輸入矩陣維數的相乘過程，並輸出相乘後的結果。

```
01  #[示範]:運算兩個矩陣相乘的結果
02
03  def MatrixMultiply(arrA, arrB,arrC,M,N,P):
04      global C
05      if M<=0 or N<=0 or P<=0:
06          print('[錯誤:維數M,N,P必須大於0]')
07          return
08      for i in range(M):
```

```
09          for j in range(P):
10              Temp=0
11              for k in range(N):
12                  Temp = Temp + int(arrA[i*N+k])*int(arrB[k*P+j])
13              arrC[i*P+j] = Temp
14
15  print('請輸入矩陣A的維數(M,N): ')
16  M=int(input('M= '))
17  N=int(input('N= '))
18  A=[None]*M*N #宣告大小為MxN的串列A
19
20  print('[請輸入矩陣A的各個元素]')
21  for i in range(M):
22      for j in range(N):
23          A[i*N+j]=input('a%d%d='%(i,j))
24
25  print('請輸入矩陣B的維數(N,P): ')

26  N=int(input('N= '))
27  P=int(input('P= '))
28
29  B=[None]*N*P #宣告大小為NxP的串列B
30
31  print('[請輸入矩陣B的各個元素]')
32  for i in range(N):
33      for j in range(P):
34          B[i*P+j]=input('b%d%d='%(i,j))
35
36  C=[None]*M*P #宣告大小為MxP的串列C
37  MatrixMultiply(A,B,C,M,N,P)
38  print('[AxB的結果是]')
39  for i in range(M):
40      for j in range(P):
41          print('%d' %C[i*P+j], end='\t')
42      print()
```

執行結果

```
請輸入矩陣A的維數(M,N):
M= 2
N= 3
[請輸入矩陣A的各個元素]
a00=6
a01=3
a02=5
a10=8
a11=9
a12=7
請輸入矩陣B的維數(N,P):
N= 3
P= 2
[請輸入矩陣B的各個元素]
b00=5
b01=10
b10=14
b11=7
b20=6
b21=8
[AxB的結果是]
102      121
208      199
```

2-3-3 轉置矩陣演算法

「轉置矩陣」(A^t)就是把原矩陣的行座標元素與列座標元素相互調換,假設 A^t 為 A 的轉置矩陣,則有 $A^t[j,i]=A[i,j]$,如下圖所示:

$$A=\begin{bmatrix}1&2&3\\4&5&6\\7&8&9\end{bmatrix}_{3\times3}\qquad A^t=\begin{bmatrix}1&4&7\\2&5&8\\3&6&9\end{bmatrix}_{3\times3}$$

範例 transpose.py ▍請設計一 Python 程式，實作一 4*4 二維陣列的轉置矩陣。

```
01  arrA=[[1,2,3,4],[5,6,7,8],[9,10,11,12],[13,14,15,16]]
02  N=4
03  # 宣告 4x4 陣列 arr
04  arrB=[[None] * N for row in range(N)]
05
06  print('[ 原設定的矩陣內容 ]')
07  for i in range(4):
08      for j in range(4):
09          print('%d' %arrA[i][j],end='\t')
10      print()
11
12  # 進行矩陣轉置的動作
13  for i in range(4):
14      for j in range(4):
15          arrB[i][j]=arrA[j][i]
16
17  print('[ 轉置矩陣的內容為 ]')
18  for i in range(4):
19      for j in range(4):
20          print('%d' %arrB[i][j],end='\t')
21      print()
```

執行結果

```
[原設定的矩陣內容]
1       2       3       4
5       6       7       8
9       10      11      12
13      14      15      16
[轉置矩陣的內容為]
1       5       9       13
2       6       10      14
3       7       11      15
4       8       12      16
```

2-4 小手拉小手的串列

串列（Linked List）又稱為動態資料結構，使用不連續記憶空間來儲存，是由許多相同資料型態的項目，依特定順序排列而成的線性串列，特性是在電腦記憶體中位置以不連續、隨機（Random）的方式儲存，優點是資料的插入或刪除都相當方便。

當有新資料加入就向系統要一塊記憶體空間，資料刪除後，就把空間還給系統，不需要移動大量資料。缺點就是在設計資料結構時較為麻煩，另外在搜尋資料時，也無法像靜態資料一般可以隨機讀取資料，必須透過循序方法找到該資料為止。日常生活中有許多串列的抽象運用，例如把串列想像成自強號火車，有多少人就掛多少節的車廂，當假日人多時就多掛些車廂，人少了就把車廂數量減少，作法十分彈性。

我們平常最常使用的就是「單向串列」(Single Linked List)。基本上，一個單向鏈結串列節點由兩個欄位，即資料欄及指標欄（或稱鏈結欄位）組成，而指標欄將會指向下一個元素的記憶體所在位置。如右圖所示。

1	資料欄位
2	鏈結欄位

在「單向串列」中第一個節點是「串列指標首」，而指向最後一個節點的鏈結欄位設為 None，表示它是「串列指標尾」，代表不指向任何地方。例如串列 A={a, b, c, d, x}，其單向串列資料結構如下：

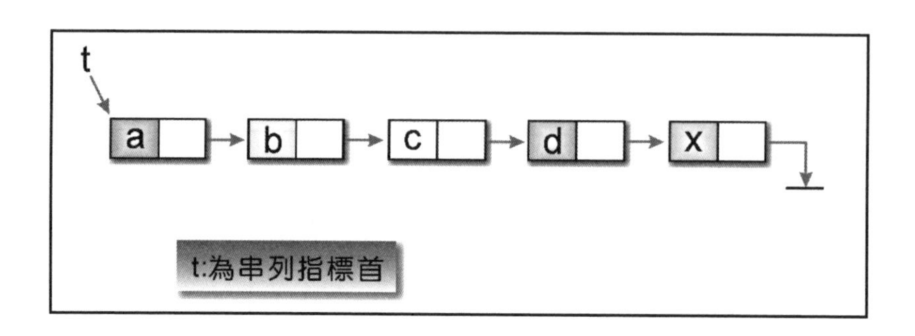

由於串列中所有節點都知道節點本身的下一個節點在那裡，但是對於前一個節點卻沒有辦法知道，所以在串列的各種動作中，「串列指標首」就顯得相當重要，只要有串列首存在，就可以對整個串列進行走訪、加入及刪除節點等動作，並且除非必要，否則不可移動串列指標首。以下我們先來討論有關單向串列的各種運作方式。

在 Python 中，若以動態配置產生鏈結串列的節點，必須先行自訂一個類別，接著在該類別中定義一個指標欄位，用意在指向下一個鏈結點，及至少一個資料欄位。例如學生成績串列節點的結構宣告，並且包含下面兩個資料欄位；姓名（name）、成績（score），與一個指標欄位（next）。在 Python 語言中可以宣告如下：

```
class student:
    def __init__(self):
        self.name=''
        self.score=0
        self.next=None
```

當各位完成節點類別的宣告後，就能以動態建立鏈結串列中的每個節點。假設我們現在要新增一個節點至串列的尾端，且 ptr 指向串列的第一個節點，在程式上必須設計四個步驟：

① 動態配置記憶體空間給新節點使用。

② 將原串列尾端的指標欄（next）指向新元素所在的記憶體位置。

③ 將 ptr 指標指向新節點的記憶體位置，表示這是新的串列尾端。

④ 由於新節點目前為串列最後一個元素，所以將它的指標欄（next）指向 None。

例如要將 s1 的 next 變數指向 s2，而且 s2 的 next 變數指向 None：

```
s1.next = s2;
s2.next = None
```

由於串列的基本特性就是 next 變數將會指向下一個節點，這時 s1 節點與 s2 節點間的關係就如下圖所示：

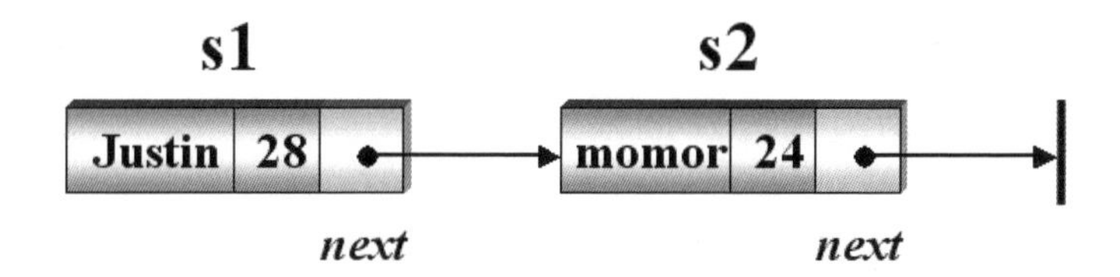

以下 Python 程式片段是建立學生節點的單向鏈結串列的演算法：

```
head=student() # 建立串列首
head.next=None # 目前無下個元素
ptr = head # 設定存取指標位置
select=0

while select !=2:
    print('(1) 新增 (2) 離開 =>')
    try:
```

```
        select=int(input('請輸入一個選項：'))
    except ValueError:
        print('輸入錯誤')
        print('請重新輸入\n')
    if select ==1:
        new_data=student() #新增下一元素
        new_data.name=input('姓名:')
        new_data.no=input('學號:')
        new_data.Math=eval(input('數學成績:'))
        new_data.Eng=eval(input('英文成績:'))
        ptr.next=new_data #存取指標設定為新元素所在位置
        new_data.next=None #下一元素的 next 先設定為 None
        ptr=ptr.next
```

2-4-1 單向串列插入節點演算法

在單向串列中插入新節點，如同一列火車中加入新的車廂，有三種情況：加於第 1 個節點之前、加於最後一個節點之後，以及加於此串列中間任一位置。以下利用圖解方式說明：

新節點插入第一個節點之前，即成為此串列的首節點

只需把新節點的指標指向串列原來的第一個節點，再把串列指標首移到新節點上即可。

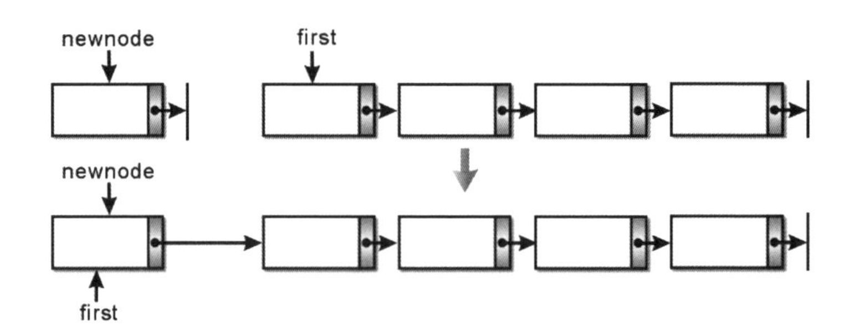

Python 的演算法如下：

```
newnode.next=first
first=newnode=
```

新節點插入最後一個節點之後

只需把串列的最後一個節點的指標指向新節點，新節點再指向 None 即可。

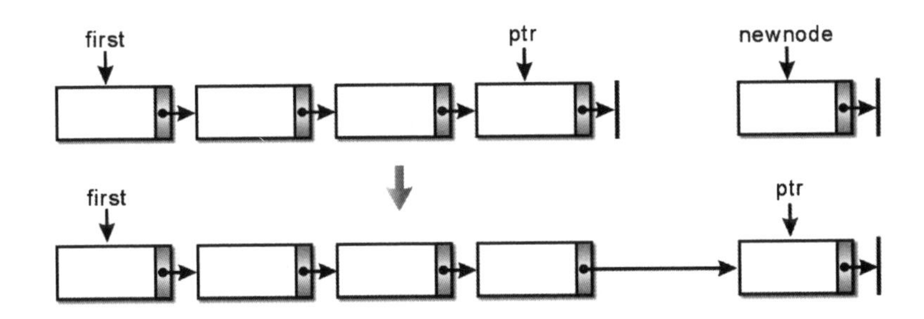

Python 的演算法如下：

```
ptr.next=newnode
newnode.next=None
```

將新節點插入串列中間的位置

例如插入的節點是在 X 與 Y 之間，只要將 X 節點的指標指向新節點，新節點的指標指向 Y 節點即可。

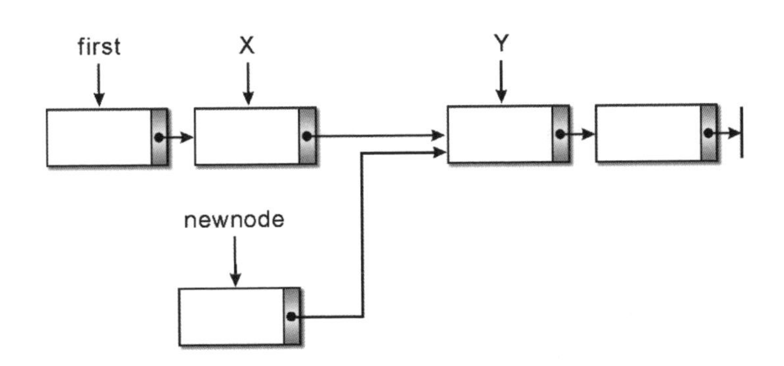

接著把插入點指標指向的新節點：

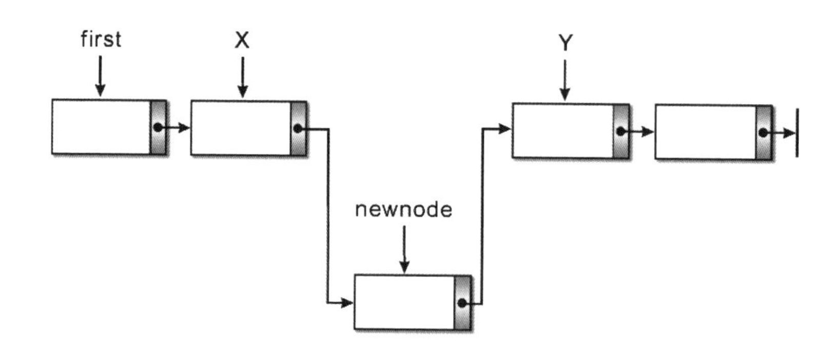

Python 的演算法如下：

```
newnode.next=x.next
x.next=newnode
```

範例 insert.py ▍請設計一 Python 程式，建立一個員工資料的單向串列，並且允許可以在串列首、串列尾及串列中間等三種狀況下插入新節點。最後離開時，列出此串列的最後所有節點的資料欄內容。結構成員型態如下：

```
class employee:
    def __init__(self):
        self.num=0
        self.salary=0
        self.name=''
        self.next=None
```

```
01  import sys
02
03  class employee:
04      def __init__(self):
05          self.num=0
```

```
06          self.salary=0
07          self.name=''
08          self.next=None
09
10  def findnode(head,num):
11      ptr=head
12
13      while ptr!=None:
14          if ptr.num==num:
15              return ptr
16          ptr=ptr.next
17      return ptr
18
19  def insertnode(head,ptr,num,salary,name):
20      InsertNode=employee()
21      if not InsertNode:
22          return None
23      InsertNode.num=num
24      InsertNode.salary=salary
25      InsertNode.name=name
26      InsertNode.next=None
27      if ptr==None: # 插入第一個節點
28          InsertNode.next=head
29          return InsertNode
30      else:
31          if ptr.next==None: # 插入最後一個節點
32              ptr.next=InsertNode
33          else: # 插入中間節點
34              InsertNode.next=ptr.next
35              ptr.next=InsertNode
36      return head
37
38  position=0
39  data=[[1001,32367],[1002,24388],[1003,27556],[1007,31299], \
40        [1012,42660],[1014,25676],[1018,44145],[1043,52182], \
41        [1031,32769],[1037,21100],[1041,32196],[1046,25776]]
```

```
42 namedata=['Allen','Scott','Marry','John','Mark','Ricky', \
43           'Lisa','Jasica','Hanson','Amy','Bob','Jack']
44 print(' 員工編號 薪水 員工編號 薪水 員工編號 薪水 員工編號 薪水 ')
45 print('-------------------------------------------------------')
46 for i in range(3):
47     for j in range(4):
48         print('[%4d] $%5d ' %(data[j*3+i][0],data[j*3+i][1]),end='')
49     print()
50 print('------------------------------------------------------\n')
51 head=employee() # 建立串列首
52 head.next=None
53 
54 if not head:
55     print('Error!! 記憶體配置失敗 !!\n')
56     sys.exit(0)
57 head.num=data[0][0]
58 head.name=namedata[0]
59 head.salary=data[0][1]
60 head.next=None
61 ptr=head
62 for i in range(1,12): # 建立串列
63     newnode=employee()
64     newnode.next=None
65     newnode.num=data[i][0]
66     newnode.name=namedata[i]
67     newnode.salary=data[i][1]
68     newnode.next=None
69     ptr.next=newnode
70     ptr=ptr.next
71 
72 while(True):
73     print(' 請輸入要插入其後的員工編號，如輸入的編號不在此串列中，')
74     position=int(input(' 新輸入的員工節點將視為此串列的串列首，要結束插入
   過程，請輸入 -1：'))
75     if position ==-1:
76         break
```

```
77      else:
78
79          ptr=findnode(head,position)
80          new_num=int(input('請輸入新插入的員工編號：'))
81          new_salary=int(input('請輸入新插入的員工薪水：'))
82          new_name=input('請輸入新插入的員工姓名： ')
83          head=insertnode(head,ptr,new_num,new_salary,new_name)
84      print()
85
86  ptr=head
87  print('\t員工編號     姓名\t薪水')
88  print('\t==============================')
89  while ptr!=None:
90      print('\t[%2d]\t[ %-7s]\t[%3d]' %(ptr.num,ptr.name,ptr.salary))
91      ptr=ptr.next
```

執行結果

```
員工編號 薪水 員工編號 薪水 員工編號 薪水 員工編號 薪水
-------------------------------------------------------
[1001] $32367 [1007] $31299 [1018] $44145 [1037] $21100
[1002] $24388 [1012] $42660 [1043] $52182 [1041] $32196
[1003] $27556 [1014] $25676 [1031] $32769 [1046] $25776
-------------------------------------------------------

請輸入要插入其後的員工編號,如輸入的編號不在此串列中,
新輸入的員工節點將視為此串列的串列首,要結束插入過程,請輸入-1：1041
請輸入新插入的員工編號：1088
請輸入新插入的員工薪水：68000
請輸入新插入的員工姓名： Jane

請輸入要插入其後的員工編號,如輸入的編號不在此串列中,
新輸入的員工節點將視為此串列的串列首,要結束插入過程,請輸入-1：-1
        員工編號     姓名   薪水
        ==============================
        [1001]  [ Allen  ]      [32367]
        [1002]  [ Scott  ]      [24388]
        [1003]  [ Marry  ]      [27556]
        [1007]  [ John   ]      [31299]
        [1012]  [ Mark   ]      [42660]
        [1014]  [ Ricky  ]      [25676]
        [1018]  [ Lisa   ]      [44145]
        [1043]  [ Jasica ]      [52182]
        [1031]  [ Hanson ]      [32769]
        [1037]  [ Amy    ]      [21100]
        [1041]  [ Bob    ]      [32196]
        [1088]  [ Jane   ]      [68000]
        [1046]  [ Jack   ]      [25776]
```

2-4-2 單向串列連結演算法

對於兩個或以上串列的連結（concatenation），其實作法也很容易；只要將串列的首尾相連即可。如下圖所示：

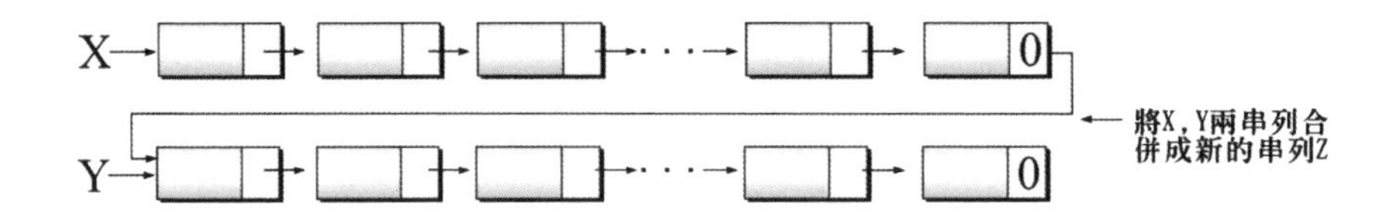

範例 concatenation.py ▍請設計一 Python 程式，將兩組學生成績串列連結起來，並輸出新的學生成績串列。

```
01  # [示範]:單向串列的連結功能
02  import sys
03
04  import random
05
06  def concatlist(ptr1,ptr2):
07      ptr=ptr1
08      while ptr.next!=None:
09          ptr=ptr.next
10      ptr.next=ptr2
11      return ptr1
12
13  class employee:
14      def __init__(self):
15          self.num=0
16          self.salary=0
17          self.name=''
18          self.next=None
19
20  findword=0
21  data=[[None]*2 for row in range(12)]
22
```

```
23 namedata1=['Allen','Scott','Marry','Jon', \
24           'Mark','Ricky','Lisa','Jasica', \
25           'Hanson','Amy','Bob','Jack']
26
27 namedata2=['May','John','Michael','Andy', \
28           'Tom','Jane','Yoko','Axel', \
29           'Alex','Judy','Kelly','Lucy']
30
31 for i in range(12):
32     data[i][0]=i+1
33     data[i][1]=random.randint(51,100)
34
35 head1=employee()    # 建立第一組串列首
36 if not head1:
37     print('Error!! 記憶體配置失敗!!')
38     sys.exit(0)
39
40 head1.num=data[0][0]
41 head1.name=namedata1[0]
42 head1.salary=data[0][1]
43 head1.next=None
44 ptr=head1
45 for i  in range(1,12):   # 建立第一組鏈結串列
46     newnode=employee()
47     newnode.num=data[i][0]
48     newnode.name=namedata1[i]
49     newnode.salary=data[i][1]
50     newnode.next=None
51     ptr.next=newnode
52     ptr=ptr.next
53
54 for i in range(12):
55     data[i][0]=i+13
56     data[i][1]=random.randint(51,100)
57
58 head2=employee()    # 建立第二組串列首
59 if not head2:
```

```
60        print('Error!! 記憶體配置失敗 !!')
61        sys.exit(0)
62
63    head2.num=data[0][0]
64    head2.name=namedata2[0]
65    head2.salary=data[0][1]
66    head2.next=None
67    ptr=head2
68    for i in range(1,12):   # 建立第二組鏈結串列
69        newnode=employee()
70        newnode.num=data[i][0]
71        newnode.name=namedata2[i]
72        newnode.salary=data[i][1]
73        newnode.next=None
74        ptr.next=newnode
75        ptr=ptr.next
76
77    i=0
78    ptr=concatlist(head1,head2) # 將串列相連
79    print(' 兩個鏈結串列相連的結果：')
80    while ptr!=None: # 列印串列資料
81        print('[%2d %6s %3d] => ' %(ptr.num,ptr.name,ptr.salary),end='')
82        i=i+1
83        if i>=3:
84            print()
85            i=0
86        ptr=ptr.next
```

執行結果

```
兩個鏈結串列相連的結果：
[ 1   Allen  71] => [ 2   Scott  59] => [ 3   Marry  78] =>
[ 4     Jon  74] => [ 5    Mark  51] => [ 6   Ricky  58] =>
[ 7    Lisa  75] => [ 8 Jasica  64] => [ 9 Hanson  62] =>
[10     Amy  71] => [11     Bob  88] => [12    Jack  86] =>
[13     May  75] => [14    John  64] => [15 Michael  52] =>
[16    Andy  99] => [17     Tom  90] => [18    Jane  69] =>
[19    Yoko  61] => [20    Axel  79] => [21    Alex  76] =>
[22    Judy  87] => [23  Kelly 100] => [24    Lucy  67] =>
```

2-4-3 單向串列刪除節點演算法

在單向鏈結型態的資料結構中，如果要在串列中刪除一個節點，如同一列火車中拿掉原有的車廂，依據所刪除節點的位置會有三種不同的情形：

刪除串列的第一個節點

只要把串列指標首指向第二個節點即可。如下圖所示：

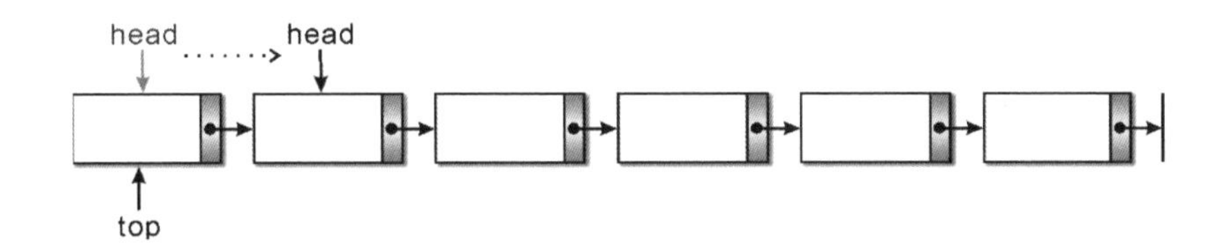

Python 的演算法如下：

```
top=head
Head=head.next
```

刪除串列後的最後一個節點

只要指向最後一個節點 ptr 的指標，直接指向 None 即可。如下圖所示：

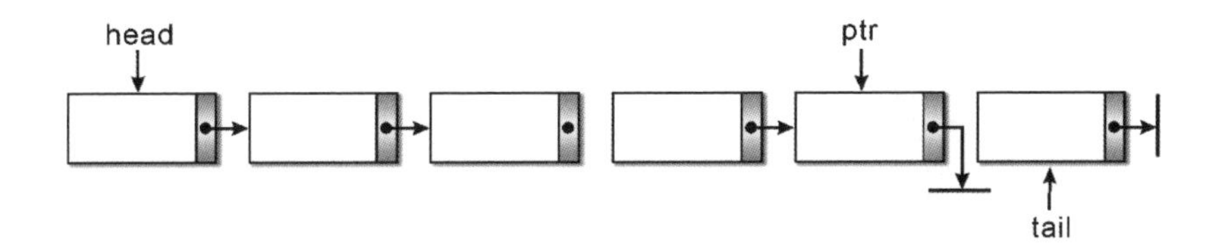

Python 的演算法如下：

```
ptr.next=tail
ptr.next=None
```

刪除串列內的中間節點

只要將刪除節點的前一個節點的指標，指向欲刪除節點的下一個節點即可。如下圖所示：

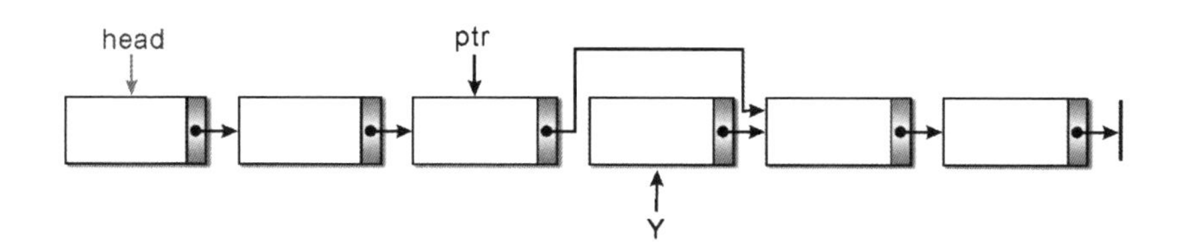

Python 的演算法如下：

```
Y=ptr.next
ptr.next=Y.next
```

範例 delete.py ▎請設計一 Python 程式，在一員工資料的串列中刪除節點，並且允許所刪除的節點有串列首、串列尾及串列中間等三種狀況。最後離開時，列出此串列的最後所有節點的資料欄內容。結構成員型態如下：

```
class employee:
    def __init__(self):
        self.num=0
        self.salary=0
        self.name=''
        self.next=None
```

```
01  import sys
02  class employee:
03      def __init__(self):
04          self.num=0
05          self.salary=0
```

```
06          self.name=''
07          self.next=None
08
09  def del_ptr(head,ptr):  # 刪除節點副程式
10      top=head
11      if ptr.num==head.num:  #[ 情形 1]: 刪除點在串列首
12          head=head.num
13          print('已刪除第 %d 號員工 姓名：%s 薪資:%d' %(ptr.num,ptr.
    name,ptr.salary))

14      else:
15          while top.next!=ptr:  # 找到刪除點的前一個位置
16              top=top.next
17          if ptr.next==None:   # 刪除在串列尾的節點
18              top.next=None
19              print('已刪除第 %d 號員工 姓名：%s 薪資:%d' %(ptr.
    num,ptr.name,ptr.salary))
20          else:
21              top.next=ptr.next # 刪除在串列中的任一節點
22              print('已刪除第 %d 號員工 姓名：%s 薪資:%d' %(ptr.
    num,ptr.name,ptr.salary))
23      return head  # 回傳串列
24
25  def main():
26      findword=0
27      namedata=['Allen','Scott','Marry','John',\
28                'Mark','Ricky','Lisa','Jasica',\
29                'Hanson','Amy','Bob','Jack']
30      data=[[1001,32367],[1002,24388],[1003,27556],[1007,31299], \
31            [1012,42660],[1014,25676],[1018,44145],[1043,52182], \
32            [1031,32769],[1037,21100],[1041,32196],[1046,25776]]
33      print('員工編號 薪水 員工編號 薪水 員工編號 薪水 員工編號 薪水')
34      print('--------------------------------------------------------')
35      for i in range(3):
36          for j in range(4):
37              print('%2d  [%3d]  ' %(data[j*3+i][0],data[j*3+i]
    [1]),end='')
```

```
38          print()
39      head=employee() # 建立串列首
40      if not head:
41          print('Error!! 記憶體配置失敗 !!')
42          sys.exit(0)
43      head.num=data[0][0]
44      head.name=namedata[0]
45      head.salary=data[0][1]
46      head.next=None
47
48      ptr=head
49      for i in range(1,12):  # 建立串列
50          newnode=employee()
51          newnode.num=data[i][0]
52          newnode.name=namedata[i]
53          newnode.salary=data[i][1]
54          newnode.num=data[i][0]
55          newnode.next=None
56          ptr.next=newnode
57          ptr=ptr.next
58
59      while(True):
60          findword=int(input('請輸入要刪除的員工編號，要結束刪除過程，請輸
入 -1：'))
61          if(findword==-1): # 迴圈中斷條件
62              break
63          else:
64              ptr=head
65              find=0
66              while ptr!=None:
67                  if ptr.num==findword:
68                      ptr=del_ptr(head,ptr)
69                      find=find+1
70                      head=ptr
71                  ptr=ptr.next
72              if find==0:
73                  print('###### 沒有找到 ######')
```

```
74
75      ptr=head
76      print('\t 座號 \t      姓名 \t 成績 ')     # 列印剩餘串列資料
77      print('\t==============================')
78      while(ptr!=None):
79          print('\t[%2d]\t[ %-10s]\t[%3d]' %(ptr.num,ptr.name,ptr.
   salary))
80          ptr=ptr.next
81  main()
```

執行結果

```
員工編號  薪水  員工編號  薪水  員工編號  薪水  員工編號  薪水
------------------------------------------------------------
1001   [32367]   1007   [31299]   1018   [44145]   1037   [21100]
1002   [24388]   1012   [42660]   1043   [52182]   1041   [32196]
1003   [27556]   1014   [25676]   1031   [32769]   1046   [25776]
請輸入要刪除的員工編號,要結束刪除過程,請輸入-1：1041
已刪除第 1041 號員工 姓名：Bob 薪資:32196
請輸入要刪除的員工編號,要結束刪除過程,請輸入-1：-1
        座號            姓名  成績
        ==============================
        [1001]   [ Allen      ]    [32367]
        [1002]   [ Scott      ]    [24388]
        [1003]   [ Marry      ]    [27556]
        [1007]   [ John       ]    [31299]
        [1012]   [ Mark       ]    [42660]
        [1014]   [ Ricky      ]    [25676]
        [1018]   [ Lisa       ]    [44145]
        [1043]   [ Jasica     ]    [52182]
        [1031]   [ Hanson     ]    [32769]
        [1037]   [ Amy        ]    [21100]
        [1046]   [ Jack       ]    [25776]
```

2-4-4 單向串列反轉演算法

看完了節點的刪除及插入後，可以發現在具有方向性的鏈結串列結構中增刪節點是相當容易的一件事，甚至要從頭到尾列印整個串列似乎也不難，不過如果要反轉過來列印就真的需要某些技巧了。我們知道在串列中的節點特性是知道下一個節點的位置，可是卻無從得知它的上一個節點位置，因此如果要將串列反轉，則必須使用三個指標變數。請看下圖說明：

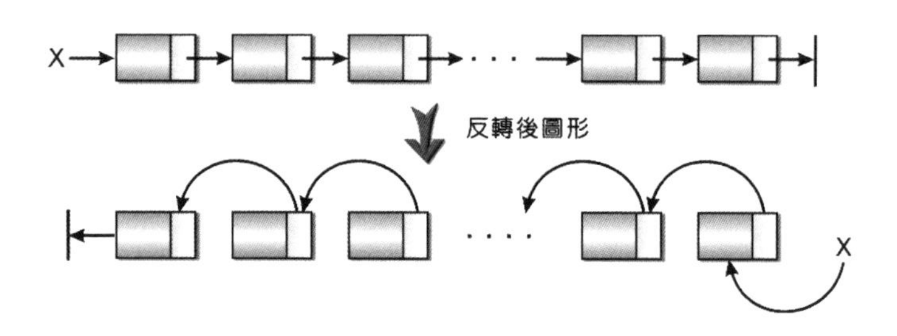

Python 的演算法如下：

```
class employee:
    def __init__(self):
        self.num=0
        self.salary=0
        self.name=''
        self.next=None

def invert(x): #x 為串列的開始指標
    p=x # 將 p 指向串列的開頭
    q=None #q 是 p 的前一個節點
    while p!=None:
        r=q # 將 r 接到 q 之後
        q=p # 將 q 接到 p 之後
        p=p.next #p 移到下一個節點
        q.next=r #q 連結到之前的節點
    return q
```

在以上演算法 invert(X) 中，我們使用了 p、q、r 三個指標變數，它的運算過程如下：

執行 while 迴路前

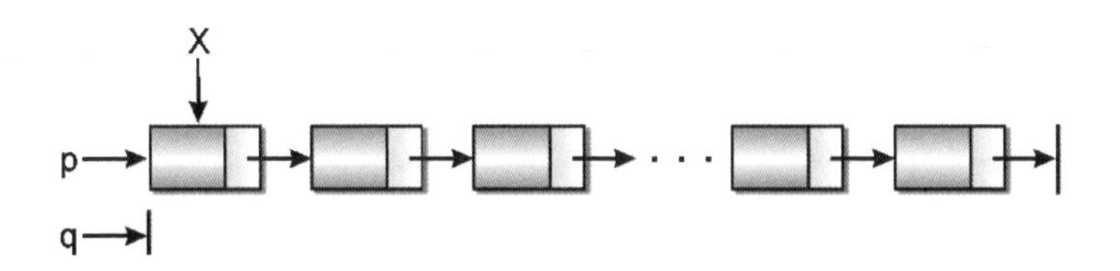

第一次執行 while 迴

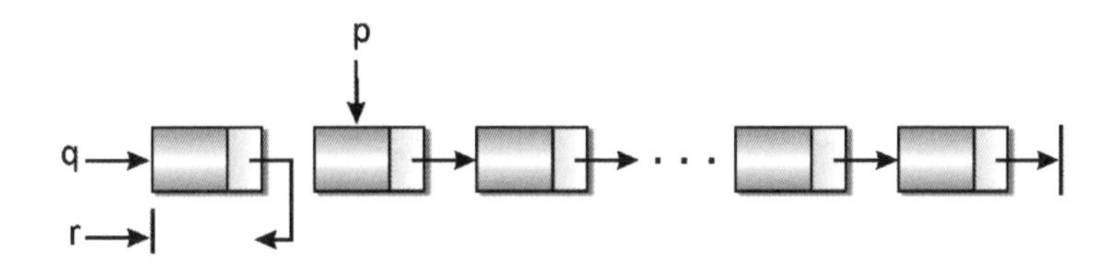

第二次執行 while 迴路

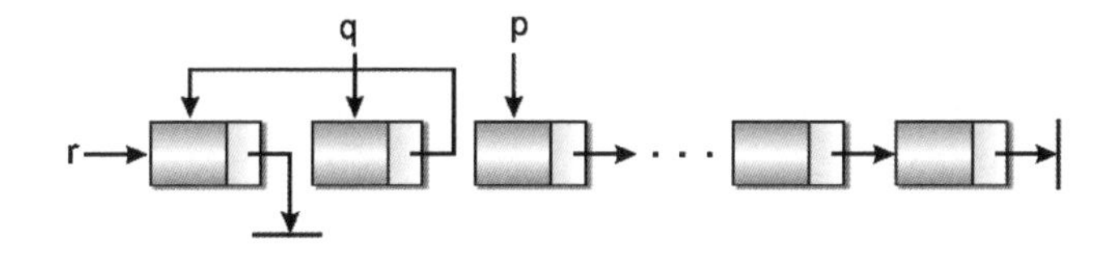

當執行到 p=None 時，整個串列也就整個反轉過來了。

範例 reverse.py ▎ 請設計一 Python 程式，延續範例將員工資料的串列節點依照座號反轉列印出來。

```
01  #include <stdio.h>
02  #include <stdlib.h>
03  class employee:
04      def __init__(self):
```

```
05          self.num=0
06          self.salary=0
07          self.name=''
08          self.next=None
09
10  findword=0
11
12  namedata=['Allen','Scott','Marry','Jon', \
13            'Mark','Ricky','Lisa','Jasica', \
14            'Hanson','Amy','Bob','Jack']
15
16  data=[[1001,32367],[1002,24388],[1003,27556],[1007,31299], \
17       [1012,42660],[1014,25676],[1018,44145],[1043,52182], \
18       [1031,32769],[1037,21100],[1041,32196],[1046,25776]]
19
20  head=employee() # 建立串列首
21  if not head:
22      print('Error!! 記憶體配置失敗 !!')
23      sys.exit(0)
24
25  head.num=data[0][0]
26  head.name=namedata[0]
27  head.salary=data[0][1]
28  head.next=None
29  ptr=head
30  for i in range(1,12): # 建立鏈結串列
31      newnode=employee()
32      newnode.num=data[i][0]
33      newnode.name=namedata[i]
34      newnode.salary=data[i][1]
35      newnode.next=None
36      ptr.next=newnode
37      ptr=ptr.next
38
39  ptr=head
40  i=0
41  print('原始員工串列節點資料：')
```

```
42  while ptr !=None:   # 列印串列資料
43      print('[%2d %6s %3d] => ' %(ptr.num,ptr.name,ptr.salary), end='')
44      i=i+1
45      if i>=3: # 三個元素為一列
46          print()
47          i=0
48      ptr=ptr.next
49
50  ptr=head
51  before=None
52  print('\n 反轉後串列節點資料：')
53  while ptr!=None: # 串列反轉，利用三個指標
54      last=before
55      before=ptr
56      ptr=ptr.next
57      before.next=last
58
59  ptr=before
60  while ptr!=None:
61      print('[%2d %6s %3d] => ' %(ptr.num,ptr.name,ptr.salary), end='')
62      i=i+1
63      if i>=3:
64          print()
65          i=0
66      ptr=ptr.next
```

執行結果

```
原始員工串列節點資料：
[1001   Allen 32367] => [1002   Scott 24388] => [1003   Marry 27556] =>
[1007     Jon 31299] => [1012    Mark 42660] => [1014   Ricky 25676] =>
[1018    Lisa 44145] => [1043 Jasica 52182] => [1031 Hanson 32769] =>
[1037     Amy 21100] => [1041     Bob 32196] => [1046    Jack 25776] =>

反轉後串列節點資料：
[1046    Jack 25776] => [1041     Bob 32196] => [1037     Amy 21100] =>
[1031 Hanson 32769] => [1043 Jasica 52182] => [1018    Lisa 44145] =>
[1014   Ricky 25676] => [1012    Mark 42660] => [1007     Jon 31299] =>
[1003   Marry 27556] => [1002   Scott 24388] => [1001   Allen 32367] =>
```

2-5 後進先出的堆疊

堆疊（Stack）是一群相同資料型態的組合，所有的動作均在頂端進行，具「後進先出」（Last In, First Out, LIFO）的特性。所謂後進先出就如同自助餐中餐盤由桌面往上一個一個疊放，且取用時由最上面先拿，這就是一種典型堆疊概念的應用。

【自助餐中餐盤存取就是一種堆疊的應用】

堆疊是一種抽象型資料結構，其特性如下：

① 只能從堆疊的頂端存取資料。

② 資料的存取符合「後進先出」（Last In First Out, LIFO）的原則。

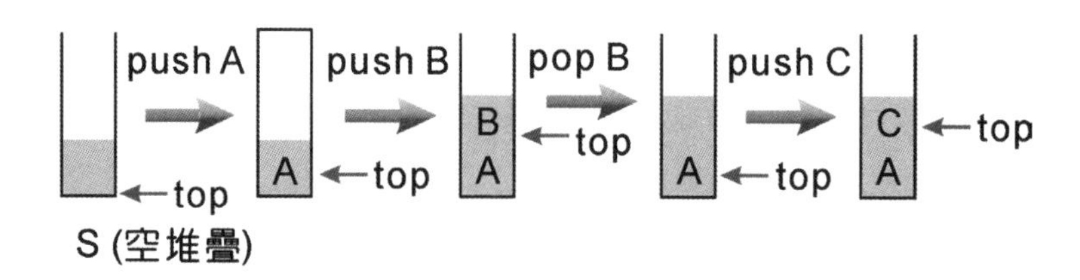

堆疊的基本運算具備以下五種工作定義：

create	建立一個空堆疊。
push	存放頂端資料，並傳回新堆疊。
pop	刪除頂端資料，並傳回新堆疊。
isEmpty	判斷堆疊是否為空堆疊，是則傳回 True，不是則傳回 False。
full	判斷堆疊是否已滿，是則傳回 True，不是則傳回 True。

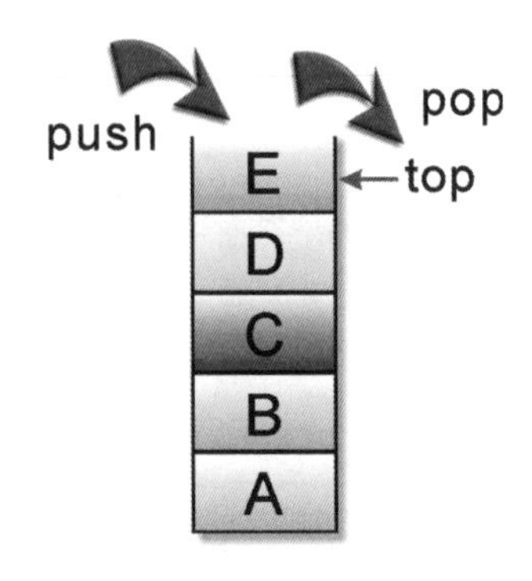

2-6 先進先出的佇列

佇列（Queue）和堆疊都是一種有序串列，也屬於抽象型資料型態，它所有加入與刪除的動作都發生在不同的兩端，並且符合「First In, First Out」（先進先出）的特性。佇列的觀念就好比搭捷運時，先到的人即優先搭乘，而隊伍的後端又陸續有新的乘客加入排隊。

【捷運買票的隊伍就是佇列原理的應用】

堆疊只需一個 top，指標指向堆疊頂，而佇列則必須使用 front 和 rear 兩個指標分別指向前端和尾端，如下圖所示：

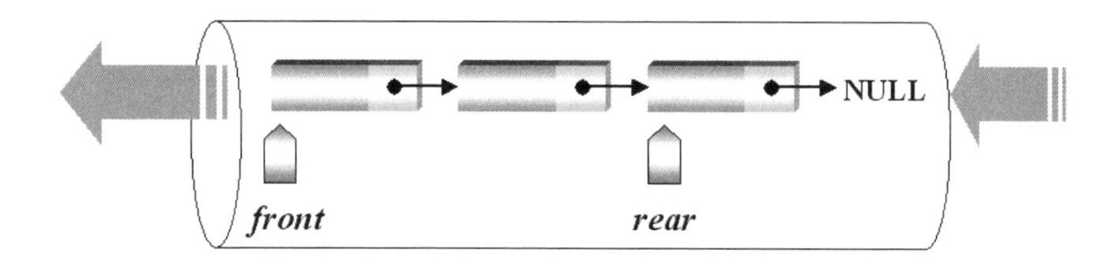

佇列是一種抽象型資料結構，其特性如下：

① 具有先進先出（FIFO）的特性。
② 擁有兩種基本動作：加入與刪除，而且使用 front 與 rear 兩個指標來分別指向佇列的前端與尾端。

佇列的運算具備以下五種工作定義：

create	建立空佇列。
add	將新資料加入佇列的尾端，傳回新佇列。
delete	刪除佇列前端的資料，傳回新佇列。
front	傳回佇列前端的值。
empty	若佇列為空集合，傳回真，否則傳回偽。

佇列在電腦領域的應用也相當廣泛，例如計算機的模擬（simulation）、CPU 的工作排程（Job Scheduling）、線上同時週邊作業系統的應用，與圖形走訪的先廣後深搜尋法（BFS）。

2-7 盤根錯節的樹狀結構

樹狀結構是一種日常生活中應用相當廣泛的非線性結構，舉凡從企業內的組織架構、家族內的族譜、籃球賽程、公司組織圖等，再到電腦領域中的作業系統與資料庫管理系統都是樹狀結構的衍生運用。

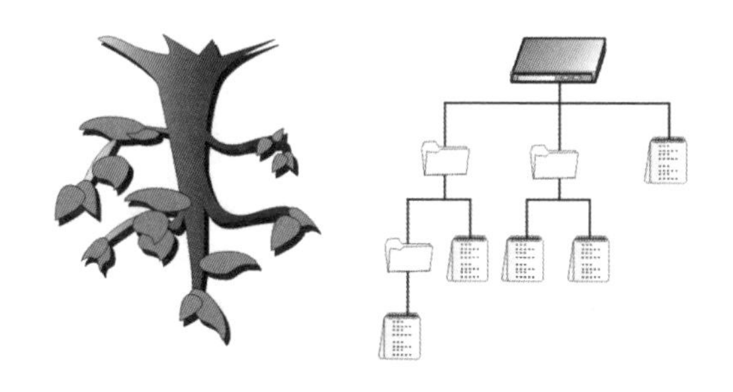

【Windows 的檔案總管是以樹狀結構儲存各種資料檔案】

例如在大型線上遊戲中，需要取得某些物體所在的地形資訊，如果程式是依次從構成地形的模型三角面尋找，往往會耗費許多執行時間而沒有效率。因此程式設計師就會使用樹狀結構中的二元空間分割樹（BSP tree）、四元樹（Quadtree）、八元樹（Octree）等來分割場景資料。

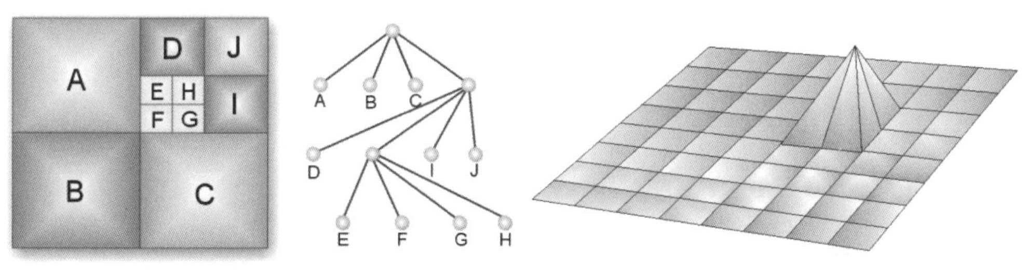

【四元樹示意圖】　【地形與四元樹的對應關係】

2-7-1 樹的基本觀念

「樹」(Tree) 是由一個或一個以上的節點 (Node) 組成，其中存在一個特殊的節點，稱為樹根 (Root)，每個節點可代表一些資料和指標組合而成的記錄。其餘節點則可分為 n ≧ 0 個互斥的集合，即是 $T_1,T_2,T_3 \cdots T_n$，則每一個子集合本身也是一種樹狀結構及此根節點的子樹。例如下圖：

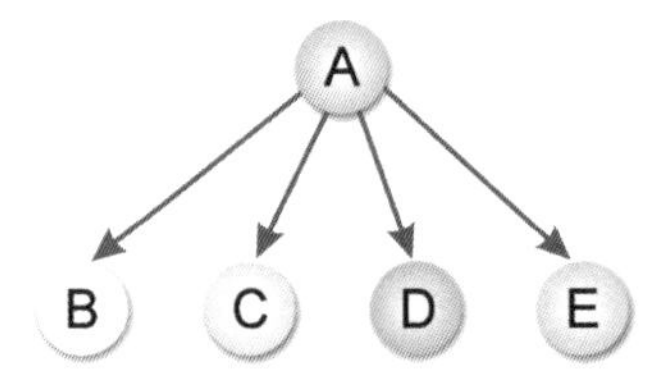

【A 為根節點，B、C、D、E 均為 A 的子節點】

一棵合法的樹，節點間可以互相連結，但不能形成無出口的迴圈。下圖就是一棵不合法的樹：

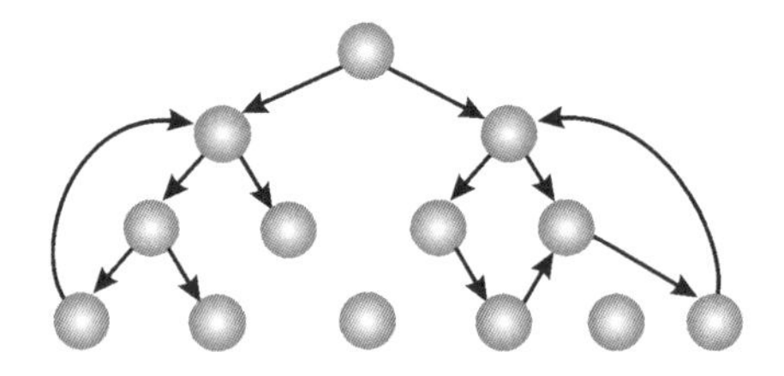

在樹狀結構中，有許多常用的專有名詞，我們利用下圖中這棵合法的樹，來為各位簡單介紹：

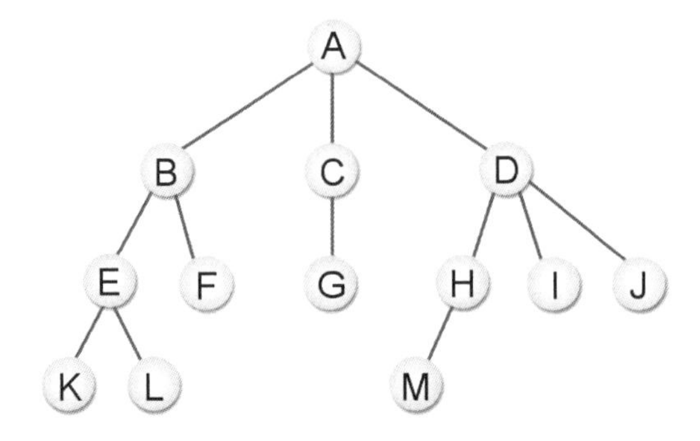

- **分支度（Degree）**：每個節點所有的子樹個數。例如像上圖中節點 B 的分支度為 2，D 的分支度為 3，F、G、I、J 等為 0。
- **階層或階度（Level）**：樹的層級，假設樹根 A 為第一階層，BCD 節點即為階層 2，E、F、G、H、I、J 為階層 3。
- **高度（Height）**：樹的最大階度。上圖的樹高度為 4。
- **樹葉或稱終端節點（Terminal Nodes）**：分支度為 0 的節點，如右圖中的 K、L、F、G、M、I、J，下圖則有 4 個樹葉節點，如 E、C、H、J。

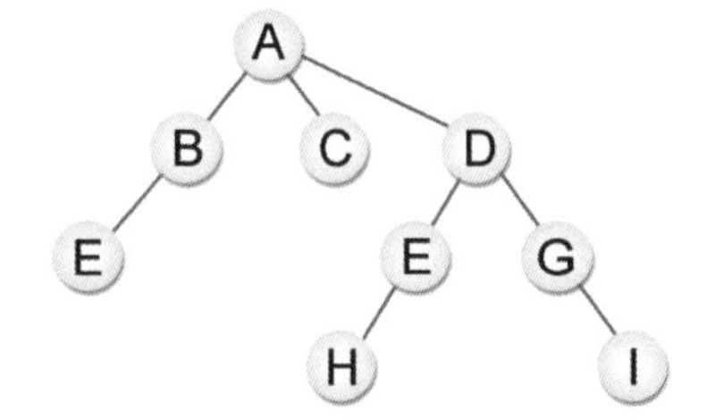

- **父節點（Parent）**：每一個節點有連結的上一層節點為父節點，例如 F 的父節點為 B，M 的父節點為 H，通常在繪製樹狀圖時，我們會將父節點畫在子節點的上方。
- **子節點（Children）**：每一個節點有連結的下一層節點為子節點，例如 A 的子節點為 B、C、D，B 的子節點為 E、F。
- **祖先（Ancestor）和子孫（Descendant）**：所謂祖先，是指從樹根到該節點路徑上所包含的節點，而子孫則是在該節點往上追溯子樹中的任一節點。例如 K 的祖先為 A、B、E 節點，H 的祖先為 A、D 節點，節點 B 的子孫為 E、F、K、L。
- **兄弟節點（Siblings）**：有共同父節點的節點為兄弟節點，例如 B、C、D 為兄弟，H、I、J 也為兄弟。
- **非終端節點（Nonterminal Nodes）**：樹葉以外的節點，如 A、B、C、D、E、H 等。
- **同代（Generation）**：具有相同階層數的節點，例如 E、F、G、H、I、

J，或是 B、C、D。

- **樹林（Forest）**：樹林是由 n 個互斥樹的集合（$n \geq 0$），移去樹根即為樹林。下圖就是包含三棵樹的樹林。

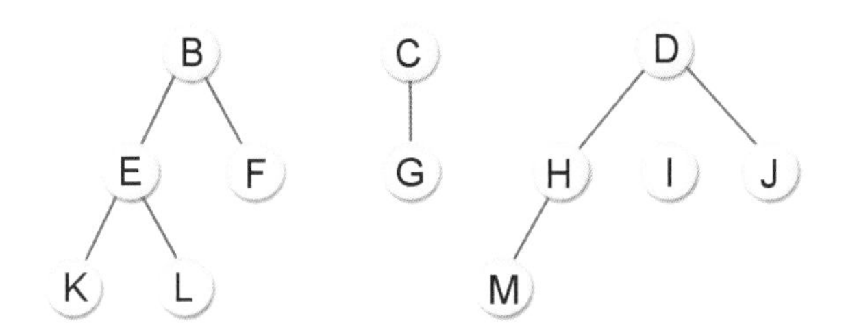

2-7-2 二元樹

由於一般樹狀結構在電腦記憶體中的儲存方式是以串列為主。不過對於 n 元樹（n-way 樹）來說，因為每個節點的分支度都不相同，為了方便起見，我們必須取 n 為鏈結個數的最大固定長度，而每個節點的資料結構如下：

data	$link_1$	$link_2$		$link_n$

在此請特別注意，這種 n 元樹十分浪費鏈結空間。假設此 n 元樹有 m 個節點，那麼此樹共用了 n*m 個鏈結欄位。另外除了樹根外，每一個非空鏈結都指向一個節點，所以得知空鏈結個數為 $n*m-(m-1)=m*(n-1)+1$，而 n 元樹的鏈結浪費率為 $\frac{m*(n-1)+1}{m*n}$。因此我們可以得到以下結論：

n=2 時，2 元樹的鏈結浪費率約為 1/2

n=3 時，3 元樹的鏈結浪費率約為 2/3

n=4 時，4 元樹的鏈結浪費率約為 3/4

……………

當 n=2 時，它的鏈結浪費率最低，所以為了改進記憶空間浪費的缺點，我們最常使用二元樹（Binary Tree）結構來取代樹狀結構。

二元樹（又稱 knuth 樹）是一個由有限節點所組成的集合，它可以為空集合，或由一個樹根及左右兩個子樹所組成。簡單的說，二元樹最多只能有兩個子節點，就是分支度小於或等於 2。其電腦中的資料結構如下：

LLINK	Data	RLINK

至於二元樹和一般樹的不同之處，整理如下：

① 樹不可為空集合，但是二元樹可以。

② 樹的分支度為 d ≧ 0，但二元樹的節點分支度為 0 ≦ d ≦ 2。

③ 樹的子樹間沒有次序關係，二元樹則有。

以下就來看一棵實際的二元樹，如下圖所示：

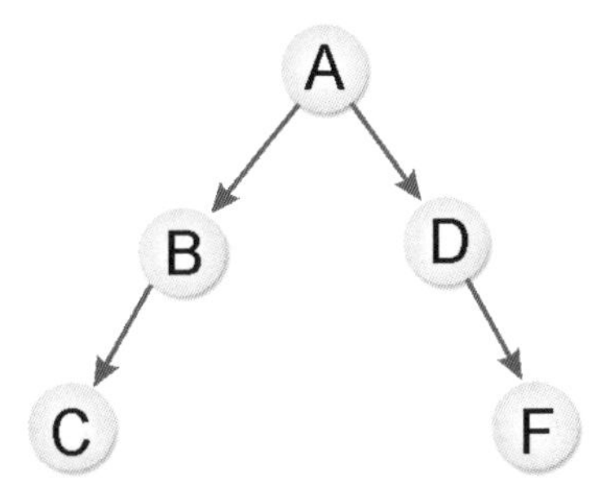

上圖是以 A 為根節點的二元樹，且包含了以 B、D 為根節點的兩棵互斥的左子樹與右子樹。

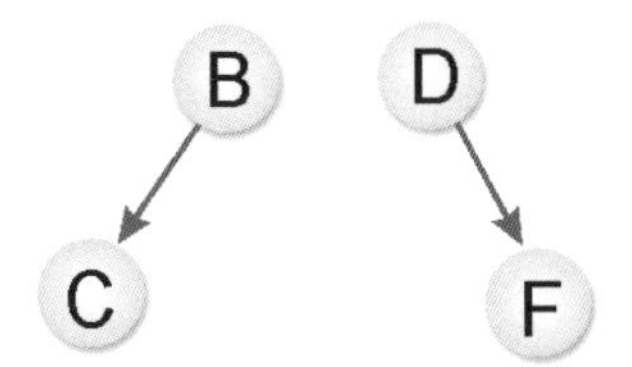

這兩個左右子樹都是屬於同一種樹狀結構，不過卻是二棵不同的二元樹結構，原因就是二元樹必須考慮到前後次序關係。這點請各位讀者特別留意。

2-8 學會藏寶圖的密技 - 圖形簡介

我們可以這樣形容；樹狀結構是描述節點與節點之間「層次」的關係，但是圖形結構卻是討論兩個頂點之間「相連與否」的關係，在圖形中連接兩頂點的邊若填上加權值（也可以稱為花費值），這類圖形就稱為「網路」。

【圖形的應用在生活中非常普遍】

圖形除了被活用在演算法領域中最短路徑搜尋、拓樸排序外，還能應用在系統分析中以時間為評核標準的計畫評核術（Performance Evaluation and Review Technique, PERT），或者像「IC 板設計」、「交通網路規劃」等都可以看做是圖形的應用。

【捷運路線的規劃也是圖形的應用】

圖形理論起源於 1736 年，瑞士數學家尤拉（Euler）為了解決「肯尼茲堡橋樑」問題，而想出來的一種資料結構理論，也就是著名的七橋理論。簡單來說，就是有七座橫跨四個城市的大橋。尤拉所思考的問題是這樣的，「是否有人在只經過每一座橋樑一次的情況下，把所有地方走過一次而且回到原點。」

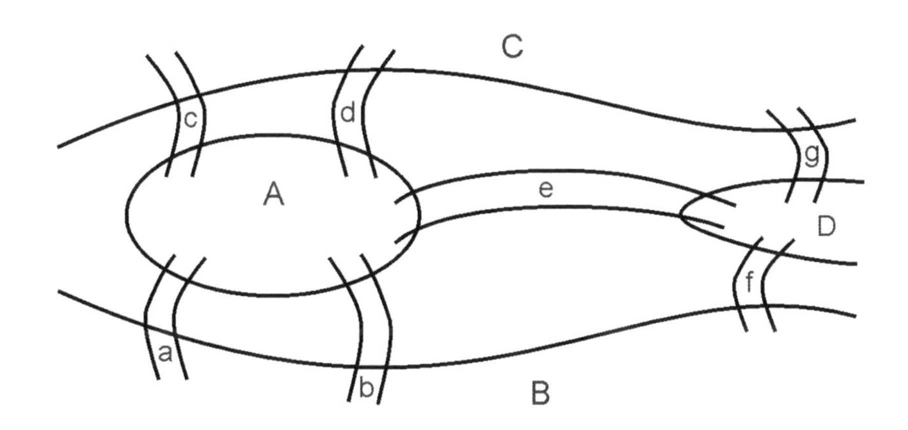

尤拉當時使用的方法就是以圖形結構進行分析。他先以頂點表示土地，以邊表示橋樑，並定義連接每個頂點的邊數稱為該頂點的分支度。我們將以右邊簡圖來表示「肯尼茲堡橋樑」問題。

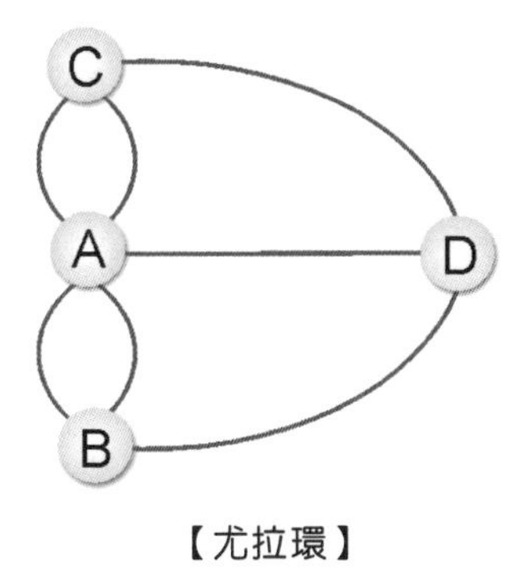

【尤拉環】

最後尤拉找到一個結論：「當所有頂點的分支度皆為偶數時，才能從某頂點出發，經過每一邊一次，再回到起點。」也就是說，在上圖中每個頂點的分支度都是奇數，所以尤拉所思考的問題是不可能發生的，這個理論就是有名的「尤拉環」（Eulerian cycle）理論。

但如果條件改成從某頂點出發，經過每邊一次，不一定要回到起點，亦即只允許其中兩個頂點的分支度是奇數，其餘則必須全部為偶數，符合這樣的結果就稱為尤拉鏈（Eulerian chain）。

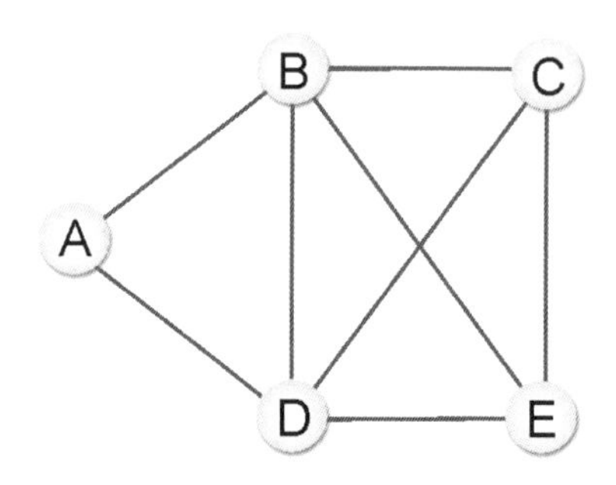

2-8-1 圖形的定義

圖形是由「頂點」和「邊」所組成的集合，通常用 G=(V,E) 來表示，其中 V 是所有頂點所成的集合，而 E 代表所有邊所成的集合。圖形的種類有兩種：一是無向圖形，一是有向圖形，無向圖形以 (V_1,V_2) 表示，有向圖形則以 $<V_1,V_2>$ 表示其邊線。

無向圖形

無向圖形（Graph）是一種具備同邊的兩個頂點沒有次序關係，例如 (V_1,V_2) 與 (V_2,V_1) 是代表相同的邊。如右圖所示：

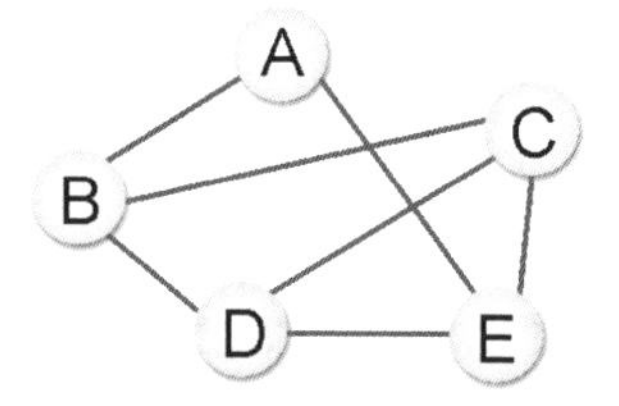


```
V={A,B,C,D,E}
E={ (A,B) , (A,E) , (B,C) , (B,D) , (C,D) , (C,E) , (D,E) }
```

有向圖形

有向圖形（Digraph）是每一個邊都可使用有序對 $<V_1,V_2>$ 來表示，並且 $<V_1,V_2>$ 與 $<V_2,V_1>$ 是表示兩個方向不同的邊，而所謂 $<V_1,V_2>$，是指 V_1 為尾端指向為頭部的 V_2。如右圖所示：

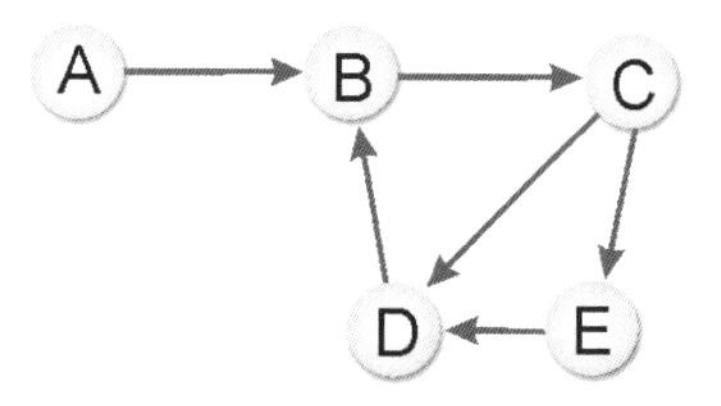


```
V={A,B,C,D,E}
E={<A,B>,<B,C>,<C,D>,<C,E>,<E,D>,<D,B>}
```

2-9 神奇有趣的雜湊表

雜湊表是一種儲存記錄的連續記憶體，能透過雜湊函數的應用，快速存取與搜尋資料。所謂雜湊函數（hashing function）就是將本身的鍵值，經由特定的數學函數運算或使用其他的方法，轉換成相對應的資料儲存位址。

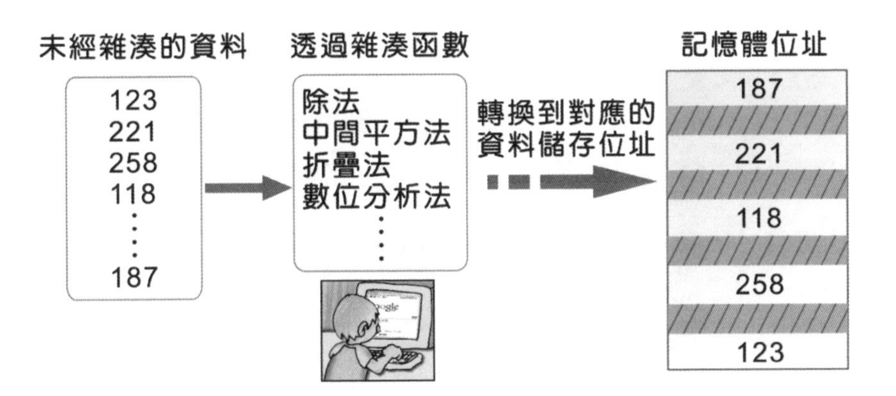

現在先來介紹有關雜湊函數的相關名詞：

- **bucket（桶）**：雜湊表中儲存資料的位置，每一個位置對應到唯一的一個位址（bucket address），桶就好比一筆記錄。
- **slot（槽）**：每一筆記錄中可能包含好幾個欄位，而 slot 指的就是「桶」中的欄位。
- **collision（碰撞）**：若兩筆不同的資料，經過雜湊函數運算後，對應到相同的位址時，稱為碰撞。
- **溢位**：如果資料經過雜湊函數運算後，所對應到的 bucket 已滿，則會使 bucket 發生溢位。

■ **雜湊表**：儲存記錄的連續記憶體。類似資料表的索引表格，其中可分為 n 個 bucket，每個 bucket 又可分為 m 個 slot，如下圖所示：

	索引	姓名	電話
bucket→	0001	Allen	07-772-1234
	0002	Jacky	07-772-5525
	0003	May	07-772-6604
		↑ slot	↑ slot

■ **同義字（synonym）**：當兩個識別字 I_1 及 I_2，經雜湊函數運算後所得的數值相同，即 $f(I_1)=f(I_2)$，則稱 I_1 與 I_2 對於 f 這個雜湊函數是同義字。

■ **載入密度（loading factor）**：是指識別字的使用數目除以雜湊表內槽的總數：

$$\alpha\text{(載入密度)} = \frac{n\text{(識別字的使用數目)}}{s\text{(每一個桶內的槽數)} * b\text{(桶的數目)}}$$

如果 α 值愈大則表示雜湊空間的使用率越高，碰撞或溢位的機率會越高。

■ **完美雜湊（perfect hashing）**：指沒有碰撞又沒有溢位的雜湊函數。在設計雜湊函數時應遵循底下幾個原則：

① 降低碰撞及溢位的產生。

② 雜湊函數不宜過於複雜，越容易計算越佳。

③ 儘量把文字的鍵值轉換成數字的鍵值，以利雜湊函數的運算。

④ 所設計的雜湊函數計算而得的值，儘量能均勻地分佈在每一桶中，不要太過於集中在某些桶內，以降低碰撞並減少溢位的處理。

想一想，怎麼做？

1. 請簡單說明堆疊與佇列的主要特性。
2. 資料結構主要是表示資料在電腦記憶體中所儲存的位置和模式，通常可以區分為哪三種型態？
3. 在單向鏈結型態的資料結構中，依所刪除節點的位置會有哪三種不同的情形？
4. 請簡介 GPU。
5. 機器學習是什麼？有哪些應用？
6. 請解釋下列雜湊函數的相關名詞。
   (1) bucket（桶）
   (2) 同義字
   (3) 完美雜湊
   (4) 碰撞
7. 一般樹狀結構在電腦記憶體中的儲存方式是以鏈結串列為主，對於 n 元樹（n-way 樹）來說，我們必須取 n 為鏈結個數的最大固定長度，請說明為了改進記憶空間浪費的缺點，我們最常使用二元樹（Binary Tree）結構來取代樹狀結構。

MEMO

各個擊破的分治演算邏輯

- 化繁為簡的分治邏輯思維
- 分治法孿生兄弟 - 遞迴演算邏輯
- 古老的河內塔演算法
- 快速排序演算法
- 合併排序演算法
- 一刀兩斷的二分搜尋演算法

分治法（Divide and conquer）是很重要的一種演算邏輯，我們可以應用分治法來逐一拆解複雜的問題，核心精神在將一個難以直接解決的大問題依照不同的概念，分割成兩個或更多的子問題，以便各個擊破，分而治之。舉一個實際例子來說明，以下如果有 8 張很難畫的圖，我們可以分成 2 組各四幅畫來完成，若還是覺得太複雜，繼續再分成四組，每組各兩幅畫來完成，利用相同模式反覆分割問題，這就是最簡單的分治法核心精神。如下圖所示：

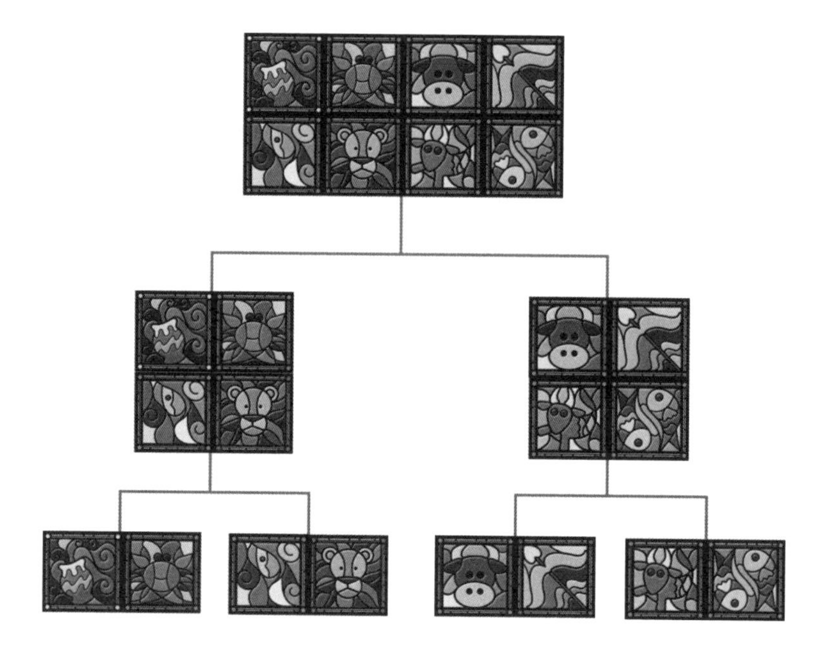

3-1 化繁為簡的分治邏輯思維

其實任何一個可以用程式求解的問題所需的計算時間都與其規模與複雜度有關，問題的規模越小，越容易直接求解，因此可將子問題規模不斷縮小，直到這些子問題足夠簡單到可以解決，最後將各子問題的解合併得到原問題的解答。再舉個例子來說，如果你被委託製作一個計畫案的企劃書，這個企劃案有 8 個章節主題，倘若只靠一個人獨立完成，不僅時間會花比較久，而且有些計畫案的內容也有可能不是自己所專長，此時可依這 8 個章節的特性分工給 2 位專員去完成。又或者為了讓企劃更快完成，又能找到適合的分類，則再將其分割成 2 章，並分配給更多不同的專員。如此一來，每位專員只需負責其中 2 個章節，經過這樣的分配，就可以將原先的大企劃案簡化成 4 個小專案，並委託 4 位專員去完成。以此類推，上述問題的解決方案的示意圖如下：

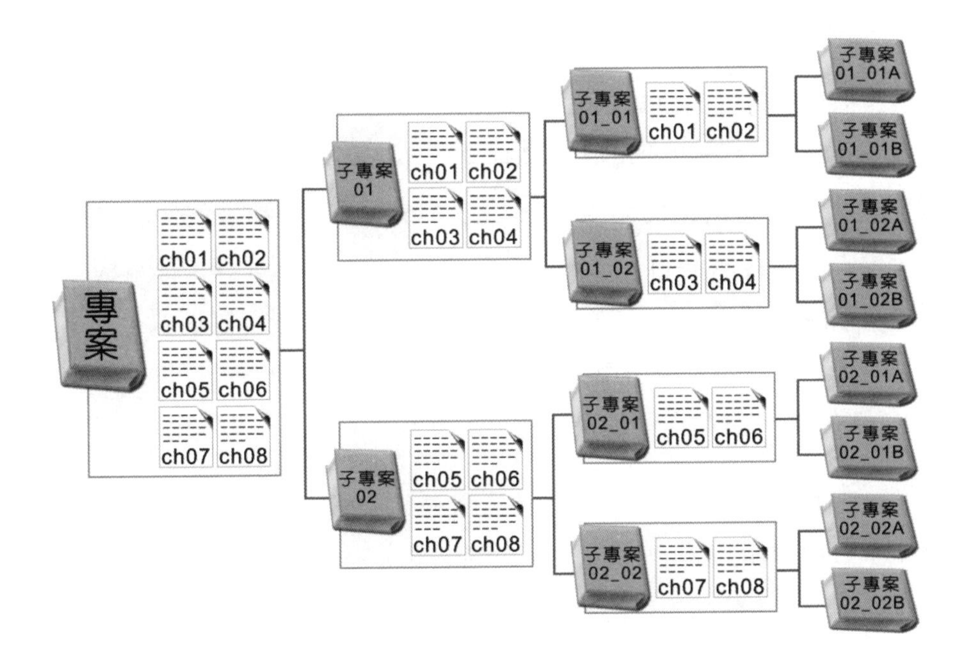

分治法也可以應用在數字的分類與排序上，如果要以人工的方式將散落在地上的輸出稿，依第 1 頁整理排序到第 100 頁。你可以有兩種作法，一種作法是逐一撿起輸出稿，並逐一插入到適當的頁碼順序。但缺點是排序及整理的過程較為繁雜，而且較為花時間。

此時，我們就可以應用分治法的原理，先將頁碼 1 ～頁碼 10 放在一起，頁碼 11 ～頁碼 20 放在一起，…，將頁碼 91 ～頁碼 100 放在一起；也就是將原先的 100 頁分類 10 個頁碼區間，然後再分別針對 10 堆頁碼去進行整理，最後再從頁碼小到大的群組合併起來，就可以輕易回復到原先的稿件順序，透過分治法可以讓原先複雜的問題，變成規則更簡單、數量更少、速度加速且更容易輕易解決的小問題。

3-2 分治法孿生兄弟 - 遞迴演算邏輯

遞迴是種很特殊的演算法，分治法和遞迴法很像一對孿生兄弟，都是將一個複雜的演算法問題的規模變得越來越小，最終使子問題容易求解。遞迴在早期人工智慧所用的語言。如 Lisp、Prolog 幾乎都是整個語言運作的核心，現在許多程式語言，包括 C、C++、Java、Python 等，都具備遞迴功能。簡單來說，對程式設計師的實作而言，「函數」(或稱副程式) 不單只是能夠被其他函數呼叫 (或引用) 的程式單元，在某些語言還提供了自身引用的功能，這種功用就是所謂的「遞迴」。

從程式語言的角度來說，遞迴的定義是，假如一個函數或副程式，是由自身所定義或呼叫的，就稱為遞迴 (Recursion)，它至少要定義 2 種條件，包括一個可以反覆執行的遞迴過程，與一個跳出執行過程的出口。

> **TIPS** 「尾歸遞迴」(Tail Recursion) 就是程式的最後一個指令為遞迴呼叫，因為每次呼叫後，再回到前一次呼叫的第一行指令就是 return，所以不需要再進行任何計算工作。

例如我們知道階乘函數是數學上很有名的函數，對遞迴式而言，也可以看成是很典型的範例，我們一般以符號 "!" 來代表階乘。如 4 階乘可寫為 4!，n! 可以寫成：

```
n!=n×(n-1)*(n-2)……*1
```

各位可以一步分解它的運算過程，觀察出一定的規律性：

```
5! = (5 * 4!)
   = 5 * (4 * 3!)
   = 5 * 4 * (3 * 2!)
   = 5 * 4 * 3 * (2 * 1)
   = 5 * 4 * (3 * 2)
   = 5 * (4 * 6)
   = (5 * 24)
   = 120
```

至於 Python 的 n! 遞迴函數演算法可以寫成如下：

```
def factorial(i):
    if i==0:
        return 1
    else:
        ans=i * factorial(i-1)   # 反覆執行的遞迴過程
    return ans
```

以上遞迴應用的介紹是利用階乘函數的範例來說明遞迴式的運作，在實作遞迴時，會應用到堆疊的資料結構概念，所謂堆疊（Stack）是一群相同資料型態的組合，所有的動作均在頂端進行，具「後進先出」（Last In, First Out, LIFO）的特性。寫到這裡，相信各位應該不會再對遞迴有陌生的感覺了！

我們再來看一個很有名氣的費伯那序列（Fibonacci Polynomial）求解，首先看看費伯那序列的基本定義：

$$F_n=\begin{cases} 0 & n=0 \\ 1 & n=1 \\ F_{n-1}+F_{n-2} & n=2,3,4,5,6......\text{（n 為正整數）} \end{cases}$$

簡單來說，就是一序列的第零項是 0、第一項是 1，其他每一個序列中項目的值是由其本身前面兩項的值相加所得。從費伯那序列的定義，也可以嘗試把它設計轉成遞迴形式：

```
def fib(n):    # 定義函數 fib()
    if n==0 :
        return 0 # 如果 n=0 則傳回 0
    elif n==1 or n==2:
        return 1
    else:    # 否則傳回 fib(n-1)+fib(n-2)
        return (fib(n-1)+fib(n-2))
```

範例 fib.py ▌請設計一個計算第 n 項費伯那序列的遞迴程式。

```
01 def fib(n):        # 定義函數 fib()
02     if n==0 :
03         return 0 # 如果 n=0 則傳回 0
04     elif n==1 or n==2:
05         return 1
06     else:    # 否則傳回 fib(n-1)+fib(n-2)
07         return (fib(n-1)+fib(n-2))
08 
09 n=int(input('請輸入所要計算第幾個費式數列:'))
10 for i in range(n+1):# 計算前 n 個費氏數列
11     print('fib(%d)=%d' %(i,fib(i)))
```

執行結果

```
請輸入所要計算第幾個費式數列:10
fib(0)=0
fib(1)=1
fib(2)=1
fib(3)=2
fib(4)=3
fib(5)=5
fib(6)=8
fib(7)=13
fib(8)=21
fib(9)=34
fib(10)=55
```

3-3 古老的河內塔演算法

法國數學家 Lucas 在 1883 年介紹了一個十分經典的河內塔（Tower of Hanoil）智力遊戲，即典型使用遞迴式與堆疊觀念來解決問題的範例，內容是說在古印度神廟中有三根木樁，天神希望和尚們把某些數量大小不同的圓盤，由第一個木樁全部移動到第三個木樁。

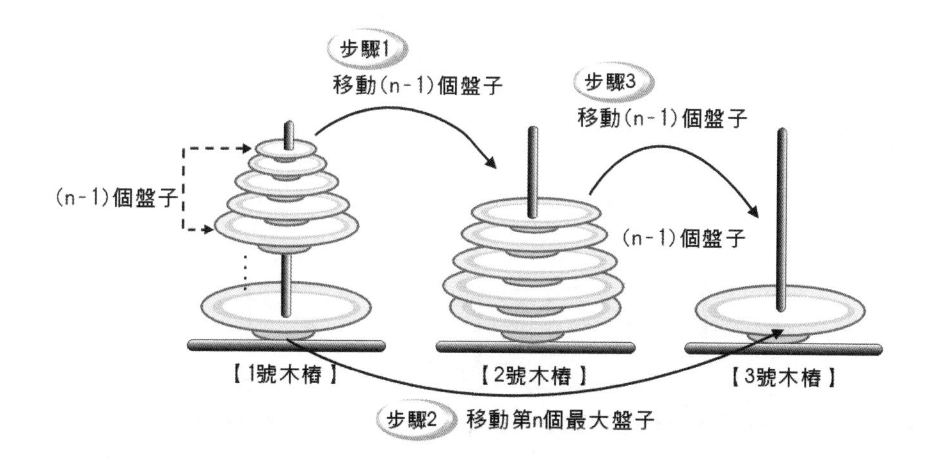

更精確地形容河內塔問題是：假設有 A、B、C 三個木樁和 n 個大小均不相同的套環（Disc），由小到大編號為 1,2,3…n，編號越大直徑越大。開始的時候，n 個套環套在 A 木樁上，現在希望能找到將 A 木樁上的套環藉著 B 木樁當中間橋樑，全部移到 C 木樁上最少次數的方法。不過在搬動時還必須遵守下列規則：

① 直徑較小的套環永遠置於直徑較大的套環上。
② 套環可任意地由任何一個木樁移到其他的木樁上。
③ 每一次僅能移動一個套環，而且只能從最上面的套環開始移動。

現在考慮 n=1~3 的狀況，以圖示方式示範處理河內塔問題的步驟：

n=1 個套環

（當然是直接把盤子從 1 號木樁移動到 3 號木樁。）

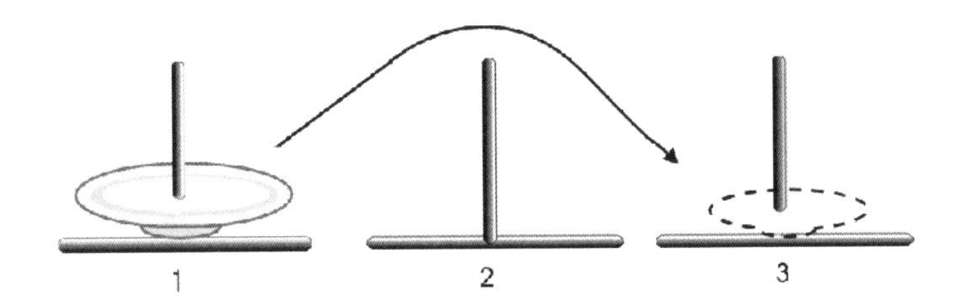

n=2 個套環

❶ 將套環從 1 號木樁移動到 2 號木樁

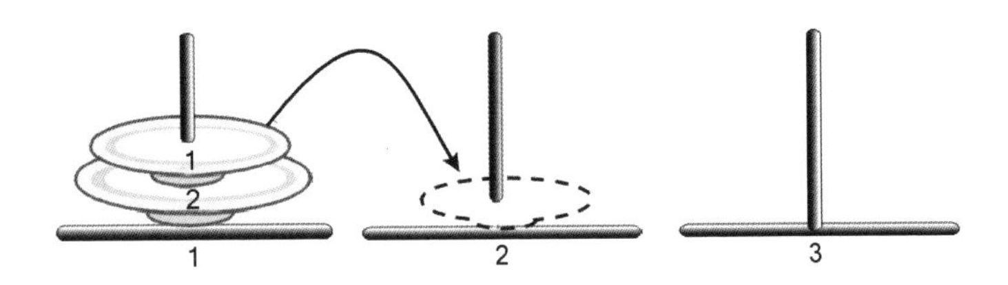

❷ 將套環從 1 號木樁移動到 3 號木樁

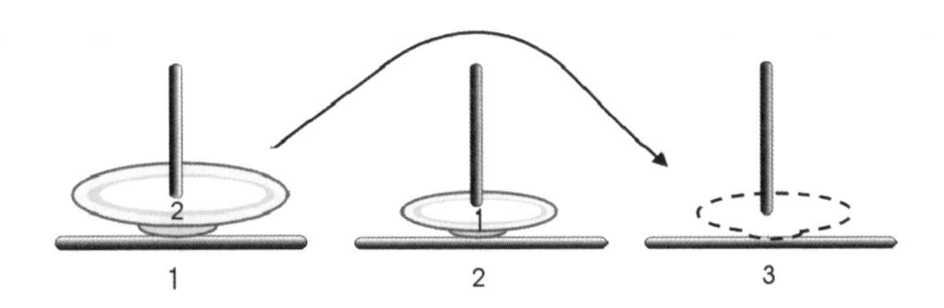

❸ 將套環從 2 號木樁移動到 3 號木樁，就完成了

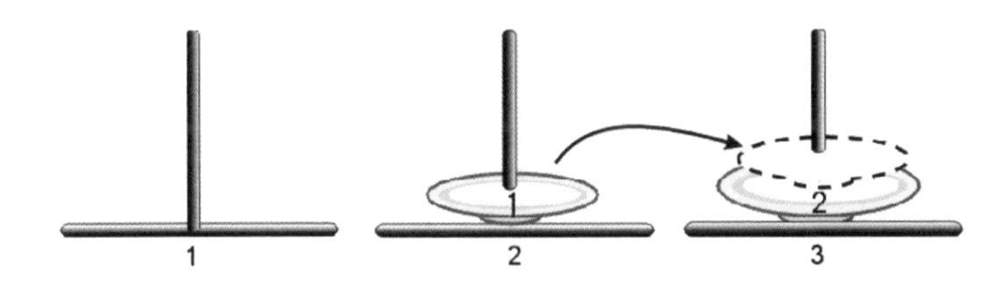

完成

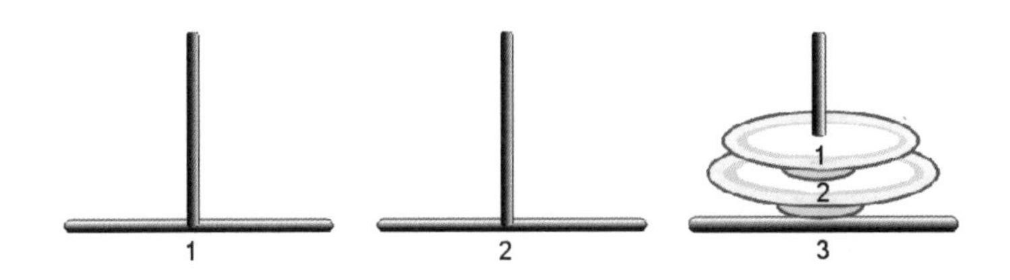

結論：移動了 2^2-1=3 次，盤子移動的次序為 1,2,1（此處為盤子次序）

步驟為：1 → 2，1 → 3，2 → 3（此處為木樁次序）

n=3 個套環

❶ 將套環從 1 號木樁移動到 3 號木樁

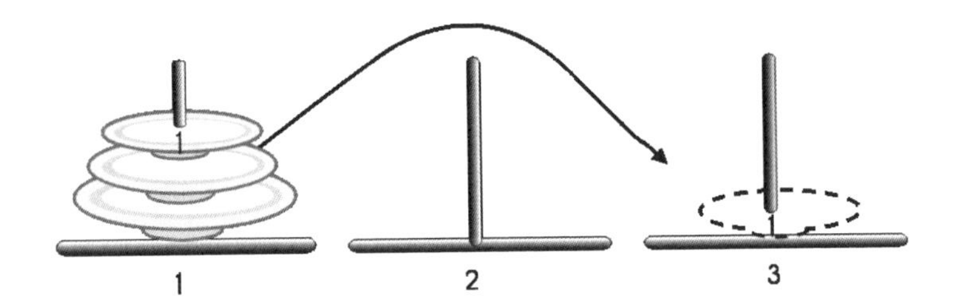

❷ 將套環從 1 號木樁移動到 2 號木樁

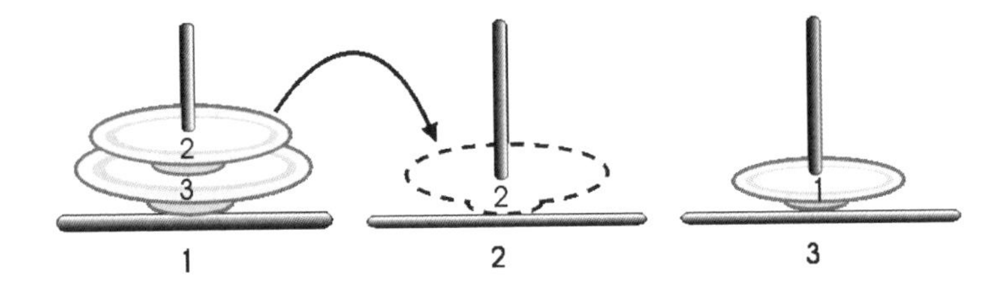

❸ 將套環從 3 號木樁移動到 2 號木樁

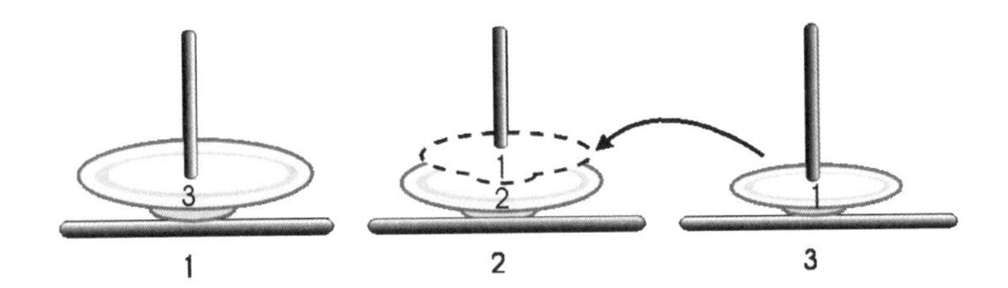

❹ 將套環從 1 號木樁移動到 3 號木樁

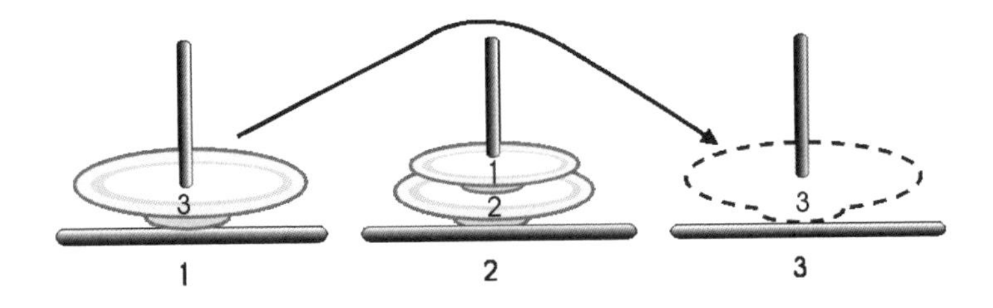

❺ 將套環從 2 號木樁移動到 1 號木樁

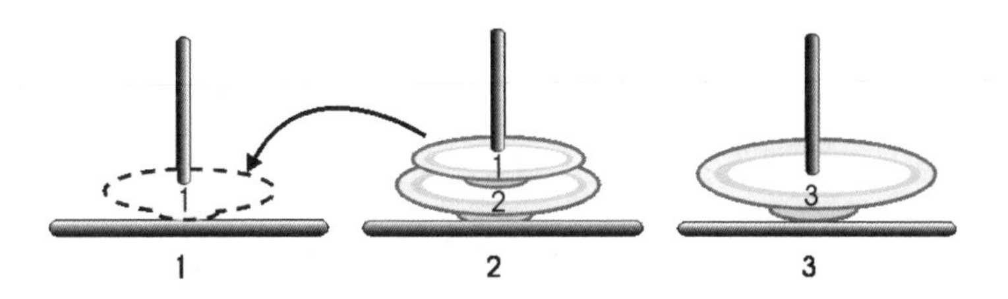

❻ 將套環從 2 號木樁移動到 3 號木樁

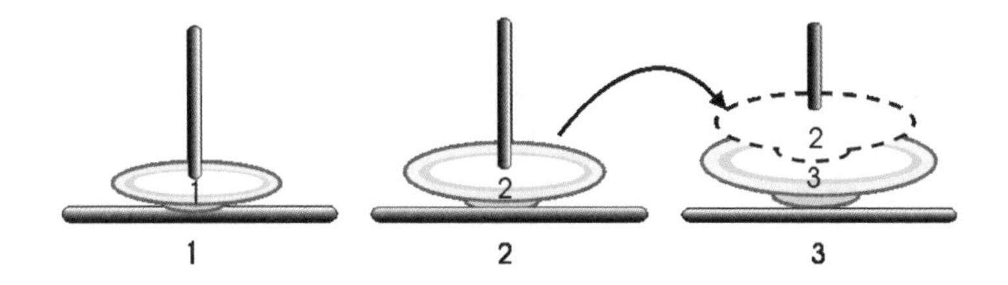

❼ 將套環從 1 號木樁移動到 3 號木樁，就完成了

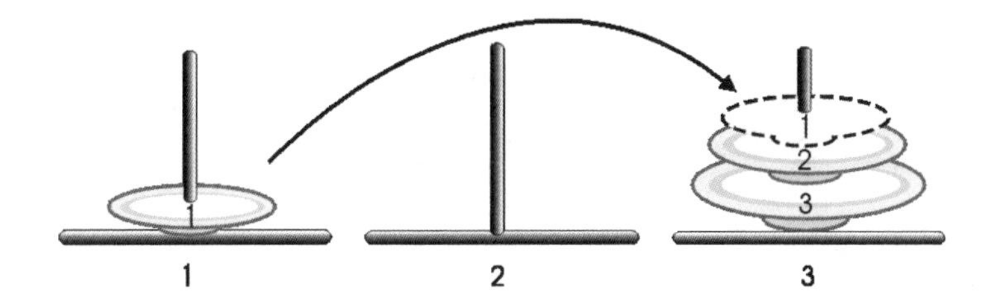

完成

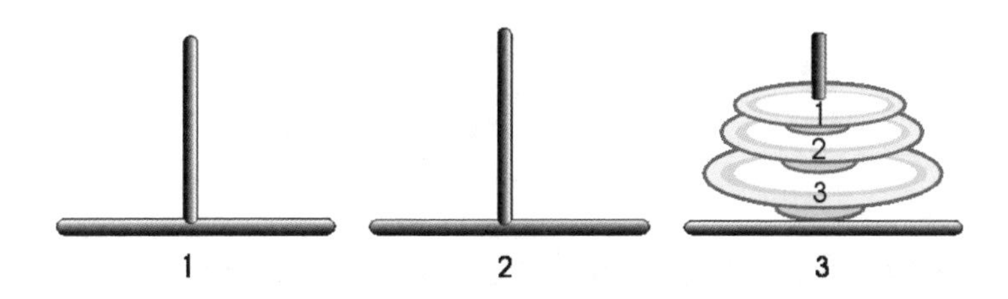

結論：移動了 2^3-1=7 次，盤子移動的次序為 1,2,1,3,1,2,1（盤子次序）

步驟為 1 → 3，1 → 2，3 → 2，1 → 3，2 → 1，2 → 3，1 → 3（木樁次序）

當有 4 個盤子時，在實際操作後（在此不作圖說明），盤子移動的次序為 121312141213121，而移動木樁的順序為 1 → 2，1 → 3，2 → 3，1 → 2，3 → 1，3 → 2，1 → 2，1 → 3，2 → 3，2 → 1，3 → 1，2 → 3，1 → 2，1 → 3，2 → 3，而移動次數為 2^4-1=15。

當 n 不大時，可以逐步用圖示解決，但 n 的值較大時，那可就十分傷腦筋了。事實上，我們可以得到一個結論，當有 n 個盤子時，河內塔問題將可歸納成三個步驟：

STEP 1 將 n-1 個盤子，從木樁 1 移動到木樁 2。

STEP 2 將第 n 個最大盤子，從木樁 1 移動到木樁 3。

STEP 3 將 n-1 個盤子，從木樁 2 移動到木樁 3。

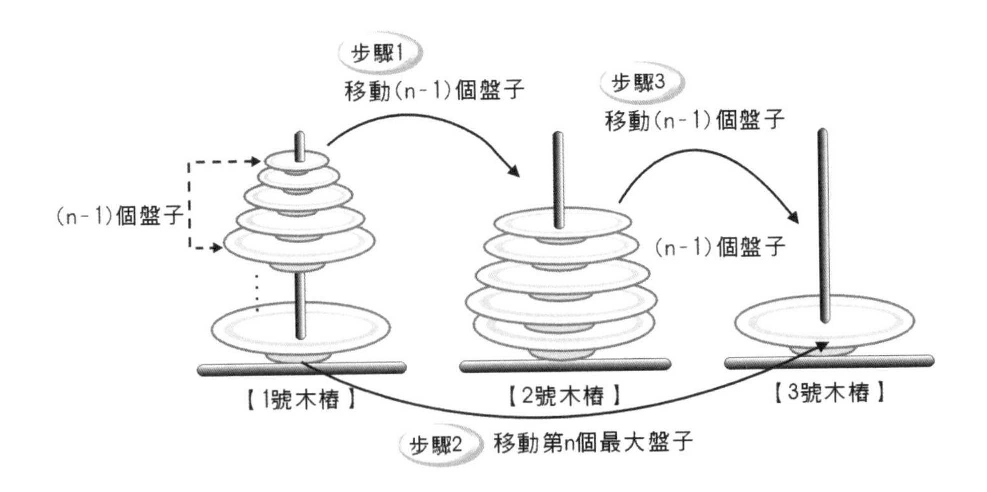

由上圖中會發現河內塔問題非常適合以遞迴式與堆疊來解決。因為它滿足了遞迴的兩大特性①有反覆執行的過程②有停止的出口。以下則以遞迴式來表示河內塔遞迴函數演算法：

```
def hanoi(n, p1, p2, p3):
    if n==1: # 遞迴出口
        print('套環從 %d 移到 %d' %(p1, p3))
    else:
        hanoi(n-1, p1, p3, p2)
        print('套環從 %d 移到 %d' %(p1, p3))
        hanoi(n-1, p2, p1, p3)
```

範例 hanoi.py ┃ 請設計一 Python 程式，以遞迴式來實作河內塔演算法的求解。

```
01 def hanoi(n, p1, p2, p3):
02     if n==1: # 遞迴出口
03         print('套環從 %d 移到 %d' %(p1, p3))
04     else:
05         hanoi(n-1, p1, p3, p2)
06         print('套環從 %d 移到 %d' %(p1, p3))
07         hanoi(n-1, p2, p1, p3)
08
09 j=int(input('請輸入所移動套環數量：'))
10 hanoi(j,1, 2, 3)
```

執行結果

```
請輸入所移動套環數量：4
套環從 1 移到 2
套環從 1 移到 3
套環從 2 移到 3
套環從 1 移到 2
套環從 3 移到 1
套環從 3 移到 2
套環從 1 移到 2
套環從 1 移到 3
套環從 2 移到 3
套環從 2 移到 1
套環從 3 移到 1
套環從 2 移到 3
套環從 1 移到 2
套環從 1 移到 3
套環從 2 移到 3
```

3-4 快速排序演算法

排序（Sorting）演算法可說是最常使用到的一種演算法，它是將一群資料按照某一個特定規則重新排列，使其具有遞增或遞減的次序關係。按照特定規則，用以排序的依據，我們稱為鍵（Key），它所含的值就稱為「鍵值」。排序的各種演算法稱得上是資料科學這門學科的精髓所在，每一種排序方法都有其適用的情況與資料種類。

【參加比賽最重要是分出排名順序】

快速排序（Quicksort）是由 C. A. R. Hoare 所發展的，又稱分割交換排序法，是目前公認最佳的排序法，同樣是使用分治法的方式，先在資料中找到一個隨機設定的虛擬中間值，並依此中間值將所有打算排序的資料分為兩部分。其中小於中間值的資料放在左邊，而大於中間值的資料放在右邊，再以同樣的方式分別處理左右兩邊的資料，直到排序完為止。

假設有 n 筆 R1、R2、R3...Rn 記錄，其鍵值為 K_1、K_2、K_3...K_n，其操作與分割步驟如下：

① 先假設 K 的值為第一個鍵值。

② 由左向右找出鍵值 K_i，使得 $K_i>K$。

③ 由右向左找出鍵值 K_j 使得 $K_j<K$。

④ 如果 $i<j$，那麼 K_i 與 K_j 互換，並回到步驟②。

⑤ 若 $i \geqq j$ 則將 K 與 K_j 交換，並以 j 為基準點分割成左右部分。然後再針對左右兩邊進行步驟①至⑤，直到左半邊鍵值 = 右半邊鍵值為止。

下面示範快速排序法的資料排序過程：

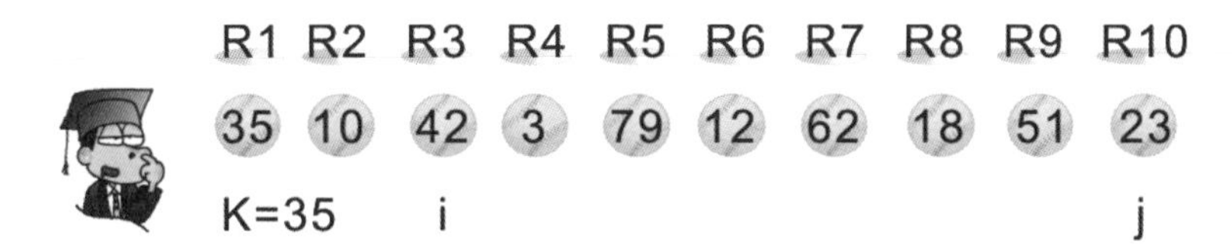

❶ 因為 i<j 故交換 K_i 與 K_j，然後繼續比較：

❷ 因為 i<j 故交換 K_i 與 K_j，然後繼續比較：

❸ 因為 i ≥ j 故交換 K 與 K_j，並以 j 為基準點分割成左右兩半：

由上述這幾個步驟，各位可以將小於鍵值 K 放在左半部；大於鍵值 K 放在右半部，依上述的排序過程，針對左右兩部分分別排序。過程如下：

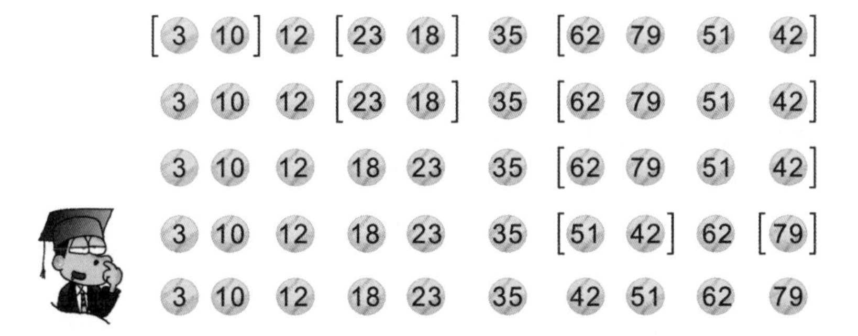

範例 QuickSort.py ▍請設計一 Python 程式，並使用快速排序法將數字排序。

```
01  import random
02  
03  def inputarr(data,size):
04      for i in range(size):
05          data[i]=random.randint(1,100)
06  
07  def showdata(data,size):
08      for i in range(size):
09          print('%3d' %data[i],end='')
10      print()
11  
12  def quick(d,size,lf,rg):
13      # 第一筆鍵值為 d[lf]
14      if lf<rg:  # 排序資料的左邊與右邊
15          lf_idx=lf+1
16          while d[lf_idx]<d[lf]:
17              if lf_idx+1 >size:
18                  break
19              lf_idx +=1
20          rg_idx=rg
21          while d[rg_idx] >d[lf]:
22              rg_idx -=1
23          while lf_idx<rg_idx:
24              d[lf_idx],d[rg_idx]=d[rg_idx],d[lf_idx]
25              lf_idx +=1
26              while d[lf_idx]<d[lf]:
27                  lf_idx +=1
28              rg_idx -=1
29              while d[rg_idx] >d[lf]:
30                  rg_idx -=1
31          d[lf],d[rg_idx]=d[rg_idx],d[lf]
32  
33          for i in range(size):
```

```
34                print('%3d' %d[i],end='')
35            print()
36
37            quick(d,size,lf,rg_idx-1) # 以 rg_idx 為基準點分成左右兩半以遞
                                          迴方式
38            quick(d,size,rg_idx+1,rg) # 分別為左右兩半進行排序直至完成排序
39
40    def main():
41        data=[0]*100
42        size=int(input('請輸入陣列大小(100 以下):'))
43        inputarr (data,size)
44        print('您輸入的原始資料是:')
45        showdata (data,size)
46        print('排序過程如下:')
47        quick(data,size,0,size-1)
48        print('最終排序結果:')
49        showdata(data,size)
50
51    main()
```

執行結果

```
請輸入陣列大小(100以下):10
您輸入的原始資料是:
 19 43  8 90 11 19 41 92  4 86
排序過程如下:
 11  4  8 19 19 90 41 92 43 86
  8  4 11 19 19 90 41 92 43 86
  4  8 11 19 19 90 41 92 43 86
  4  8 11 19 19 43 41 86 90 92
  4  8 11 19 19 41 43 86 90 92
最終排序結果:
  4  8 11 19 19 41 43 86 90 92
```

3-5 合併排序演算法

合併排序法（Merge Sort）的原理乃是針對已排序好的二個或二個以上的數列，經由合併的方式，將其組合成一個大的且已排序好的數列。步驟如下：

① 將 N 個長度為 1 的鍵值成對地合併成 N/2 個長度為 2 的鍵值組。

② 將 N/2 個長度為 2 的鍵值組成對地合併成 N/4 個長度為 4 的鍵值組。

③ 將鍵值組不斷地合併，直到合併成一組長度為 N 的鍵值組為止。

以下我們仍然利用 38、16、41、72、52、98、63、25 數列的由小到大排序過程，來說明合併排序法的基本演算流程：

38、16、41、72、52、98、63、25

[16、38]、[41、72]、[52、98]、[25、63]

[16、38、41、72]、[25、52、63、98]

[16、25、38、41、52、63、72、98]

上面展示的合併排序法例子是一種最簡單的合併排序，又稱為 2 路（2-way）合併排序，主要概念是把原來的檔案視作 N 個已排序妥當且長度為 1 的數列，再將這些長度為 1 的資料兩兩合併，結合成 N/2 個已排序妥當且長度為 2 的數列；同樣的再依序兩兩合併，合併成 N/4 個已排序妥當且長度為 4 的數列……，以此類推，最後合併成一個已排序妥當且長度為 N 的數列步驟整理如下：

① 將 N 個長度為 1 的數列合併成 N/2 個已排序妥當且長度為 2 的數列。
② 將 N/2 個長度為 2 的數列合併成 N/4 個已排序妥當且長度為 4 的數列。
③ 將 N/4 個長度為 4 的數列合併成 N/8 個已排序妥當且長度為 8 的數列。
④ 將 $N/2^{i-1}$ 個長度為 2^{i-1} 的數列合併成 $N/2^i$ 個已排序妥當且長度為 2^i 的數列。

範例 MergeSort.py ┃ 請設計一 Python 程式，並使用合併排序法來將以下的數列排序：16,25,39,27,12,8,45,63。

```
01  # 合併排序法 (Merge Sort)
02
03  #99999 為串列 1 的結束數字不列入排序
04  list1 = [20,45,51,88,99999]
05  #99999 為串列 2 的結束數字不列入排序
06  list2 = [98,10,23,15,99999]
07  list3 = []
08
09  def merge_sort():
10      global list1
11      global list2
12      global list3
13
14      # 先使用選擇排序將兩數列排序，再作合併
15      select_sort(list1, len(list1)-1)
16      select_sort(list2, len(list2)-1)
17
18
19      print('\n 第 1 組資料的排序結果： ', end = '')
20      for i in range(len(list1)-1):
21          print(list1[i], ' ', end = '')
22
23      print('\n 第 2 組資料的排序結果： ', end = '')
24      for i in range(len(list2)-1):
```

```
25          print(list2[i], ' ', end = '')
26      print()
27
28      for i in range(60):
29          print('=', end = '')
30      print()
31
32      My_Merge(len(list1)-1, len(list2)-1)
33
34      for i in range(60):
35          print('=', end = '')
36      print()
37
38      print('\n 合併排序法的最終結果：', end = '')
39      for i in range(len(list1)+len(list2)-2):
40          print('%d ' % list3[i], end = '')
41
42  def select_sort(data, size):
43      for base in range(size-1):
44          small = base
45          for j in range(base+1, size):
46              if data[j] < data[small]:
47                  small = j
48          data[small], data[base] = data[base], data[small]
49
50  def My_Merge(size1, size2):
51      global list1
52      global list2
53      global list3
54
55      index1 = 0
56      index2 = 0
57      for index3 in range(len(list1)+len(list2)-2):
58          if list1[index1] < list2[index2]: # 比較兩數列，資料小的先存
    於合併後的數列
59              list3.append(list1[index1])
```

```
60                index1 += 1
61                print('此數字 %d 取自於第 1 組資料' % list3[index3])
62            else:
63                list3.append(list2[index2])
64                index2 += 1
65                print('此數字 %d 取自於第 2 組資料' % list3[index3])
66            print('目前的合併排序結果：', end = '')
67            for i in range(index3+1):
68                print(list3[i], ' ', end = '')
69            print('\n')
70
71    # 主程式開始
72
73    merge_sort()    # 呼叫所定義的合併排序法函數
```

執行結果

```
第1組資料的排序結果: 20  45  51  88
第2組資料的排序結果: 10  15  23  98
============================================================
此數字10取自於第2組資料
目前的合併排序結果: 10

此數字15取自於第2組資料
目前的合併排序結果: 10  15

此數字20取自於第1組資料
目前的合併排序結果: 10  15  20

此數字23取自於第2組資料
目前的合併排序結果: 10  15  20  23

此數字45取自於第1組資料
目前的合併排序結果: 10  15  20  23  45

此數字51取自於第1組資料
目前的合併排序結果: 10  15  20  23  45  51

此數字88取自於第1組資料
目前的合併排序結果: 10  15  20  23  45  51  88

此數字98取自於第2組資料
目前的合併排序結果: 10  15  20  23  45  51  88  98

============================================================
```

3-6 一刀兩斷的二分搜尋演算法

在資料處理過程中，是否能在最短時間內搜尋到所需要的資料，是資訊從業人員相當關心的議題。所謂搜尋（Search）指的是從資料檔案中找出滿足某些條件的記錄之動作，用以搜尋的條件稱為「鍵值」（Key），就如同排序所用的鍵值一樣，我們平常在電話簿中找某人的電話，那麼這個人的姓名就成為在電話簿中搜尋電話資料的鍵值。

【我們生活中每天都在搜尋許多標的物】

如果要搜尋的資料已經事先排序好，則可使用二分搜尋法來進行搜尋。二分搜尋法是將資料分割成兩等份，再比較鍵值與中間值的大小，如果鍵值小於中間值，則可確定要找的資料在前半段的元素。如此分割數次直到找到或確定不存在為止。例如已排序數列 2、3、5、8、9、11、12、16、18，而要搜尋值為 11 時：

❶ 首先跟第五個數值 9 比較：

數列內容	2	3	5	8	9	11	12	16	18

❷ 因為 11 ＞ 9，所以和後半部的中間值 12 比較：

數列內容	不處理	11	12	16	18

❸ 因為 11 ＜ 12，所以和前半部的中間值 11 比較：

❹ 因為 11=11，表示搜尋完成，如果不相等則表示找不到。

範例 bin_search.py ┃ 請設計一 Python 程式，以亂數產生 1~150 間的 50 個整數，並實作二分搜尋法的過程與步驟。

```
01  import random
02
03  def bin_search(data,val):
04      low=0
05      high=49
06      while low <= high and val !=-1:
07          mid=int((low+high)/2)
08          if val<data[mid]:
09              print('%d 介於位置 %d[%3d] 及中間值 %d[%3d]，找左半邊' \
10                    %(val,low+1,data[low],mid+1,data[mid]))
11              high=mid-1
12          elif val>data[mid]:
13              print('%d 介於中間值位置 %d[%3d] 及 %d[%3d]，找右半邊' \
14                   %(val,mid+1,data[mid],high+1,data[high]))
15              low=mid+1
16          else:
17              return mid
18      return -1
19
20  val=1
21  data=[0]*50
22  for i in range(50):
23      data[i]=val
```

```
24      val=val+random.randint(1,5)
25
26  while True:
27      num=0
28      val=int(input('請輸入搜尋鍵值 (1-150)，輸入 -1 結束：'))
29      if val ==-1:
30          break
31      num=bin_search(data,val)
32      if num==-1:
33          print('##### 沒有找到 [%3d] #####' %val)
34      else:
35          print('在第 %2d 個位置找到 [%3d]' %(num+1,data[num]))
36
37  print('資料內容：')
38  for i in range(5):
39      for j in range(10):
40          print('%3d-%-3d' %(i*10+j+1,data[i*10+j]), end='')
41      print()
```

執行結果

```
請輸入搜尋鍵值(1-150), 輸入-1結束: 58
58 介於位置  1[   1]及中間值 25[ 71], 找左半邊
58 介於中間值位置 12[ 29] 及 24[ 68], 找右半邊
58 介於中間值位置 18[ 44] 及 24[ 68], 找右半邊
58 介於中間值位置 21[ 55] 及 24[ 68], 找右半邊
58 介於位置 22[ 58]及中間值 23[ 63], 找左半邊
在第 22個位置找到 [ 58]
請輸入搜尋鍵值(1-150), 輸入-1結束: 69
69 介於位置  1[   1]及中間值 25[ 71], 找左半邊
69 介於中間值位置 12[ 29] 及 24[ 68], 找右半邊
69 介於中間值位置 18[ 44] 及 24[ 68], 找右半邊
69 介於中間值位置 21[ 55] 及 24[ 68], 找右半邊
69 介於中間值位置 23[ 63] 及 24[ 68], 找右半邊
69 介於中間值位置 24[ 68] 及 24[ 68], 找右半邊
##### 沒有找到[ 69] #####
請輸入搜尋鍵值(1-150), 輸入-1結束: -1
資料內容:
  1-1     2-5     3-8     4-10    5-14    6-15    7-17    8-21    9-23   10-25
 11-28   12-29   13-33   14-35   15-36   16-40   17-43   18-44   19-45   20-50
 21-55   22-58   23-63   24-68   25-71   26-72   27-73   28-74   29-75   30-77
 31-78   32-82   33-83   34-86   35-89   36-91   37-92   38-95   39-96   40-98
 41-102  42-106  43-111  44-112  45-116  46-119  47-121  48-122  49-125  50-130
```

想一想，怎麼做？

1. 試簡述分治法的核心精神。

2. 遞迴至少要定義哪兩種條件？

3. 請問使用二元搜尋法（Binary Search）的前提條件是什麼？

4. 有關二元搜尋法，下列敘述何者正確？(A) 檔案必須事先排序 (B) 當排序資料非常小時，其時間會比循序搜尋法慢 (C) 排序的複雜度比循序搜尋法高 (D) 以上皆正確

5. 請問河內塔問題中，移動 n 個盤子所需的最小移動次數？試說明之。

6. 待排序鍵值如下，請使用合併排序法列出每回合的結果：（其中 8+ 代表右側的 8）

```
11、8、14、7、6、8+、23、4
```

7. 請簡介快速排序法。

MEMO

Chapter

4

給我最好，其餘免談的貪心演算邏輯

- 貪心邏輯思維
- 最小花費擴張樹（MST）
- 圖形最短路徑演算法

貪心演算邏輯又稱為貪婪演算法（Greed Method），方法是從某一起點開始，在每一個解決問題步驟時用貪心原則，採取在當前狀態下最有利或最優化選擇，也就是每一步都不管大局的影響，只求局部解決的方法，不斷地改進該解答，持續在每一步驟中選擇最佳的方法，並且逐步逼近給定的目標，透過一步步的選擇局部最佳解來得到問題的解答。當達到某一步驟不能再繼續前進時，演算法停止，以盡可能快的地求得更好的解、幾乎可以解決大部分的最佳化問題。

貪心法的精神雖然是把求解的問題分成若干個子問題，不過不能保證求得的最後解是最佳的答案，貪心法的原理容易過早做決定，只能求滿足某些約束條件的可行解的範圍，不過在有些問題卻可以得到最佳解，經常用在求圖形的最小生成樹（MST）、最短路徑與霍哈夫曼編碼、機器學習等方面。

【許多大眾運輸系統都必須運用到最短路徑的理論】

4-1 貪心邏輯思維

我們來看一個簡單的貪心法例子，假設你今天去便利商店買了一罐可樂，要價 24 元，你付給售貨員 100 元，你希望找回的錢全都是硬幣，但又不喜歡拿太多銅板，所以硬幣的數量又要最少，這時該如何找錢？目前的硬幣有 50 元、10 元、5 元、1 元四種，從貪心法的策略來說，應找的錢總數是 76 元，所以一開始選擇 50

元一枚，接下來就是 10 元兩枚，再來是 5 元一枚及最後 1 元一枚，總共四枚銅板，這個結果也確實是最佳的解答。

貪心法很也適合作為旅遊某些景點的判斷，假如我們要從下圖中的頂點 5 走到頂點 3，最短的路徑該怎麼走才好？以貪心法來說，先走到頂點 1 最近，接著選擇走到頂點 2，最後從頂點 2 走到頂點 5，這樣的距離是 28，可是從下圖中我們發現直接從頂點 5 走到頂點 3 才是最短的距離，在這種情況下，就沒辦法從貪心法規則下找到最佳的解答。

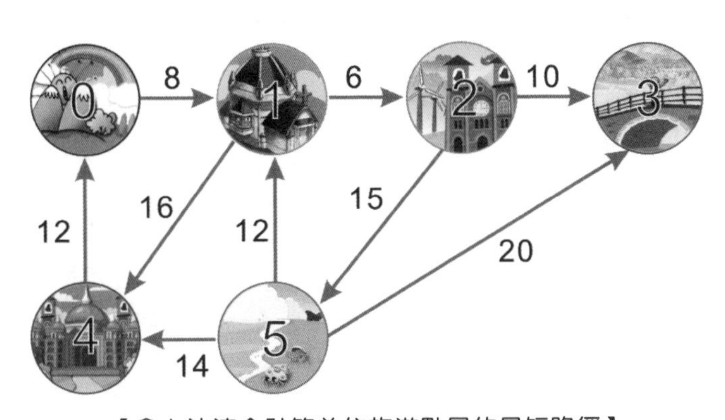

【貪心法適合計算前往旅遊點景的最短路徑】

4-2 最小花費擴張樹（MST）

擴張樹又稱「花費樹」或「值樹」，一個圖形的擴張樹（Spanning Tree）就是以最少的邊來連結圖形中所有的頂點，且不造成循環（Cycle）的樹狀結構。假設在樹的邊加上一個權重（weight）值，這種圖形就成為「加權圖形（Weighted Graph）」。如果這個權重值代表兩個頂點間的距離（distance）或成本（Cost），這類圖形就稱為網路（Network）。如下圖所示：

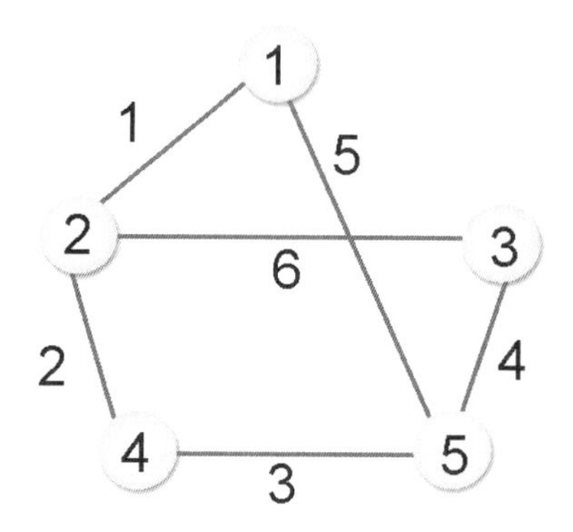

假如想知道從某個點到另一個點間的路徑成本，例如由頂點 1 到頂點 5 有（1+2+3）、（1+6+4）及 5 這三個路徑成本，而「最小花費擴張樹（Minimum Cost Spanning Tree）」則是路徑成本為 5 的擴張樹。請看下圖說明：

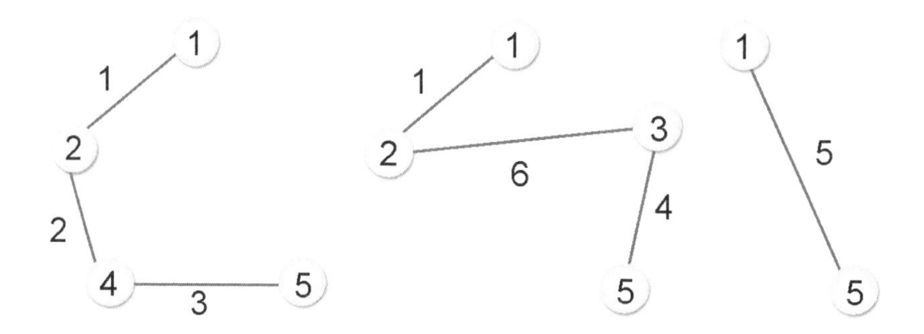

一個加權圖形中如何找到最小成本擴張樹是相當重要，因為許多工作都可以由圖形來表示，例如從高雄到花蓮的距離或花費等。接著以「貪婪法則」（Greedy Rule）為基礎，來求得一個無向連通圖形的最小花費樹的常見建立方法，分別是 Prim's 演算法及 Kruskal's 演算法。

4-2-1 Prim 演算法

Prim 演算法又稱 P 氏法，對一個加權圖形 G=(V,E)，設 V={1,2,……n}，假設 U={1}，也就是說，U 及 V 是兩個頂點的集合。

接著從 U-V 差集所產生的集合中找出一個頂點 x，該頂點 x 能與 U 集合中的某點形成最小成本的邊，且不會造成迴圈。再將頂點 x 加入 U 集合中，反覆執行同樣的步驟，一直到 U 集合等於 V 集合（即 U=V）為止。

現在就實際利用 P 氏法求出下圖的最小成本擴張樹。

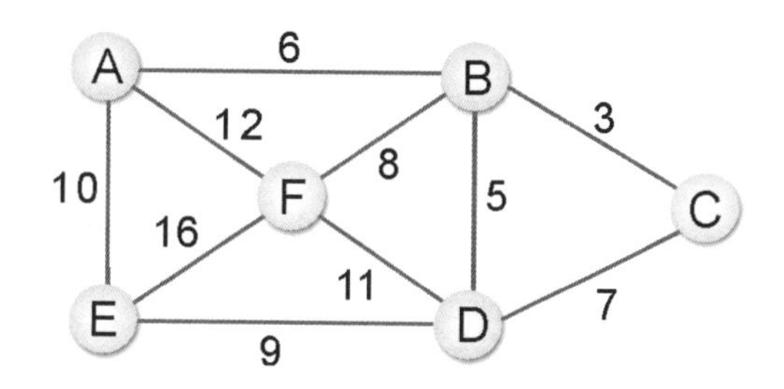

STEP 1 V=ABCDEF，U=A，從 V-U 中找一個與 U 路徑最短的頂點。

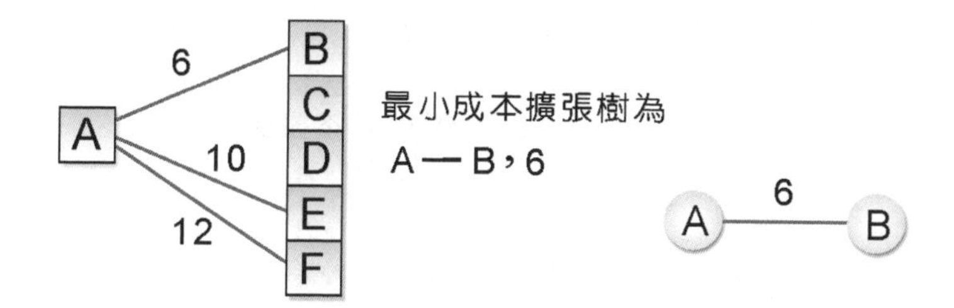

STEP 2 把 B 加入 U，在 V-U 中找一個與 U 路徑最短的頂點。

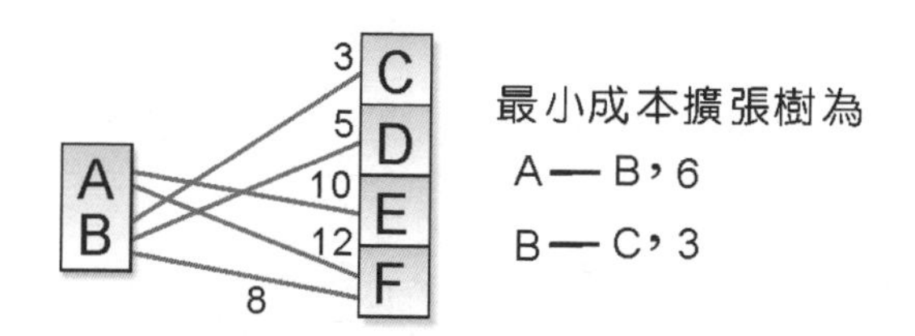

STEP 3 把 C 加入 U，在 V-U 中找一個與 U 路徑最短的頂點。

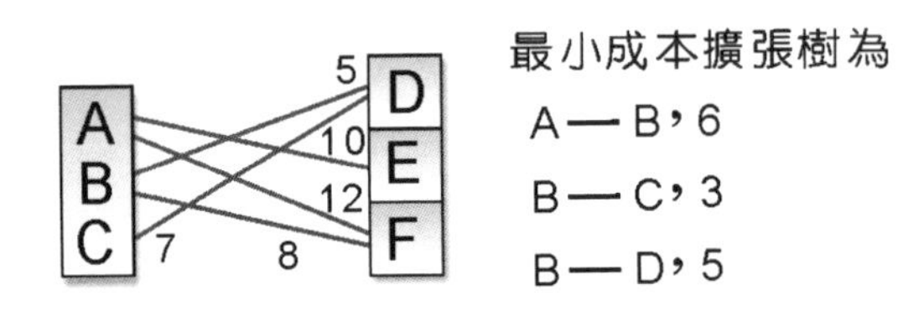

STEP 4 把 D 加入 U，在 V-U 中找一個與 U 路徑最短的頂點。

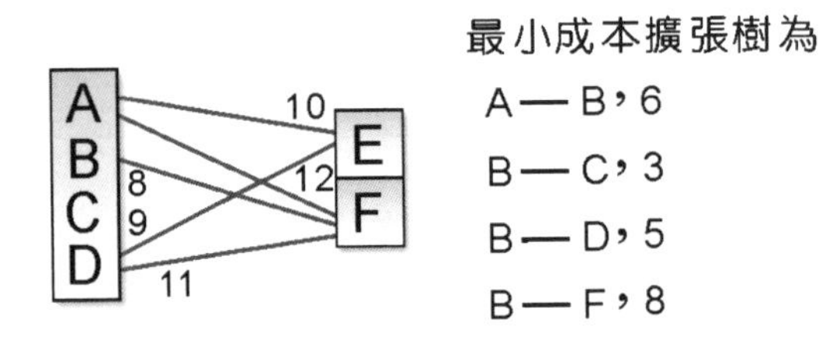

STEP 5 把 F 加入 U，在 V-U 中找一個與 U 路徑最短的頂點。

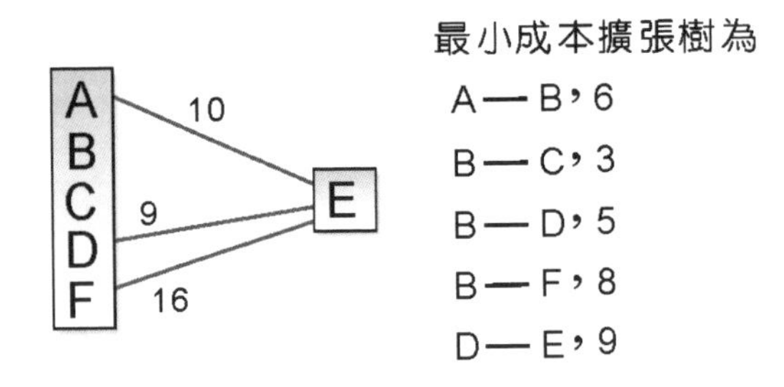

STEP 6 最後可得到最小成本擴張樹為：

{A — B，6}{B — C，3}{B — D，5}{B — F，8}{D — E，9}

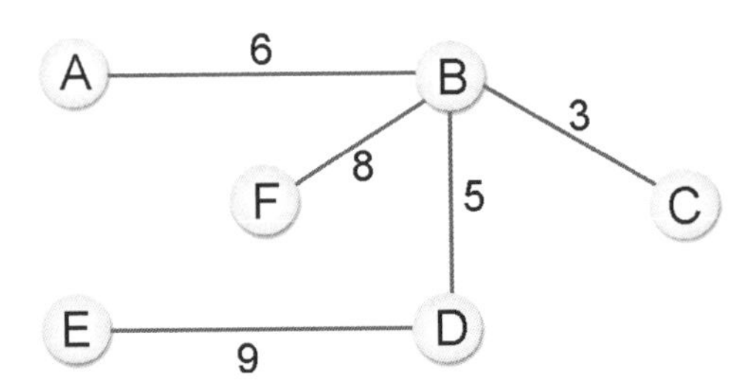

4-2-2 Kruskal 演算法

Kruskal 演算法是將各邊線依權值大小由小到大排列，接著從權值最低的邊線開始架構最小成本擴張樹，如果加入的邊線會造成迴路則捨棄不用，直到加入了 n-1 個邊線為止。

這方法看起來似乎不難，我們直接來看如何以 K 氏法得到下圖中最小成本擴張樹：

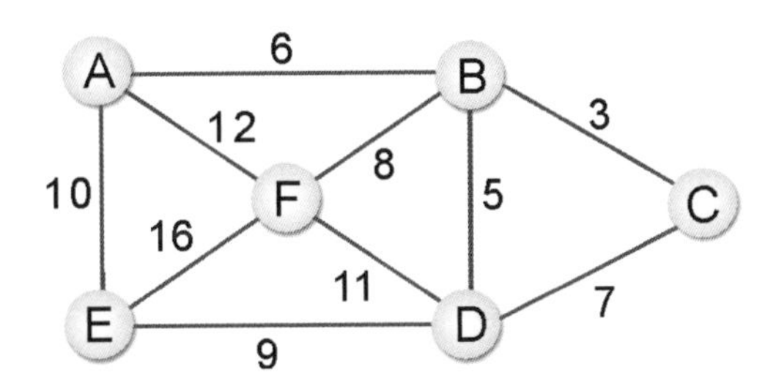

STEP 1 把所有邊線的成本列出並由小到大排序。

起始頂點	終止頂點	成本
B	C	3
B	D	5
A	B	6
C	D	7
B	F	8
D	E	9
A	E	10
D	F	11
A	F	12
E	F	16

STEP 2 選擇成本最低的一條邊線作為架構最小成本擴張樹的起點。

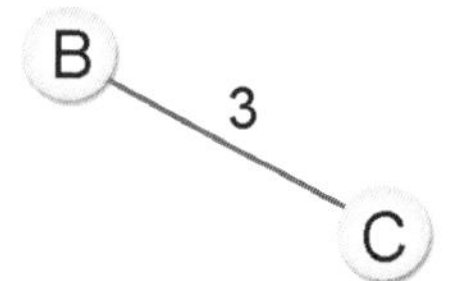

STEP 3 依步驟 1 所建立的表格，依序加入邊線。

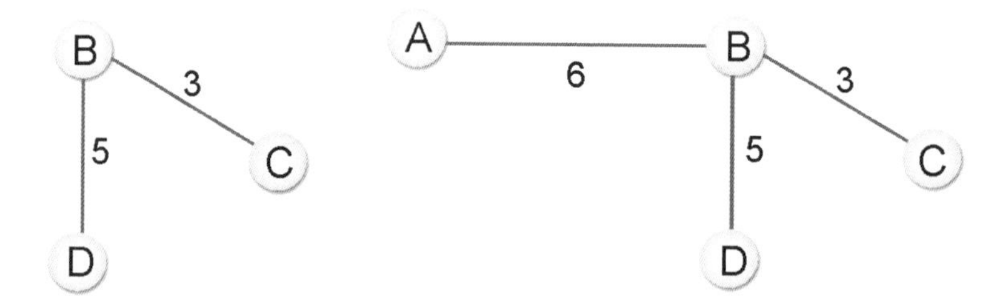

STEP 4 C–D 加入會形成迴路，所以直接跳過。

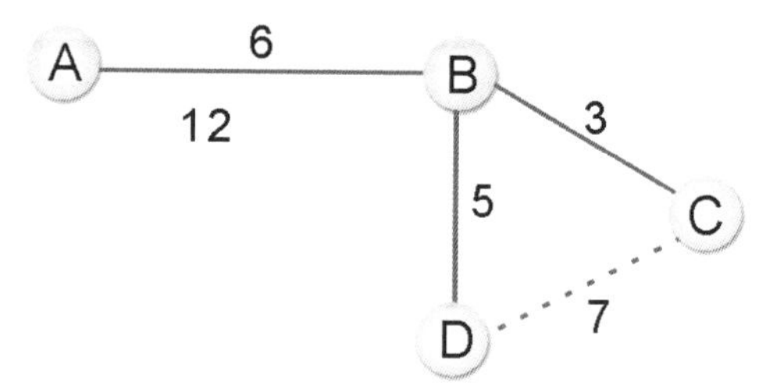

完成圖

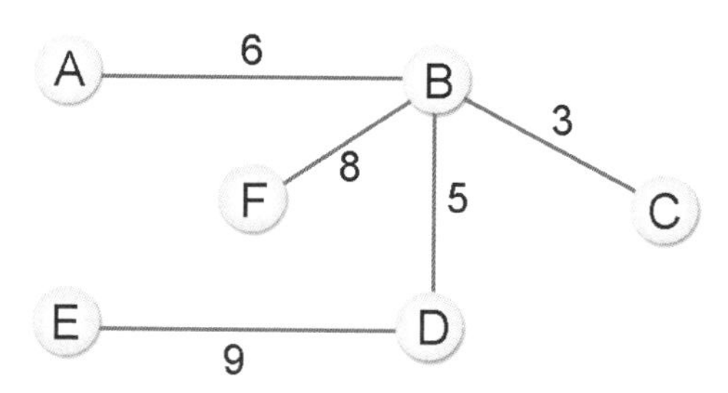

Kruskal 法的 Python 演算法：

```
VERTS=6                       # 圖形頂點數

class edge:                   # 邊的組成宣告
    def __init__(self):
        self.start=0
        self.to=0
        self.find=0
        self.val=0
        self.next=None

v=[0]*(VERTS+1)


def findmincost(head):   # 搜尋成本最小的邊
    minval=100
    ptr=head
    while ptr!=None:
        if ptr.val<minval and ptr.find==0:  # 假如 ptr.val 的值小於 minval
            minval=ptr.val                   # 就把 ptr.val 設為最小值
            retptr=ptr                       # 並且把 ptr 紀錄下來
        ptr=ptr.next
    retptr.find=1    # 將 retptr 設為已找到的邊
    return retptr    # 傳回 retptr


def mintree(head):                       # 最小成本擴張樹函數
    global VERTS
    result=0
    ptr=head
    for i in range(VERTS):
        v[i]=0
    while ptr!=None:
        mceptr=findmincost(head)
        v[mceptr.start]=v[mceptr.start]+1
        v[mceptr.to]=v[mceptr.to]+1
        if v[mceptr.start]>1 and v[mceptr.to]>1:
```

```
            v[mceptr.start]=v[mceptr.start]-1
            v[mceptr.to]=v[mceptr.to]-1
            result=1
        else:
            result=0
        if result==0:
            print('起始頂點 [%d] -> 終止頂點 [%d] -> 路徑長度 [%d]' \
                    %(mceptr.start,mceptr.to,mceptr.val))
        ptr=ptr.next
```

範例 Kruskal.py ▌請利用一個二維陣列儲存並排序 K 氏法的成本表，設計一 Python 程式來求取最小成本花費樹，二維陣列如下：

```
data=[[1,2,6],[1,6,12],[1,5,10],[2,3,3], \
      [2,4,5],[2,6,8],[3,4,7],[4,6,11], \
      [4,5,9],[5,6,16]]
```

```
01  VERTS=6                       # 圖形頂點數
02
03  class edge:   # 邊的組成宣告
04      def __init__(self):
05          self.start=0
06          self.to=0
07          self.find=0
08          self.val=0
09          self.next=None
10
11  v=[0]*(VERTS+1)
12
13
14  def findmincost(head):   # 搜尋成本最小的邊
15      minval=100
16      ptr=head
17      while ptr!=None:
18          if ptr.val<minval and ptr.find==0:   # 假如 ptr.val 的值小於
                                                   minval
```

```
19                minval=ptr.val                      # 就把 ptr.val 設為最小值
20                retptr=ptr                          # 並且把 ptr 紀錄下來
21            ptr=ptr.next
22        retptr.find=1   # 將 retptr 設為已找到的邊
23        return retptr   # 傳回 retptr
24
25
26    def mintree(head):                              # 最小成本擴張樹函數
27        global VERTS
28        result=0
29        ptr=head
30        for i in range(VERTS):
31            v[i]=0
32        while ptr!=None:
33            mceptr=findmincost(head)
34            v[mceptr.start]=v[mceptr.start]+1
35            v[mceptr.to]=v[mceptr.to]+1
36            if v[mceptr.start]>1 and v[mceptr.to]>1:
37                v[mceptr.start]=v[mceptr.start]-1
38                v[mceptr.to]=v[mceptr.to]-1
39                result=1
40            else:
41                result=0
42            if result==0:
43                print('起始頂點 [%d] -> 終止頂點 [%d] -> 路徑長度 [%d]' \
44                      %(mceptr.start,mceptr.to,mceptr.val))
45            ptr=ptr.next
46
47    # 成本表陣列
48    data=[[1,2,6],[1,6,12],[1,5,10],[2,3,3], \
49          [2,4,5],[2,6,8],[3,4,7],[4,6,11], \
50          [4,5,9],[5,6,16]]
51    head=None
52    # 建立圖形串列
53    for i in range(10):
54        for j in range(1,VERTS+1):
55            if data[i][0]==j:
56                newnode=edge()
57                newnode.start=data[i][0]
58                newnode.to=data[i][1]
```

```
59                  newnode.val=data[i][2]
60                  newnode.find=0
61                  newnode.next=None
62                  if head==None:
63                      head=newnode
64                      head.next=None
65                      ptr=head
66                  else:
67                      ptr.next=newnode
68                      ptr=ptr.next
69
70  print('--------------------------------------------------')
71  print(' 建立最小成本擴張樹：')
72  print('--------------------------------------------------')
73  mintree(head)                              # 建立最小成本擴張樹
```

執行結果

```
--------------------------------------------------
建立最小成本擴張樹：
--------------------------------------------------
起始頂點 [2] -> 終止頂點 [3] -> 路徑長度 [3]
起始頂點 [2] -> 終止頂點 [4] -> 路徑長度 [5]
起始頂點 [1] -> 終止頂點 [2] -> 路徑長度 [6]
起始頂點 [2] -> 終止頂點 [6] -> 路徑長度 [8]
起始頂點 [4] -> 終止頂點 [5] -> 路徑長度 [9]
```

4-3 圖形最短路徑演算法

在一個有向圖形 G=(V,E)，G 中每一個邊都有一個比例常數 W（Weight）與之對應，如果想求 G 圖形中某一個頂點 V_0 到其他頂點的最少 W 總和之值，這類問題就稱為最短路徑問題（The Shortest Path Problem）。由於交通運輸工具的便利與普及，所以兩地之間有發生運送或者資訊的傳遞下，最短路徑（Shortest Path）的問題隨時都可能因應需求而產生，簡單來說，就是找出兩個端點間可通行的捷徑。

我們在上節中所說明的花費最少擴張樹（MST），是計算連繫網路中每一個頂點所須的最少花費，但連繫樹中任兩頂點的路徑倒不一定是一條花費最少的路徑，這也是本節將研究最短路徑問題的主要理由。以下是討論最短路徑常見的演算法：

4-3-1 Dijkstra 演算法

一個頂點到多個頂點通常使用 Dijkstra 演算法求得，Dijkstra 的演算法如下：

- 假設 $S=\{V_i|V_i \in V\}$，且 V_i 在已發現的最短路徑，其中 $V_0 \in S$ 是起點。
- 假設 $w \notin S$，定義 Dist(w) 是從 V_0 到 w 的最短路徑，這條路徑除了 w 外必屬於 S。且有下列幾點特性：

① 如果 u 是目前所找到最短路徑之下一個節點，則 u 必屬於 V-S 集合中最小花費成本的邊。

② 若 u 被選中，將 u 加入 S 集合中，則會產生目前的由 V_0 到 u 最短路徑，對於 $w \notin S$，DIST(w) 被改變成 DIST(w) ← Min{DIST(w),DIST(u)+COST(u,w)}

從上述的演算法我們可以推演出如下的步驟：

STEP 1

```
G=(V,E)
D[k]=A[F,k] 其中 k 從 1 到 N
S={F}
V={1,2,……N}
```

D 為一個 N 維陣列用來存放某一頂點到其他頂點最短距離

- F 表示起始頂點
- A[F,I] 為頂點 F 到 I 的距離
- V 是網路中所有頂點的集合
- E 是網路中所有邊的組合
- S 也是頂點的集合，其初始值是 S={F}

STEP 2 從 V–S 集合中找到一個頂點 x，使 D(x) 的值為最小值，並把 x 放入 S 集合中。

STEP 3 依公式

D[I]=min(D[I],D[x]+A[x,I]) 執行，

其中 $(x,I) \in E$ 來調整 D 陣列的值，I 是指 x 的相鄰各頂點。

STEP 4 重複執行步驟 2，一直到 V–S 是空集合為止。

我們直接來看一個例子，請找出下圖中，頂點 5 到各頂點間的最短路徑。

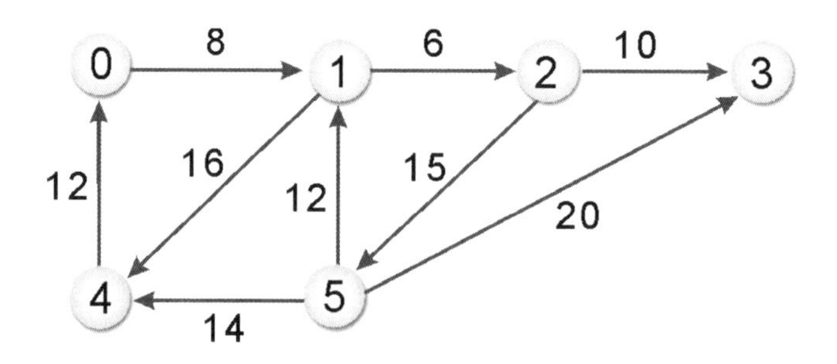

做法相當簡單，首先由頂點 5 開始，找出頂點 5 到各頂點間最小的距離，到達不了以∞表示。步驟如下：

STEP 1 D[0]=∞,D[1]=12,D[2]=∞,D[3]=20,D[4]=14。在其中找出值最小的頂點，加入 S 集合中：D[1]。

STEP 2 D[0]=∞,D[1]=12,D[2]=18,D[3]=20,D[4]=14。D[4] 最小，加入 S 集合中。

STEP 3 D[0]=26,D[1]=12,D[2]=18,D[3]=20,D[4]=14。D[2] 最小，加入 S 集合中。

STEP 4 D[0]=26,D[1]=12,D[2]=18,D[3]=20,D[4]=14。D[3] 最小，加入 S 集合中。

STEP 5 加入最後一個頂點即可到下表：

步驟	S	0	1	2	3	4	5	選擇
1	5	∞	12	∞	20	14	0	1
2	5,1	∞	12	18	20	14	0	4
3	5,1,4	26	12	18	20	14	0	2
4	5,1,4,2	26	12	18	20	14	0	3
5	5,1,4,2,3	26	12	18	20	14	0	0

由頂點 5 到其他各頂點的最短距離為：

頂點 5 －頂點 0：26

頂點 5 －頂點 1：12

頂點 5 －頂點 2：18

頂點 5 －頂點 3：20

頂點 5 －頂點 4：14

範例 Dijkstra.py ▌請設計一 Python 程式，以 Dijkstra 演算法來求取下列圖形成本陣列中，頂點 1 對全部圖形頂點間的最短路徑：

```
Path_Cost = [ [1, 2, 29], [2, 3, 30],[2, 4, 35], \
              [3, 5, 28],[3, 6, 87],[4, 5, 42], \
              [4, 6, 75],[5, 6, 97]]
```

```
01  SIZE=7
02  NUMBER=6
03  INFINITE=99999 # 無窮大
04
05  Graph_Matrix=[[0]*SIZE for row in range(SIZE)] # 圖形陣列
06  distance=[0]*SIZE  # 路徑長度陣列
07
08  def BuildGraph_Matrix(Path_Cost):
09      for i in range(1,SIZE):
10          for j in range(1,SIZE):
11              if i == j :
12                  Graph_Matrix[i][j] = 0 # 對角線設為 0
13              else:
14                  Graph_Matrix[i][j] = INFINITE
15      # 存入圖形的邊線
16      i=0
17      while i<SIZE:
18          Start_Point = Path_Cost[i][0]
19          End_Point = Path_Cost[i][1]
20          Graph_Matrix[Start_Point][End_Point]=Path_Cost[i][2]
21          i+=1
22
23
24  # 單點對全部頂點最短距離
25  def shortestPath(vertex1, vertex_total):
26      shortest_vertex = 1 # 紀錄最短距離的頂點
27      goal=[0]*SIZE  # 用來紀錄該頂點是否被選取
28      for i in range(1,vertex_total+1):
29          goal[i] = 0
30          distance[i] = Graph_Matrix[vertex1][i]
31      goal[vertex1] = 1
32      distance[vertex1] = 0
33      print()
34
35      for i in range(1,vertex_total):
36          shortest_distance = INFINITE
37          for j in range(1,vertex_total+1):
38              if goal[j]==0 and shortest_distance>distance[j]:
39                  shortest_distance=distance[j]
40                  shortest_vertex=j
```

```
41
42          goal[shortest_vertex] = 1
43          # 計算開始頂點到各頂點最短距離
44          for j in range(vertex_total+1):
45              if goal[j] == 0 and \
46                 distance[shortest_vertex]+Graph_Matrix[shortest_
   vertex][j] \
47                 <distance[j]:
48                  distance[j]=distance[shortest_vertex] \
49                  +Graph_Matrix[shortest_vertex][j]
50
51  # 主程式
52  global Path_Cost
53  Path_Cost = [ [1, 2, 29], [2, 3, 30],[2, 4, 35], \
54                [3, 5, 28],[3, 6, 87],[4, 5, 42], \
55                [4, 6, 75],[5, 6, 97]]
56
57  BuildGraph_Matrix(Path_Cost)
58  shortestPath(1,NUMBER) # 找尋最短路徑
59  print('-----------------------------------')
60  print('頂點 1 到各頂點最短距離的最終結果')
61  print('-----------------------------------')
62  for j in range(1,SIZE):
63      print('頂點 1 到頂點 %2d 的最短距離 =%3d' %(j,distance[j]))
64  print('-----------------------------------')
65  print()
```

執行結果

```
-----------------------------------
頂點1到各頂點最短距離的最終結果
-----------------------------------
頂點 1到頂點 1的最短距離=  0
頂點 1到頂點 2的最短距離= 29
頂點 1到頂點 3的最短距離= 59
頂點 1到頂點 4的最短距離= 64
頂點 1到頂點 5的最短距離= 87
頂點 1到頂點 6的最短距離=139
-----------------------------------
```

4-3-2 A* 演算法

前面所介紹的 Dijkstra's 演算法在尋找最短路徑的過程中算是一個較不具效率的作法，那是因為這個演算法在尋找起點到各頂點的距離的過程中，不論哪一個頂點，都要實際去計算起點與各頂點間的距離，來取得最後的一個判斷，到底哪一個頂點距離與起點最近。

也就是說 Dijkstra's 演算法是帶有權重值（cost value）的有向圖形間的最短路徑的尋找方式，只是簡單地做廣度優先的搜尋工作，完全忽略許多有用的資訊，這種搜尋演算法會消耗許多系統資源，包括 CPU 時間與記憶體空間。其實如果能有更好的方式幫助我們預估從各頂點到終點的距離，善加利用這些資訊，就可以預先判斷圖形上有哪些頂點離終點的距離較遠，而直接略過這些頂點的搜尋，這種更有效率的搜尋演算法，絕對有助於程式以更快的方式決定最短路徑。

在這種需求的考量下，A* 演算法可以說是一種 Dijkstra's 演算法的改良版，它結合了在路徑搜尋過程中，從起點到各頂點的「實際權重」，及各頂點預估到達終點的「推測權重」（或稱為試探權重 heuristic cost）兩項因素，這個演算法可以有效減少不必要的搜尋動作，以提高搜尋最短路徑的效率。

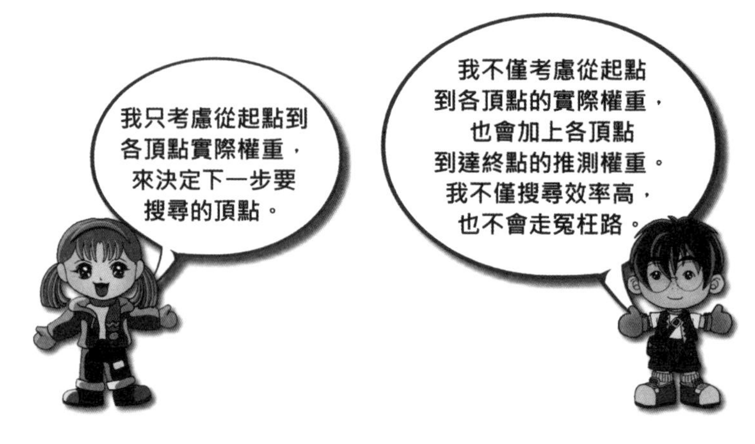

【Dijkstra's 演算法】 【A* 演算（Dijkstra's 演算法的改良版）】

因此 A* 演算法也是最短路徑演算法，它會預先設定一個「推測權重」，並在找尋最短路徑的過程中，將「推測權重」一併納入決定最短路徑的考慮因素。亦即「推測權重」是根據事先知道的資訊來給定一個預估值，結合這個預估值，A* 演算法可以更有效率搜尋最短路徑。

例如在尋找一個已知「起點位置」與「終點位置」的迷宮的最短路徑問題中，因為事先知道迷宮的終點位置，所以可以採用頂點和終點的歐氏幾何平面直線距離（Euclidean distance，即數學定義中的平面兩點間的距離）作為該頂點的推測權重。

TIPS 有哪些常見的距離評估函數？

在 A* 演算法中，用來計算推測權重的距離評估函數，除了上面所提到的歐氏幾何平面距離，還有許多的距離評估函數可選，例如曼哈頓距離（Manhattan distance）和切比雪夫距離（Chebysev distance）等。對於二維平面上的二個點（x1,y1）和（x2,y2），這三種距離的計算方式如下：

- 曼哈頓距離（Manhattan distance）
  $D=|x1-x2|+|y1-y2|$
- 切比雪夫距離（Chebysev distance）
  $D=\max(|x1-x2|,|y1-y2|)$
- 歐氏幾何平面直線距離（Euclidean distance）
  $D=\sqrt{(x1-x2)^2+(y1-y2)^2}$

A* 演算法並不像 Dijkstra's 演算法只考慮從起點到這個頂點的實際權重（或具體來說就是實際距離）來決定下一步要嘗試的頂點。比較不同的作法是，A* 演算法在計算從起點到各頂點的權重，會同步考慮從起點到這個頂點的實際權重，再加上該頂點到終點的推測權重，以推估出該頂點從起點到終點的權重。再從其中選出一個權重最小的頂點，並將該頂點標示為已搜尋完畢。接著再計算從搜尋完畢的點出發到各頂點的權重，並再從其中選出一個權重最小的點，依循前面同樣的作法，並將該頂點標示為已搜尋完畢的頂點，以此類推⋯，反覆進行一直到抵達終點，才結束搜尋的工作，以得到最短路徑的最佳解答。

做個簡單的總結，實作 A* 演算法的主要步驟，摘要如下：

STEP 1 首先決定各頂點到終點的「推測權重」。「推測權重」的計算方式可以採用各頂點和終點之間的直線距離，採用四捨五入後的值，直線距離的計算函數，可從上述三種距離的計算方式擇一。

STEP 2 分別計算從起點可抵達的各個頂點的權重，其計算方式是由起點到該頂點的「實際權重」，加上該頂點抵達終點的「推測權重」。計算完畢後，選出權重最小的點，並標示為搜尋完畢的點。

STEP 3 接著計算從搜尋完畢的點出發到各點的權重，並再從其中選出一個權重最小的點，並再將其標示為搜尋完畢的點。以此類推⋯，反覆進行同樣的計算過程，一直到抵達最後的終點。

A* 演算法適用於可以事先獲得或預估各頂點到終點距離的情況，但是萬一無法取得各頂點到目的地終點的距離資訊時，就無法使用 A* 演算法。雖然說 A* 演算法是 Dijkstra's 演算法的改良版，但並不是指任何情況下 A* 演算法效率一定優於 Dijkstra's 演算法。例如當「推測權重」的距離和實際兩個頂點間的距離相差甚大時，A* 演算法的搜尋效率可能比 Dijkstra's 演算法都來得差，甚至還會誤導方向，造成無法得到最短路徑的最終答案。

但是如果推測權重所設定的距離和實際兩個頂點間的真實距離誤差不大時，A* 演算法的搜尋效率就優於 Dijkstra's 演算法。因此 A* 演算法常被應用在遊戲軟體開發中的玩家與怪物兩種角色間的追逐行為，或是引導玩家以最有效率的路徑及最便捷的方式，快速突破遊戲關卡。

【A* 演算法常被應用在遊戲中角色追逐與快速突破關卡的設計】

4-3-3 Floyd 演算法

由於 Dijkstra 的方法只能求出某一點到其他頂點的最短距離，如果要求出圖形中任意兩點甚至所有頂點間最短的距離，就必須使用 Floyd 演算法。

Floyd 演算法定義：

❶ $A^k[i][j]=\min\{A^{k-1}[i][j],A^{k-1}[i][k]+A^{k-1}[k][j]\}$，$k \geqq 1$

k 表示經過的頂點，$A^k[i][j]$ 為從頂點 i 到 j 的經由 k 頂點的最短路徑。

❷ $A^0[i][j]=COST[i][j]$（即 A^0 便等於 COST），A^0 為頂點 i 到 j 間的直通距離。

❸ $A^n[i,j]$ 代表 i 到 j 的最短距離，即 A^n 便是我們所要求的最短路徑成本矩陣。

這樣看起來似乎覺得 Floyd 演算法相當複雜難懂，在此以實例說明它的演算法則。例如試以 Floyd 演算法求得下圖各頂點間的最短路徑：

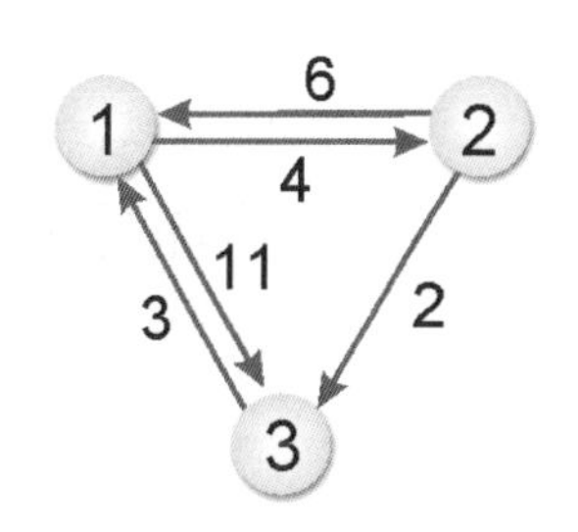

STEP 1 找到 $A^0[i][j]$=COST[i][j]，A^0 為不經任何頂點的成本矩陣。若沒有路徑則以 ∞（無窮大）表示。

A^0	1	2	3
1	0	4	11
2	6	0	2
3	3	∞	0

STEP 2 找出 $A^1[i][j]$ 由 i 到 j，經由頂點①的最短距離，並填入矩陣。

$A^1[1][2]=\min\{A^0[1][2],A^0[1][1]+A^0[1][2]\}=\min\{4,0+4\}=4$

$A^1[1][3]=\min\{A^0[1][3],A^0[1][1]+A^0[1][3]\}=\min\{11,0+11\}=11$

$A^1[2][1]=\min\{A^0[2][1],A^0[2][1]+A^0[1][1]\}=\min\{6,6+0\}=6$

$A^1[2][3]=\min\{A^0[2][3],A^0[2][1]+A^0[1][3]\}=\min\{2,6+11\}=2$

$A^1[3][1]=\min\{A^0[3][1],A^0[3][1]+A^0[1][1]\}=\min\{3,3+0\}=3$

$A^1[3][2]=\min\{A^0[3][2],A^0[3][1]+A^0[1][2]\}=\min\{\infty,3+4\}=7$

依序求出各頂點的值後可以得到 A^1 矩陣：

A^1	1	2	3
1	0	4	11
2	6	0	2
3	3	7	0

STEP 3 求出 $A^2[i][j]$ 經由頂點②的最短距離。

$A^2[1][2]=\min\{A^1[1][2],A^1[1][2]+A^1[2][2]\}=\min\{4,4+0\}=4$

$A^2[1][3]=\min\{A^1[1][3],A^1[1][2]+A^1[2][3]\}=\min\{11,4+2\}=6$

依序求其他各頂點的值可得到 A^2 矩陣：

A^2	1	2	3
1	0	4	6
2	6	0	2
3	3	7	0

STEP 4 找出 $A^3[i][j]$ 經由頂點③的最短距離。

$A^3[1][2]=\min\{A^2[1][2],A^2[1][3]+A^2[3][2]\}=\min\{4,6+7\}=4$

$A^3[1][3]=\min\{A^2[1][3],A^2[1][3]+A^2[3][3]\}=\min\{6,6+0\}=6$

依序求其他各頂點的值可得到 A^3 矩陣

A^3	1	2	3
1	0	4	6
2	5	0	2
3	3	7	0

完成

所有頂點間的最短路徑為矩陣 A^3 所示。

由上例可知，一個加權圖形若有 n 個頂點，則此方法必須執行 n 次迴圈，逐一產生 $A^1,A^2,A^3,......A^k$ 個矩陣。但因 Floyd 演算法較為複雜，讀者也可以用上一小節所討論的 Dijkstra 演算法，依序以各頂點為起始頂點，如此一來可以得到相同的結果。

範例 Floyd.py ▎ **請設計一 Python 程式，以 Floyd 演算法來求取下列圖形成本陣列中，所有頂點兩兩之間的最短路徑，原圖形的鄰接矩陣陣列如下：**

```
Path_Cost = [[1, 2,20],[2, 3, 30],[2, 4, 25], \
             [3, 5, 28],[4, 5, 32],[4, 6, 95],[5, 6, 67]]
```

```
01  SIZE=7
02  NUMBER=6
03  INFINITE=99999 # 無窮大
04  
05  Graph_Matrix=[[0]*SIZE for row in range(SIZE)] # 圖形陣列
06  distance=[[0]*SIZE for row in range(SIZE)] # 路徑長度陣列
07  
08  # 建立圖形
09  def BuildGraph_Matrix(Path_Cost):
10      for i in range(1,SIZE):
11          for j in range(1,SIZE):
12              if i == j :
13                  Graph_Matrix[i][j] = 0 # 對角線設為 0
14              else:
15                  Graph_Matrix[i][j] = INFINITE
16      # 存入圖形的邊線
17      i=0
18      while i<SIZE:
19          Start_Point = Path_Cost[i][0]
20          End_Point = Path_Cost[i][1]
21          Graph_Matrix[Start_Point][End_Point]=Path_Cost[i][2]
22          i+=1
23  
24  # 印出圖形
25  
26  def shortestPath(vertex_total):
27      # 圖形長度陣列初始化
28      for i in range(1,vertex_total+1):
29          for j in range(i,vertex_total+1):
30              distance[i][j]=Graph_Matrix[i][j]
```

```
31              distance[j][i]=Graph_Matrix[i][j]
32
33      # 利用 Floyd 演算法找出所有頂點兩兩之間的最短距離
34      for k in range(1,vertex_total+1):
35          for i in range(1,vertex_total+1):
36              for j in range(1,vertex_total+1):
37                  if distance[i][k]+distance[k][j]<distance[i][j]:
38                      distance[i][j] = distance[i][k] + distance[k][j]
39
40
41  Path_Cost = [[1, 2,20],[2, 3, 30],[2, 4, 25], \
42                [3, 5, 28],[4, 5, 32],[4, 6, 95],[5, 6, 67]]
43  BuildGraph_Matrix(Path_Cost)
44  print('==============================================')
45  print('        所有頂點兩兩之間的最短距離： ')
46  print('==============================================')
47  shortestPath(NUMBER) # 計算所有頂點間的最短路徑
48  # 求得兩兩頂點間的最短路徑長度陣列後，將其印出
49  print('       頂點 1   頂點 2   頂點 3   頂點 4   頂點 5   頂點 6')
50  for i in range(1,NUMBER+1):
51      print('頂點 %d' %i, end='')
52      for j in range(1,NUMBER+1):
53          print('%5d ' %distance[i][j],end='')
54      print()
55  print('==============================================')
56  print()
```

執行結果

```
==============================================
        所有頂點兩兩之間的最短距離:
==============================================
      頂點1  頂點2  頂點3  頂點4  頂點5  頂點6
頂點1     0     20     50     45     77    140
頂點2    20      0     30     25     57    120
頂點3    50     30      0     55     28     95
頂點4    45     25     55      0     32     95
頂點5    77     57     28     32      0     67
頂點6   140    120     95     95     67      0
==============================================
```

想一想，怎麼做？

1. 試簡述貪心法的主要核心概念。

2. 何謂擴張樹？擴張樹應該包含哪些特點？

3. 在求得一個無向連通圖形的最小花費樹 Prim's 演算法的主要作法為何？試簡述之。

4. 求得一個無向連通圖形的最小花費樹 Kruskal 演算法的主要作法為何？試簡述之。

5. 請簡述 A* 演算法的優點。

6. 假設在註有各地距離之圖上（單行道），求各地之間之最短距離（Shortest Paths）求下列各題。

   (1) 利用矩陣，將下圖資料儲存起來，請寫出結果。

   (2) 寫出最後所得之矩陣，並說明其可表示所求各地間之最短距離。

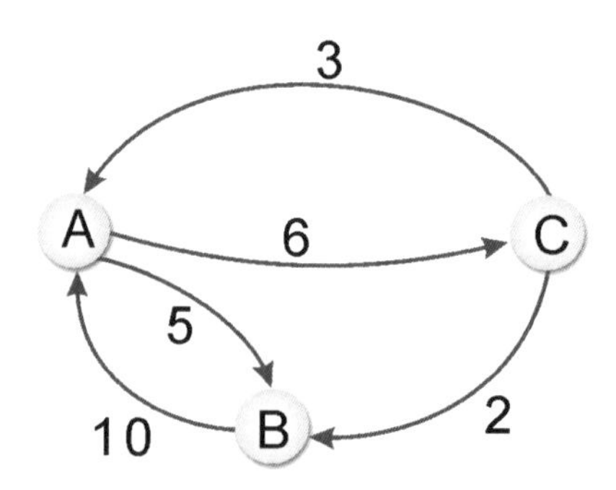

Chapter 5

分治法的麻吉兄弟 - 動態規劃演算邏輯

- 動態規劃邏輯思維
- 字串比對功能
- AOV 網路與拓樸排序演算法
- AOE 網路
- 青蛙跳台階演算法

動態規劃演算邏輯（Dynamic Programming Algorithm, DPA）類似分治法，由 20 世紀 50 年代初美國數學家 R. E. Bellman 所發明，用來研究多階段決策過程的優化過程與求得一個問題的最佳解。動態規劃演算邏輯主要的做法是如果一個問題答案與子問題相關的話，就能將大問題拆解成各個小問題，其中與分治法最大不同的地方是可以讓每一個子問題的答案被儲存起來，以供下次求解時直接取用。這樣的作法不但能減少再次需要計算的時間，並將這些解組合成大問題的解答，故使用動態規劃則可以解決重複計算的缺點。

5-1 動態規劃邏輯思維

動態規劃算是分治法的延伸。當遞迴分割出來的問題，一而再、再而三出現，就會運用記憶法儲存這些問題，與分治法（Divide and Conquer）不同的地方在於，動態規劃多使用了記憶（memorization）的機制，將處理過的子問題答案記錄下來，避免重複計算。

我們來看一個很有名氣的費伯那序列（Fibonacci Polynomial）求解，首先看看費伯那序列的基本定義：

$$F_n = \begin{cases} 0 & n=0 \\ 1 & n=1 \\ F_{n-1}+F_{n-2} & n=2,3,4,5,6......\text{（n 為正整數）} \end{cases}$$

簡單來說，就是一序列的第零項是 0、第一項是 1，其他每一個序列中項目的值是由其本身前面兩項的值相加所得。

例如前面費伯那序列是用類似分治法的遞迴法，如果改用動態規劃寫法，已計算過資料而不必計算，也不會再往下遞迴，會達到增進效能的目的，例如我們想求取第 4 個費伯那數 Fib(4)，它的遞迴過程可以利用以下圖形表示：

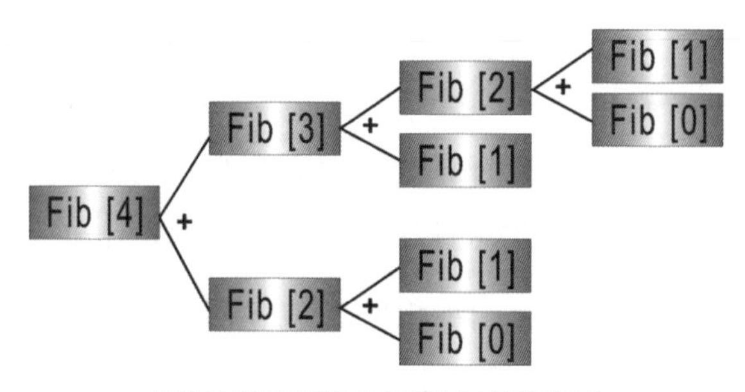

【費伯那序列的遞迴執行路徑圖】

從路徑圖中可以得知遞迴呼叫 9 次，而執行加法運算 4 次，Fib(1) 執行了 3 次，浪費了執行效能，我們依據動態規劃法的精神，演算法可以繪製出如下的示意圖：

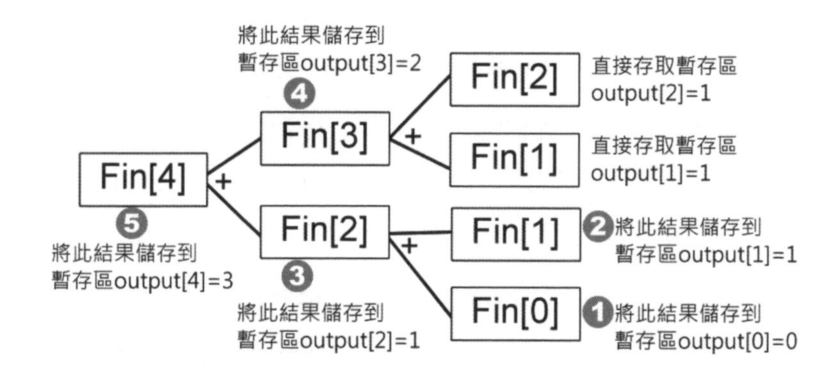

前面提過動態規劃寫法的精神，已計算過資料而不必重複計算，為了達到這個目的，我們可以先設置一個用來紀錄該費伯那數是否已計算過的陣列 ouput，該陣列中每一個元素是用來紀錄已被計算過的費伯那數，不過在計算之前，該 ouput 陣列的初值全部設定指向空的值（以 C 語言為例為 NULL，Python 為 None），但是當該費伯那數已被計算過後，就必須將該費伯那數計算而得的值儲存到 ouput 陣列中，舉例來說，我們可以將 F(0) 紀錄到 output[0]，F(1) 紀錄到 output[2]…以此類推。

不過每當要計算每一個費伯那數會先從 output 陣列中判斷，如果是空的值，就進行費伯那數的計算，再將計算得到的費伯那數儲存到對應索引的 output 陣列中，因此可以確保每一個費伯那數只被計算過一次。演算過程如下：

❶ 第一次計算 F(0)，依照費伯那數的定義，得到數值為 0，記得將此值存入用來紀錄已計算費伯那數的陣列中，即 output[0]=0。

❷ 第一次計算 F(1)，依照費伯那數的定義，得到數值為 1，記得將此值存入用來紀錄已計算費伯那數的陣列中，即 output[1]=1。

❸ 第一次計算 F(2)，依照費伯那數的定義，得到數值為 F(1)+F(0)，因為這兩個數值都已計算過，因此可以直接計算 output[1]+ output[0]=1+0=1 記得將此值存入用來紀錄已計算費伯那數的陣列中，即 output[2]=1。

❹ 第一次計算 F(3)，依照費伯那數的定義，得到數值為 F(2)+F(1)，因為這兩個數值都已計算過，因此可以直接計算 output[2]+ output[1]=1+1=2 記得將此值存入用來紀錄已計算費伯那數的陣列中，即 output[3]=2。

❺ 第一次計算 F(4)，依照費伯那數的定義，得到數值為 F(3)+F(2)，因為這兩個數值都已計算過，因此可以直接計算 output[3]+ output[2]=2+1=3 記得將此值存入用來紀錄已計算費伯那數的陣列中，即 output[4]=3。

❻ 第一次計算 F(5)，依照費伯那數的定義，得到數值為 F(4)+F(3)，因為這兩個數值都已計算過，因此可以直接計算 output[4]+ output[3]=3+2=5 記得將此值存入用來紀錄已計算費伯那數的陣列中，即 output[5]=5。以此類推……。

從路徑圖中可以得知遞迴呼叫 9 次，而執行加法運算 4 次，Fib(1) 與 Fib(0) 共執行了 3 次，浪費了執行效能，我們依據動態規劃法的精神，演算法可以修改如下：

```
output=[None]*1000   #fibonacci 的暫存區

def Fibonacci(n):
```

```
        result=output[n]

    if result==None:
        if n==0:
            result=0
        elif n==1:
            result=1
        else:
            result = Fibonacci(n - 1) + Fibonacci(n - 2)
        output[n]=result
    return result
```

5-2 字串比對功能

字串比較就是比對兩個字串內容是否完全相同。比較方法也是使用迴圈從頭開始逐一比較字串中的每個字元在 Unicode 碼中的數字大小來排列，傳統解決這個近似字串比對問題的方法，就是利用一個動態規劃演算法去填寫一個大小為 (m+1)×(n+1) 的矩陣，直到出現字元不相同或結束字元 ('\0') 為止。

這種演算法相當簡單，還是利用迴圈從頭開始逐一比較每一個字元，只要有一個不相等即跳出迴圈執行，相等則繼續比較下一個字元，直到比較到結尾字元為止。

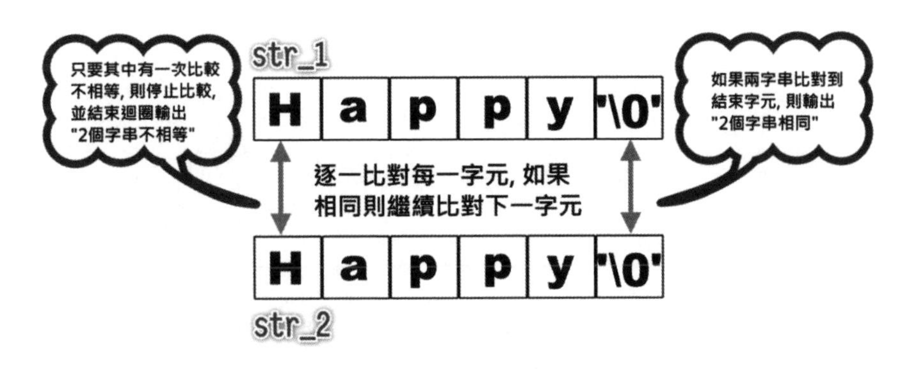

在 Python 字串的大小比較是根據字元的 Unicode 值的大小。例如數字 '0'~'9' 的 Unicode 值小於大寫字母 'A' ~ 'Z'，例如大寫字母 'A' ~ 'Z' 的 Unicode 值小於小寫 'a' ~'z' 字母。而中文字元 Unicode 值又大於剛才所舉的數字字元及英文字母字元。例如：

```
>>> '快樂' > 'Happy'
True
>>> 'Hello World' < ' hello world'
True
>>> 'abc' > 'ABC' > '123'
True
>>> 'HAPPY' == 'happy'
False
```

5-3 AOV 網路與拓樸排序演算法

網路圖主要用來協助規劃大型工作計畫，首先我們將複雜的工作細分成很多工作項，而每一個工作項代表網路的一個頂點，由於每一個工作可能有完成之先後順序，有些可以同時進行，有些則不行。因此可用網路圖來表示其先後完成之順序。這種以頂點來代表工作的網路，稱頂點工作網路（Activity On Vertex Network），簡稱 AOV 網路。如下所示：

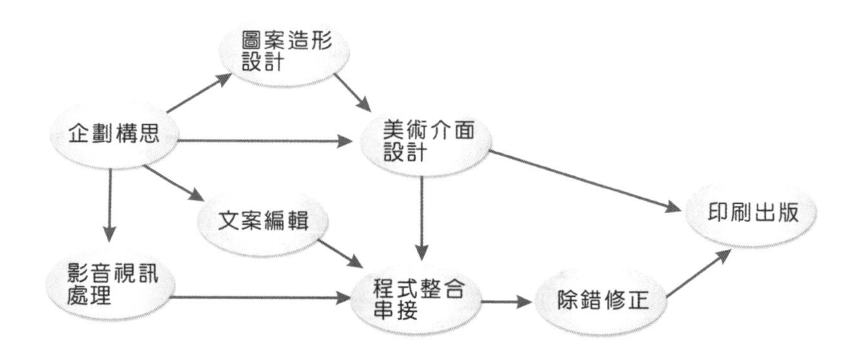

更清楚的說，AOV 網路就是在一個有向圖形 G 中，每一節點代表一項工作或行為，邊代表工作之間存在的優先關係。即 $<V_i,V_j>$ 表示 $V_i \rightarrow V_j$ 的工作，其中頂點 V_i 的工作必須先完成後，才能進行頂點 V_j 的工作，則稱 V_i 為 V_j 的「先行者」，而 V_j 為 V_i 的「後繼者」。

5-3-1 拓樸序列簡介

如果在 AOV 網路中，具有部分次序的關係（即有某幾個頂點為先行者），拓樸排序的功能就是將這些部分次序（Partial Order）的關係，轉換成線性次序（Linear Order）的關係。例如 i 是 j 的先行者，在線性次序中，i 仍排在 j 的前面，具有這種特性的線性次序就稱為拓樸序列（Topological Order）。排序的步驟如下：

① 尋找圖形中任何一個沒有先行者的頂點。

② 輸出此頂點，並將此頂點的所有邊全部刪除。

③ 重複以上兩個步驟處理所有頂點。

我們將試著實作求出下圖的拓樸排序，拓樸排序所輸出的結果不一定是唯一的，如果同時有兩個以上的頂點沒有先行者，那結果就不是唯一解：

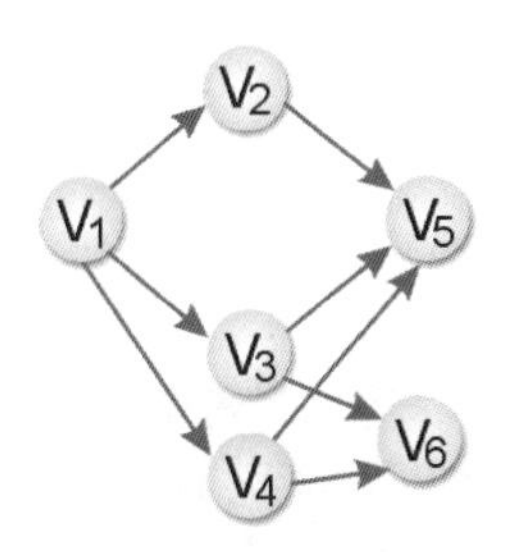

❶ 首先輸出 V_1，因為 V_1 沒有先行者，且刪除 $<V_1,V_2>$，$<V_1,V_3>$，$<V_1,V_4>$。

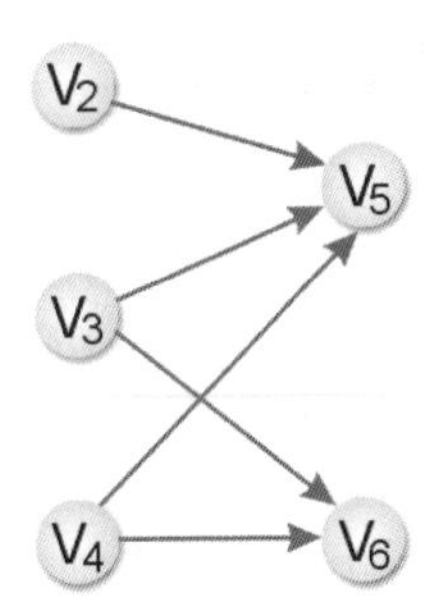

❷ 可輸出 V_2、V_3 或 V_4，這裡我們選擇輸出 V_4。

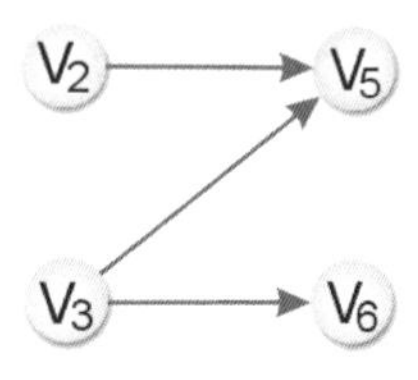

❸ 輸出 V_3。

❹ 輸出 V_6。

V6

❺ 輸出 V_2、V_5。

=> 拓撲排序則為 $V_1 \rightarrow V_4 \rightarrow V_3 \rightarrow V_6 \rightarrow V_2 \rightarrow V_5$

我們再來看一個例子，請各位試著寫出下圖的拓樸排序。

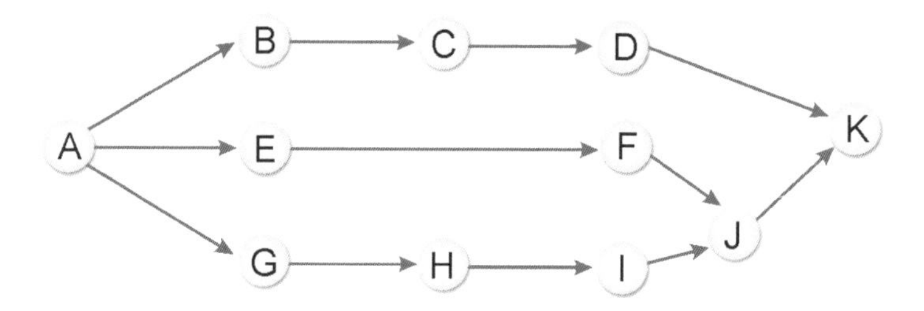

解答：拓樸排序結果：A, B, E, G, C, F, H, D, I, J, K

5-4 AOE 網路

之前所談的 AOV 網路是指在有向圖形中的頂點表示一項工作，而邊表示頂點之間的先後關係。下面還要來介紹一個新名詞 AOE（Activity On Edge）。所謂 AOE 是指事件（event）的行動（action）在邊上的有向圖形。

其中的頂點做為各「進入邊事件」(incident in edge)的匯集點，當所有「進入邊事件」的行動全部完成後，才可以開始「外出邊事件」(incident out edge)的行動。在 AOE 網路會有一個源頭頂點和目的頂點。從源頭頂點開始計時，執行各邊上事件的行動，到目的頂點完成為止，所需的時間為所有事件完成的時間總花費。

5-4-1 臨界路徑

AOE 完成所需的時間是由一條或數條的臨界路徑(critical path)所控制。所謂臨界路徑就是 AOE 有向圖形從源頭頂點到目的頂點間所需花費時間最長的一條有方向性的路徑，當有一條以上的花費時間相等，而且都是最長，則這些路徑都稱為此 AOE 有向圖形的臨界路徑(critical path)。也就是說，想縮短整個 AOE 完成的花費時間，必須設法縮短臨界路徑各邊行動所需花費的時間，這可使用動態規劃法來達成。

臨界路徑乃是用來決定一個計畫至少需要多少時間才可以完成。亦即在 AOE 有向圖形中從源頭頂點到目的頂點間最長的路徑長度。我們看下圖：

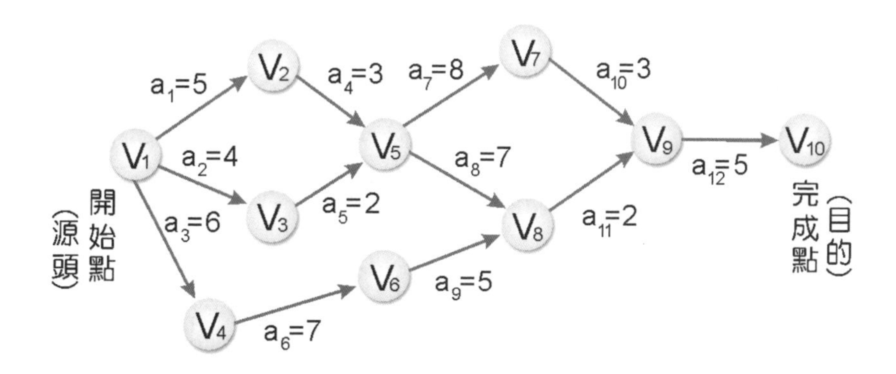

上圖代表 12 個 action($a_1,a_2,a_3,a_4\cdots,a_{12}$)及 10 個 event($v_1,v_2,v_3\cdots V_{10}$)，我們先看看一些重要相關定義：

最早時間（Earlest Time）

AOE 網路中頂點的最早時間為該頂點最早可以開始其外出邊事件（incident out edge）的時間，它必須由最慢完成的進入邊事件所控制，我們用 TE 表示。

最晚時間（Latest Time）

AOE 網路中頂點的最晚時間為該頂點最慢可以開始其外出邊事件（incident out edge）而不會影響整個 AOE 網路完成的時間。它是由外出邊事件（incident out edge）中最早要求開始者所控制。我們以 TL 表示。

至於 TE 及 TL 的計算原則為：

- **TE**：由前往後（即由源頭到目的正方向），若第 i 項工作前面幾項工作有好幾個完成時段，取其中最大值。
- **TL**：由後往前（即由目的到源頭的反方向），若第 i 項工作後面幾項工作有好幾個完成時段，取其中最小值。

臨界頂點（Critical Vertex）

AOE 網路中頂點的 TE=TL，我們就稱它為臨界頂點。從源頭頂點到目的頂點的各個臨界頂點可以構成一條或數條的有向臨界路徑。只要控制好臨界路徑所花費的時間，就不會 Delay 工作進度。如果集中火力縮短臨界路徑所需花費的時間，就可以加速整個計畫完成的速度。我們以下圖為例來簡單說明如何決定臨界路徑：

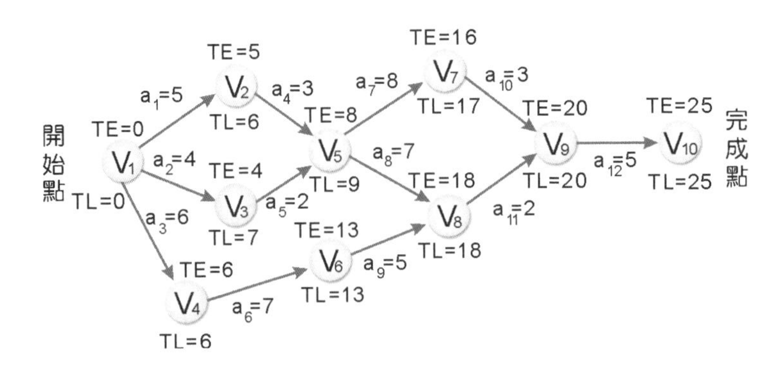

由上圖得知 $V_1,V_4,V_6,V_8,V_9,V_{10}$ 為臨界頂點（Critical Vertex），可以求得如下的臨界路徑（Critical Path）：

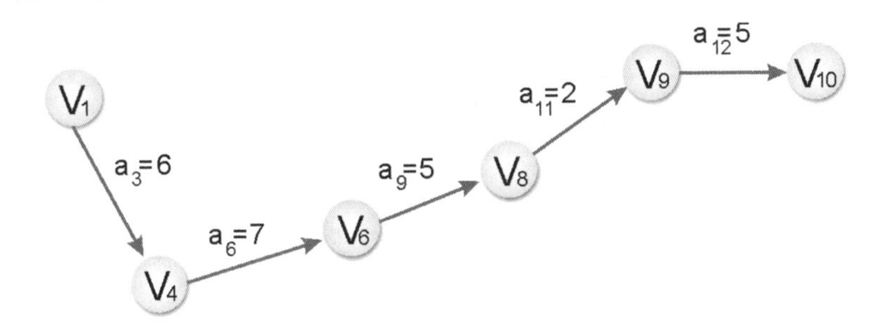

5-5 青蛙跳台階演算法

青蛙跳台階演算法也算是動態規劃法的一種，情況是一隻青蛙一次可以跳上 1 個台階，也可以跳上 2 個，求該青蛙跳上一個 n 級的台階總共有多少種跳法。說明如下：

1 個台階

只有1種跳法, 即JumpStep[1]=1

2 個台階

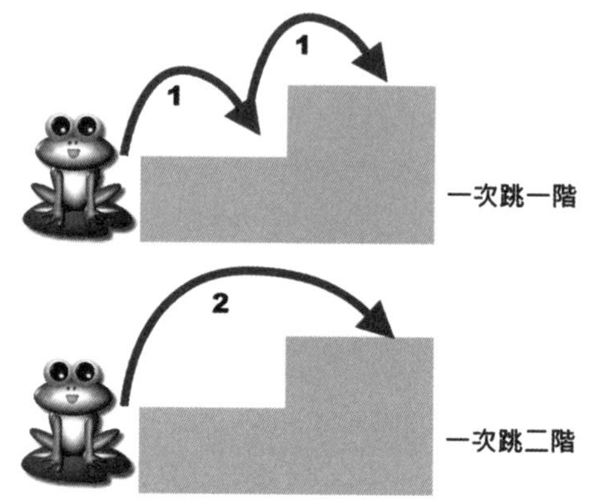

共有2種跳法, 即JumpStep[2]=2

3 個台階

可以分析成底下兩種情況：

❶ 可以由最後只跳一個台階而得，此時和 JumpStep[2] 情況相同。

❷ 也可以由最後只跳兩個台階而得，此時和 JumpStep[1] 情況相同。

也就是說：JumpStep[3] = JumpStep[3-1]+ JumpStep[3-2]

= JumpStep[2] +JumpStep[1]

共有3種跳法, 即JumpStep[3]=3

最後可以得到結論：對於一隻青蛙一次可以跳上 1 級台階，也可以跳上 2 級。求該青蛙跳上一個 n 級的台階總共有多少種跳法。其解題的通式為：

JumpStep[n]= JumpStep[n-1]+ JumpStep[n-2]

範例 frog.py ▎請設計一 Python 程式可以輸出 1 到 9 階的青蛙跳台階分別有幾種跳法的程式。

```
01  def JumpStep(n):
02      if n==1:
03          return 1
04      elif n==2:
05          return 2
06      else:
07          return JumpStep(n-1)+JumpStep(n-2)
08  for i in range(1,10):
09      print(i,'階共有',JumpStep(i),'種跳法')
```

執行結果

```
1 階共有 1 種跳法
2 階共有 2 種跳法
3 階共有 3 種跳法
4 階共有 5 種跳法
5 階共有 8 種跳法
6 階共有 13 種跳法
7 階共有 21 種跳法
8 階共有 34 種跳法
9 階共有 55 種跳法
```

想一想，怎麼做？

1. 簡述動態規劃法與分治法的差異。

2. 請簡述拓樸排序的步驟。

3. 求下圖的拓樸排序。

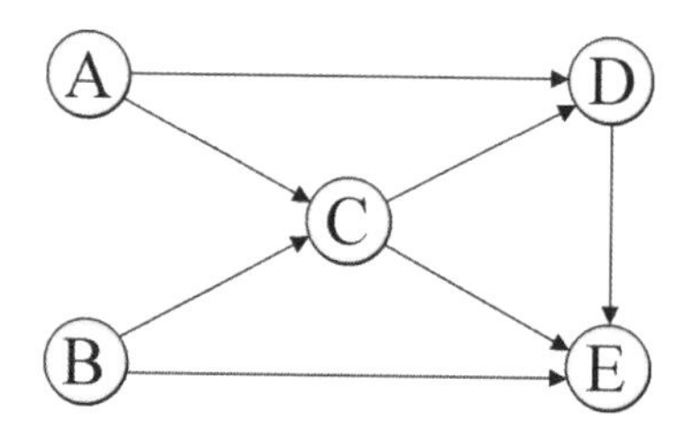

4. 求下圖的拓樸排序。

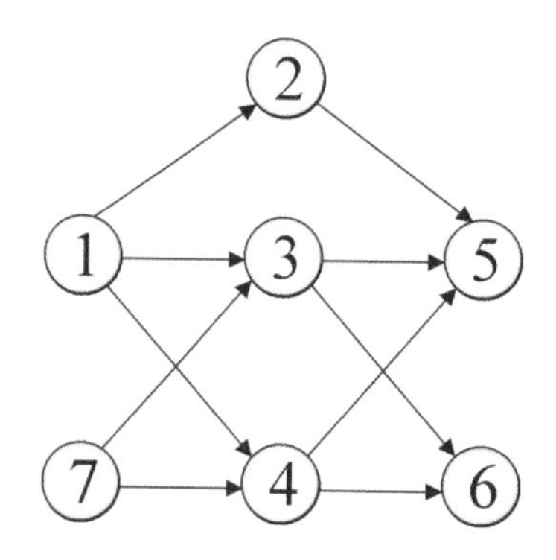

5. 什麼是臨界路徑（critical path）？

6. 何謂頂點工作網路（Activity On Vertex Network, AOV）？

超圖解的樹狀演算邏輯

- 陣列實作二元樹
- 串列實作二元樹
- 二元樹走訪的入門捷徑
- 話說二元搜尋樹
- 二元樹節點插入
- 二元樹節點的刪除
- 疊羅漢般的堆積樹排序法

樹狀結構是日常生活中應用相當廣泛的非線性結構，樹狀演算法在程式中的建立與應用大多使用鏈結串列來處理，因為鏈結串列的指標用來處理樹相當方便，只需改變指標即可。此外，也可以使用陣列的連續記憶體來表示二元樹，至於使用陣列或鏈結串列都各有利弊，本章將介紹常見的相關演算法。

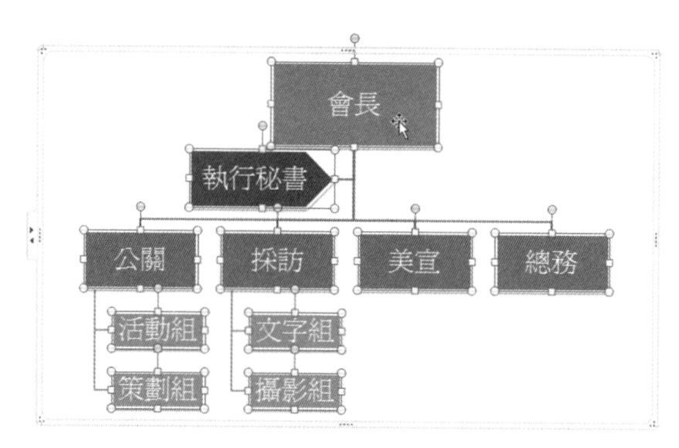

【社團的組織圖也是樹狀結構的應用】

由於二元樹的應用相當廣泛，所以衍生了許多特殊的二元樹結構。介紹如下：

完滿二元樹（Fully Binary Tree）

如果二元樹的高度為 h，樹的節點數為 2^h-1，h>=0，則我們稱此樹為「完滿二元樹」(Full Binary Tree)，如下圖所示：

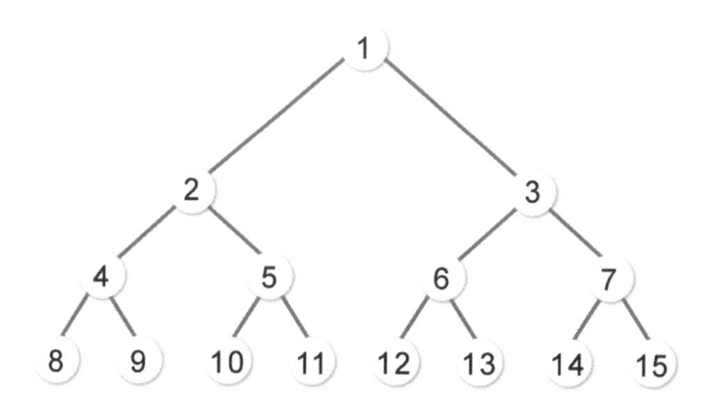

完整二元樹（Complete Binary Tree）

如果二元樹的深度為 h，所含的節點數小於 2^h-1，但其節點的編號方式如同深度為 h 的完滿二元樹一般，從左到右，由上到下的順序一一對應結合。如下圖：

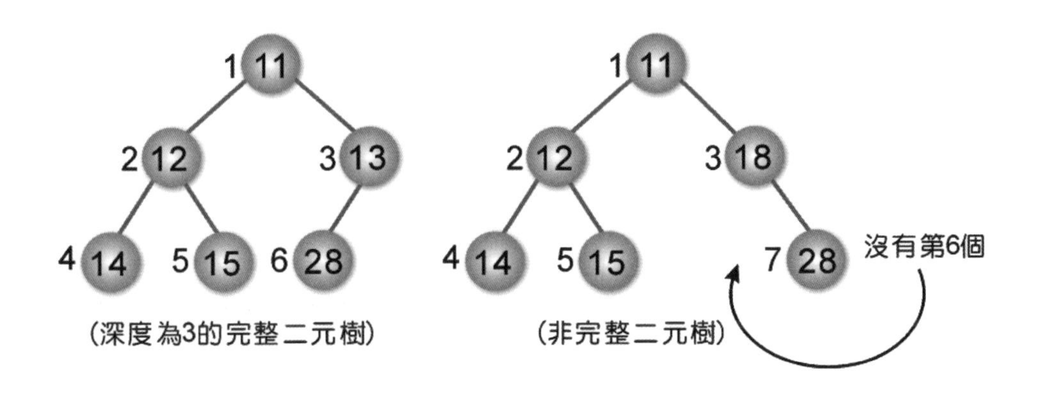

對於完整二元樹而言，假設有 N 個節點，那麼此二元樹的階層（Level）h 為$\lfloor \log_2(N+1) \rfloor$。

歪斜樹（Skewed Binary Tree）

當一個二元樹完全沒有右節點或左節點時，則稱為左歪斜樹或右歪斜樹。

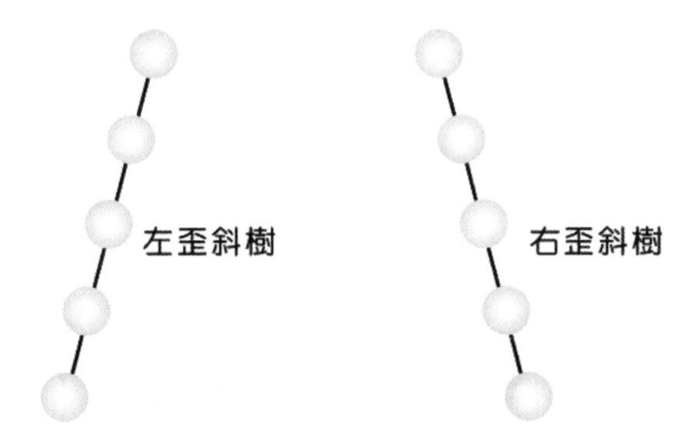

嚴格二元樹（strictly binary tree）

係指二元樹的每個非終端節點均有非空的左右子樹，如下圖所示：

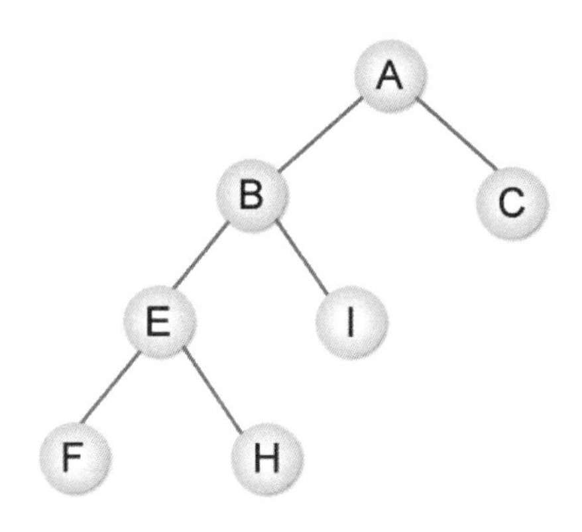

6-1 陣列實作二元樹

如果使用循序的一維陣列來表示二元樹，首先可將此二元樹假想成一個完滿二元樹，且第 k 個階度具有 2^{k-1} 個節點，並依序存放在此一維陣列中。首先來看看使用一維陣列建立二元樹的表示方法及索引值的配置：

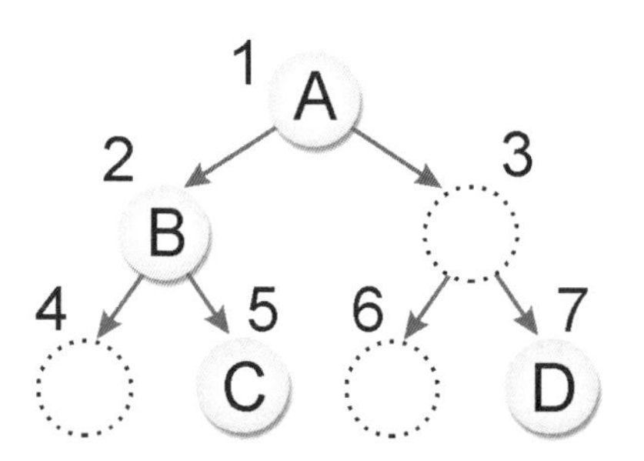

索引值	1	2	3	4	5	6	7
內容值	A	B			C		D

從上圖中，我們可以看到此一維陣列中的索引值有以下關係：

① 左子樹索引值是父節點索引值 *2。

② 右子樹索引值是父節點索引值 *2+1。

接著來看如何以一維陣列建立二元樹的實例，事實上就是建立一個二元搜尋樹，這是一種很好的排序應用模式，因為在建立二元樹的同時，資料已經過初步的比較判斷，並依照二元樹的建立規則來存放資料。所謂二元搜尋樹具有以下特點：

① 可以是空集合，但若不是空集合則節點上一定要有一個鍵值。

② 每一個樹根的值需大於左子樹的值。

③ 每一個樹根的值需小於右子樹的值。

④ 左右子樹也是二元搜尋樹。

⑤ 樹的每個節點值都不相同。

現在我們示範將一組資料 32、25、16、35、27，建立一棵二元搜尋樹：

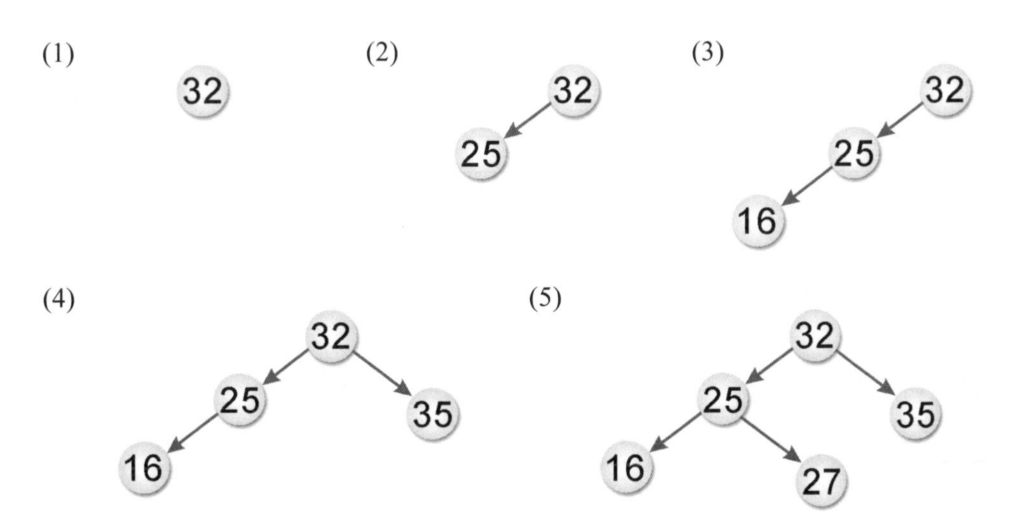

範例 BinaryTree_Array.py ▌請設計一 Python 程式，依序輸入一棵二元樹節點的資料，分別是 6、3、5、9、7、8、4、2，並建立一棵二元搜尋樹，最後輸出此二元樹的一維陣列。

```
01  def Btree_create(btree,data,length):
02      for i in range(1,length):
03          level=1
04          while btree[level]!=0:
05              if data[i]>btree[level]: # 如果陣列內的值大於樹根，則往右
                                            子樹比較
06                  level=level*2+1
07              else:  # 如果陣列內的值小於或等於樹根，則往左子樹比較
08                  level=level*2
09          btree[level]=data[i] # 把陣列值放入二元樹
10
11  length=9
12  data=[0,6,3,5,9,7,8,4,2]# 原始陣列
13  btree=[0]*16  # 存放二元樹陣列
14  print('原始陣列內容：')
15  for i in range(1,length):
16      print('[%2d] ' %data[i],end='')
17  print('')
18  Btree_create(btree,data,9)
19  print('二元樹內容：')
20  for i in range(1,16):
21      print('[%2d] ' %btree[i],end='')
22  print()
```

執行結果

```
原始陣列內容：
[ 6] [ 3] [ 5] [ 9] [ 7] [ 8] [ 4] [ 2]
二元樹內容：
[ 6] [ 3] [ 9] [ 2] [ 5] [ 7] [ 0] [ 0] [ 0] [ 4] [ 0] [ 0] [ 8] [ 0] [ 0]
```

下圖是此陣列值在二元樹中的存放情形：

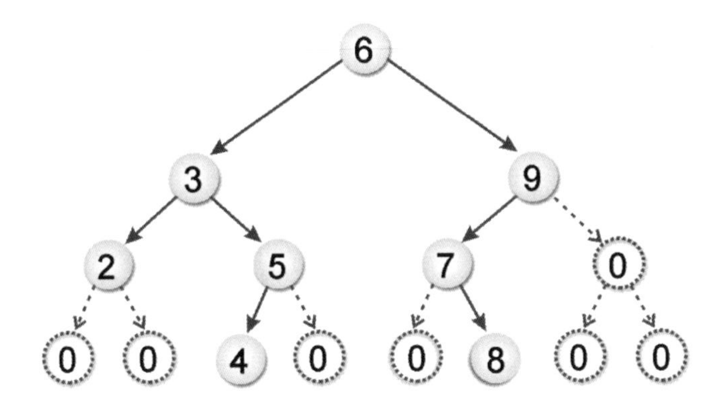

6-2 串列實作二元樹

所謂串列實作二元樹，就是利用串列來儲存二元樹。基本上，使用串列來表示二元樹的好處是對於節點的增加與刪除相當容易，缺點是很難找到父節點，除非在每一節點多增加一個父欄位。以上述宣告而言，此節點所存放的資料型態為整數。如果使用 Python，可寫成如下的宣告：

```
class tree:
    def __init__(self):
        self.data=0
        self.left=None
        self.right=None
```

如下圖所示：

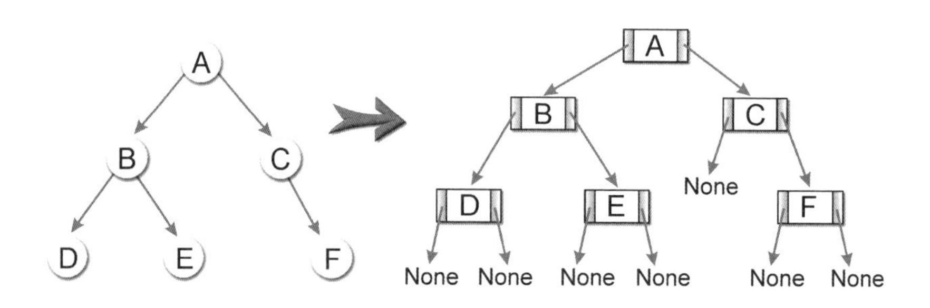

以串列方式建立二元樹的 Python 演算法如下：

```
def create_tree(root,val):     # 建立二元樹函數
    newnode=tree()
    newnode.data=val
    newnode.left=None
    newnode.right=None
    if root==None:
        root=newnode
        return root
    else:
        current=root
        while current!=None:
            backup=current
            if current.data > val:
                current=current.left
            else:
                current=current.right
        if backup.data >val:
            backup.left=newnode
        else:
            backup.right=newnode
    return root
```

範例 BinaryTree_LinkedList.py ▍請設計一 Python 程式，依序輸入一棵二元樹節點的資料，分別是 5,6,24,8,12,3,17,1,9，利用鏈結串列來建立二元樹。

```
01  class tree:
02      def __init__(self):
03          self.data=0
04          self.left=None
05          self.right=None
06
07  def create_tree(root,val):  # 建立二元樹函數
08      newnode=tree()
09      newnode.data=val
10      newnode.left=None
11      newnode.right=None
12      if root==None:
13          root=newnode
14          return root
15      else:
16          current=root
17          while current!=None:
18              backup=current
19              if current.data > val:
20                  current=current.left
21              else:
22                  current=current.right
23          if backup.data >val:
24              backup.left=newnode
25          else:
26              backup.right=newnode
27      return root
28
29  data=[5,6,24,8,12,3,17,1,9]
30  ptr=None
31  root=None
```

```
32  for i in range(9):
33      ptr=create_tree(ptr,data[i]) # 建立二元樹
34  print('=== 以鏈結串列方式建立二元樹，成功 ===')
```

執行結果

```
===以鏈結串列方式建立二元樹,成功===
```

6-3 二元樹走訪的入門捷徑

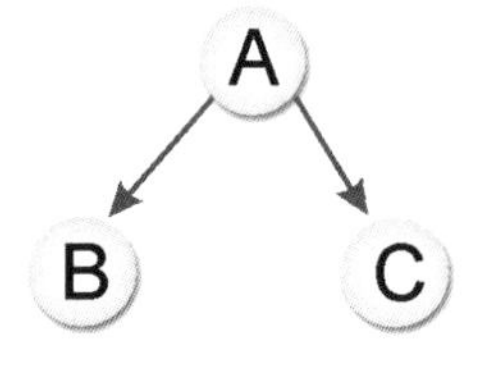

我們知道線性陣列或串列，都只能單向從頭至尾或反向走訪。所謂二元樹的走訪（Binary Tree Traversal），最簡單的說法就是「拜訪樹中所有的節點各一次」，並且在走訪後，將樹中的資料轉化為線性關係。以右圖一個簡單的二元樹節點而言，每個節點都可區分為左右兩個分支。

所以共可以有 ABC、ACB、BAC、BCA、CAB、CBA 等 6 種走訪方法。如果是依照二元樹特性，一律由左向右，那只剩下三種走訪方式，分別是 BAC、ABC、BCA 三種。而這三種方式的命名與規則如下：

① 中序走訪（BAC, Inorder）：左子樹→樹根→右子樹
② 前序走訪（ABC, Preorder）：樹根→左子樹→右子樹
③ 後序走訪（BCA, Postorder）：左子樹→右子樹→樹根

對於這三種走訪方式，讀者只需要記得樹根的位置就不會前中後序給搞混。例如中序法即樹根在中間，前序法是樹根在前面，後序法則是樹根在後面。而走訪方式也一定是先左子樹後右子樹。底下針對這三種方式，分別做更詳盡的介紹。

中序走訪

中序走訪（Inorder Traversal）也就是從樹的左側逐步向下方移動，直到無法移動，再追蹤此節點，並向右移動一節點。如果無法再向右移動時，可以返回上層的父節點，並重複左、中、右的步驟進行。如下所示：

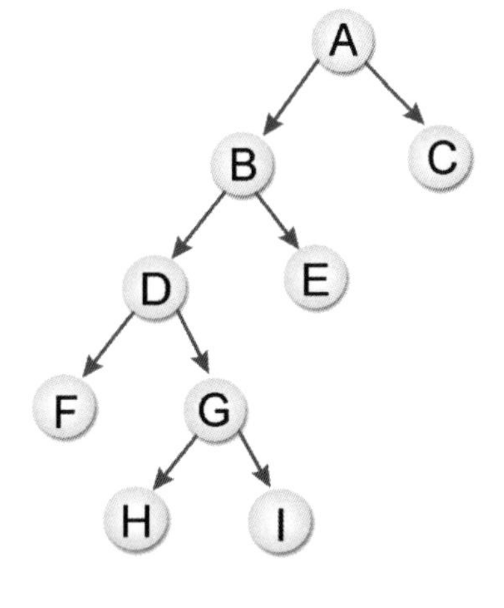

❶ 走訪左子樹。

❷ 拜訪樹根。

❸ 走訪右子樹。

如右圖的中序走訪為：FDHGIBEAC

中序走訪的遞迴演算法如下：

```
def inorder(ptr):          # 中序走訪副程式
    if ptr!=None:
        inorder(ptr.left)
        print('[%2d] ' %ptr.data, end='')
        inorder(ptr.right)
```

後序走訪

後序走訪（Postorder Traversal）的順序是先追蹤左子樹，再追蹤右子樹，最後處理根節點，反覆執行此步驟。如下所示：

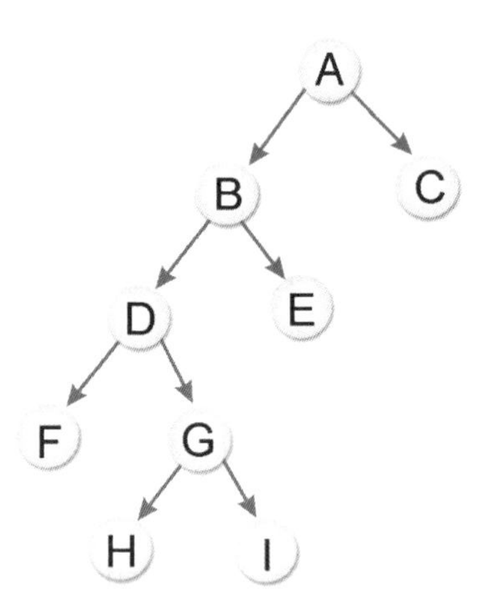

❶ 走訪左子樹。

❷ 走訪右子樹。

❸ 拜訪樹根。

如右圖的後序走訪為：FHIGDEBCA

後序走訪的遞迴演算法如下：

```
def postorder(ptr):  # 後序走訪
    if ptr!=None:
        postorder(ptr.left)
        postorder(ptr.right)
        print('[%2d] ' %ptr.data, end='')
```

前序走訪

前序走訪（Preorder Traversal）是從根節點走訪，再往左方移動，當無法繼續時，繼續向右方移動，接著再重複執行此步驟。如下所示：

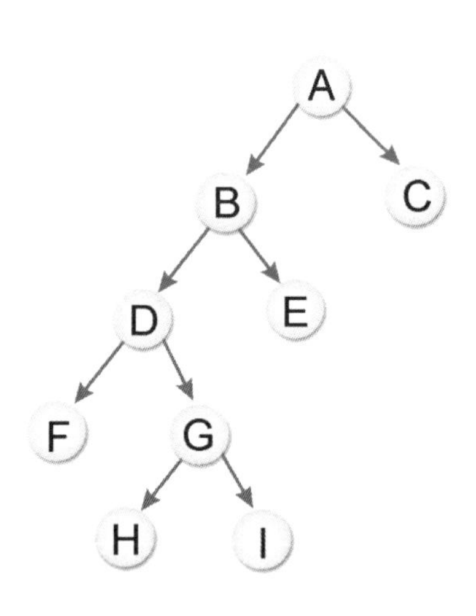

❶ 拜訪樹根。

❷ 走訪左子樹。

❸ 走訪右子樹。

如右圖的前序走訪為：ABDFGHIEC

前序走訪的遞迴演算法如下：

```
def preorder(ptr):    # 前序走訪
    if ptr!=None:
        print('[%2d] ' %ptr.data, end='')
        preorder(ptr.left)
        preorder(ptr.right)
```

我們來看右圖範例，請問以下二元樹的中序、前序及後序表示法為何？

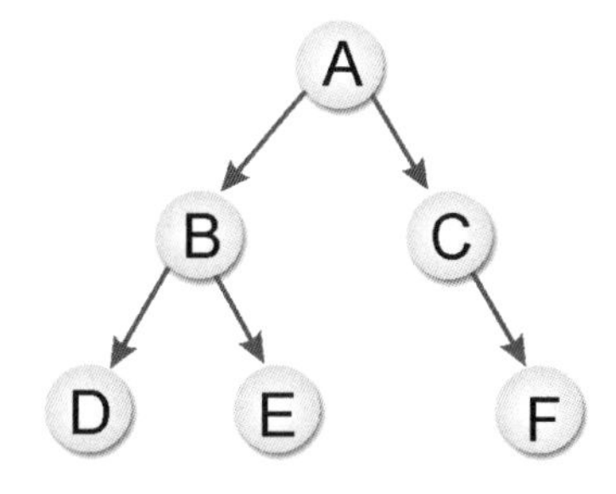

解答 中序走訪為：DBEACF

前序走訪為：ABDECF

後序走訪為：DEBFCA

範例 inorder.py ┃ 請設計一 Python 程式，依序輸入一棵二元樹節點的資料，分別是 5,6,24,8,12,3,17,1,9，利用鏈結串列來建立二元樹，最後並進行中序走訪，會發現可以輕鬆完成由小到大的排序。

```
01 class tree:
02     def __init__(self):
03         self.data=0
04         self.left=None
05         self.right=None
06
07 def inorder(ptr):        # 中序走訪副程式
08     if ptr!=None:
09         inorder(ptr.left)
10         print('[%2d] ' %ptr.data, end='')
11         inorder(ptr.right)
12
13 def create_tree(root,val):     # 建立二元樹函數
14     newnode=tree()
```

```
15      newnode.data=val
16      newnode.left=None
17      newnode.right=None
18      if root==None:
19          root=newnode
20          return root
21      else:
22          current=root
23          while current!=None:
24              backup=current
25              if current.data > val:
26                  current=current.left
27              else:
28                  current=current.right
29          if backup.data >val:
30              backup.left=newnode
31          else:
32              backup.right=newnode
33      return root
34
35  # 主程式
36  data=[5,6,24,8,12,3,17,1,9]
37  ptr=None
38  root=None
39  for i in range(9):
40      ptr=create_tree(ptr,data[i])         # 建立二元樹
41  print('====================')
42  print('排序完成結果：')
43  inorder(ptr)    # 中序走訪
44  print('')
```

執行結果

```
====================
排序完成結果：
[ 1] [ 3] [ 5] [ 6] [ 8] [ 9] [12] [17] [24]
```

6-4 話說二元搜尋樹

我們先來討論如何在所建立的二元樹中搜尋單一節點資料。基本上，二元樹在建立的過程中，是依據左子樹 < 樹根 < 右子樹的原則建立，因此只需從樹根出發比較鍵值，如果比樹根大就往右，否則往左而下，直到相等就可找到打算搜尋的值，如果比到 NULL（在 Python 是以 None 表示），無法再前進就代表搜尋不到此值。

二元樹搜尋的 Python 演算法：

```
def search(ptr,val):                # 搜尋二元樹副程式
    while True:
        if ptr==None:               # 沒找到就傳回 None
            return None
        if ptr.data==val:           # 節點值等於搜尋值
            return ptr
        elif ptr.data > val:        # 節點值大於搜尋值
            ptr=ptr.left
        else:
            ptr=ptr.right
```

範例 search.py ▎請實作一個二元樹的搜尋 Python 程式，首先建立一個二元搜尋樹，並輸入要尋找的值。如果節點中有相等的值，會顯示出進行搜尋的次數。如果找不到這個值，也會顯示訊息，二元樹的節點資料依序為 7,1,4,2,8,13,12,11,15,9,5。

```
01  class tree:
02      def __init__(self):
03          self.data=0
04          self.left=None
```

```
05          self.right=None
06
07  def create_tree(root,val):  # 建立二元樹函數
08      newnode=tree()
09      newnode.data=val
10      newnode.left=None
11      newnode.right=None
12      if root==None:
13          root=newnode
14          return root
15      else:
16          current=root
17          while current!=None:
18              backup=current
19              if current.data > val:
20                  current=current.left
21              else:
22                  current=current.right
23          if backup.data >val:
24              backup.left=newnode
25          else:
26              backup.right=newnode
27      return root
28
29  def search(ptr,val):          # 搜尋二元樹副程式
30      i=1
31      while True:
32          if ptr==None:         # 沒找到就傳回 None
33              return None
34          if ptr.data==val:    # 節點值等於搜尋值
35              print('共搜尋 %3d 次' %i)
36              return ptr
37          elif ptr.data > val:      # 節點值大於搜尋值
38              ptr=ptr.left
39          else:
40              ptr=ptr.right
41          i+=1
42
43  # 主程式
44  arr=[7,1,4,2,8,13,12,11,15,9,5]
```

```
45 ptr=None
46 print('[原始陣列內容]')
47 for i in range(11):
48     ptr=create_tree(ptr,arr[i])  # 建立二元樹
49     print('[%2d] ' %arr[i],end='')
50 print()
51 data=int(input('請輸入搜尋值：'))
52 if search(ptr,data) !=None :      # 搜尋二元樹
53     print('你要找的值 [%3d] 有找到!!' %data)
54 else:
55     print('您要找的值沒找到!!')
```

執行結果

```
[原始陣列內容]
[ 7] [ 1] [ 4] [ 2] [ 8] [13] [12] [11] [15] [ 9] [ 5]
請輸入搜尋值：8
共搜尋   2 次
你要找的值 [  8] 有找到!!
```

6-5 二元樹節點插入

談到二元樹節點插入的情況和搜尋相似，重點是插入後仍要保持二元搜尋樹的特性。如果插入的節點在二元樹中就沒有插入的必要，而搜尋失敗的狀況，就是準備插入的位置。如下所示：

```
if search(ptr,data)!=None:    # 搜尋二元樹
    print('二元樹中有此節點了!')
else:
    ptr=create_tree(ptr,data)
    inorder(ptr)
```

範例 BinaryTree_insert.py ┃ 請實作一個二元樹的搜尋 Python 程式，首先建立一個二元搜尋樹，二元樹的節點資料依序為 7,1,4,2,8,13,12,11,15,9,5，請輸入一鍵值，如不在此二元樹中，則將其加入此二元樹。

```
01 class tree:
02     def __init__(self):
03         self.data=0
04         self.left=None
05         self.right=None
06
07 def create_tree(root,val):  # 建立二元樹函數
08     newnode=tree()
09     newnode.data=val
10     newnode.left=None
11     newnode.right=None
12     if root==None:
13         root=newnode
14         return root
15     else:
16         current=root
17         while current!=None:
18             backup=current
19             if current.data > val:
20                 current=current.left
21             else:
22                 current=current.right
23         if backup.data >val:
24             backup.left=newnode
25         else:
26             backup.right=newnode
27     return root
28
29 def search(ptr,val):               # 搜尋二元樹副程式
30     while True:
31         if ptr==None:              # 沒找到就傳回 None
32             return None
```

```
33          if ptr.data==val:        # 節點值等於搜尋值
34              return ptr
35          elif ptr.data > val:     # 節點值大於搜尋值
36              ptr=ptr.left
37          else:
38              ptr=ptr.right
39
40  def inorder(ptr):                # 中序走訪副程式
41      if ptr!=None:
42          inorder(ptr.left)
43          print('[%2d] ' %ptr.data, end='')
44          inorder(ptr.right)
45
46  # 主程式
47  arr=[7,1,4,2,8,13,12,11,15,9,5]
48  ptr=None
49  print('[ 原始陣列內容 ]')
50
51  for i in range(11):
52      ptr=create_tree(ptr,arr[i])  # 建立二元樹
53      print('[%2d] ' %arr[i],end='')
54  print()
55  data=int(input(' 請輸入搜尋鍵值：'))
56  if search(ptr,data)!=None:       # 搜尋二元樹
57      print(' 二元樹中有此節點了 !')
58  else:
59      ptr=create_tree(ptr,data)
60      inorder(ptr)
```

執行結果

```
[原始陣列內容]
[ 7] [ 1] [ 4] [ 2] [ 8] [13] [12] [11] [15] [ 9] [ 5]
請輸入搜尋鍵值：12
二元樹中有此節點了!
```

6-6 二元樹節點的刪除

二元樹節點的刪除則稍微複雜，可分為以下三種狀況：

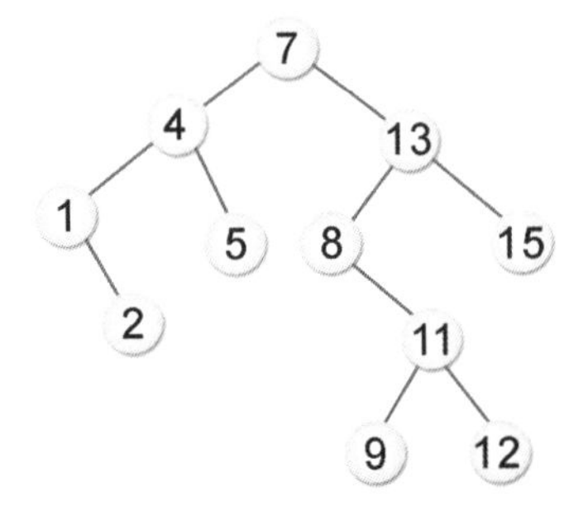

① 刪除的節點為樹葉：只要將其相連的父節點指向 None 即可。

② 刪除的節點只有一棵子樹，如右圖刪除節點 1，就將其右指標欄放到其父節點的左指標欄。

③ 刪除的節點有兩棵子樹，如下圖刪除節點 4，方式有兩種，雖然結果不同，但都可符合二元樹特性。

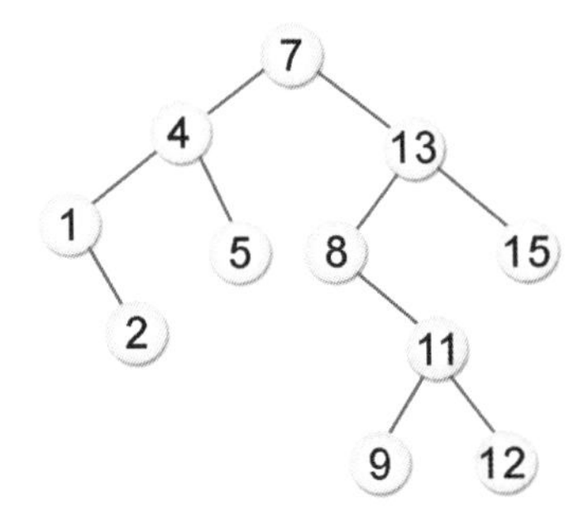

(1) 找出中序立即前行者（inorder immediate predecessor），即是將欲刪除節點左子樹最大者向上提，在此即為節點 2，簡單來說，就是在該節點的左子樹，往右尋找，直到右指標為 None，這個節點就是中序立即前行者。

(2) 找出中序立即後繼者（inorder immediate successor），即是將欲刪除節點的右子樹最小者向上提，在此即為節點 5，簡單來說，就是在該節點的右子樹，往左尋找，直到左指標為 None，這個節點就是中序立即後繼者。

範例 **請將 32、24、57、28、10、43、72、62，依中序方式存入可放 10 個節點（node）之陣列內，試繪圖與說明節點在陣列中相關位置？如果插入資料為 30，試繪圖及寫出其相關動作與位置變化？接著如再刪除的資料為 32，試繪圖及寫出其相關動作與位置變化。**

解答

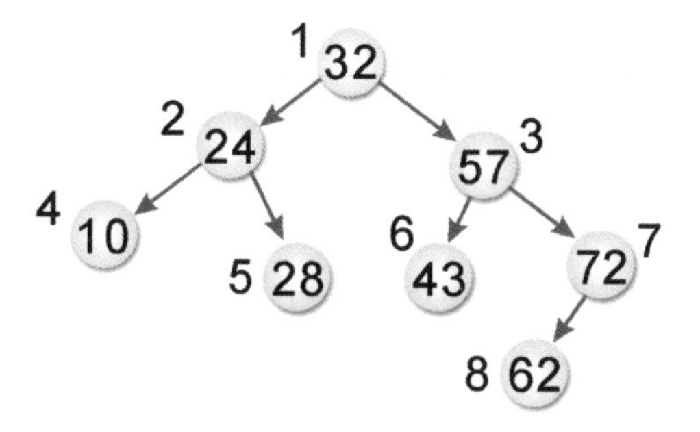

root=1	left	data	right
1	2	32	3
2	4	24	5
3	6	57	7
4	0	10	0
5	0	28	0
6	0	43	0
7	8	72	0
8	0	62	0
9			
10			

插入資料為 30：

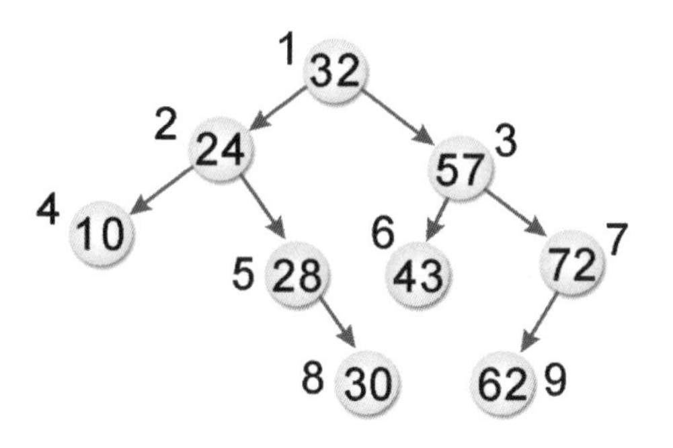

root=1	left	data	right
1	2	32	3
2	4	24	5
3	6	57	7
4	0	10	0
5	0	28	8
6	0	43	0
7	9	72	0
8	0	30	0
9	0	62	0
10			

刪除的資料為 32：

root=1	left	data	right
1	3	24	4
2	5	57	6
3	0	10	0
4	0	28	0
5	0	43	0
6	7	72	0
7	0	62	0
8	1	30	2
9			
10			

6-7 疊羅漢般的堆積樹排序法

堆積樹排序法可以算是選擇排序法的改進版，它可以減少在選擇排序法中的比較次數，進而減少排序時間。堆積排序法使用到了二元樹的技巧，利用堆積樹來完成排序。堆積是一種特殊的二元樹，可分為最大堆積樹及最小堆積樹兩種。而最大堆積樹滿足以下 3 個條件：

① 它是一個完整二元樹。
② 所有節點的值都大於或等於它左右子節點的值。
③ 樹根是堆積樹中最大的。

而最小堆積樹則具備以下 3 個條件：

① 它是一個完整二元樹。
② 所有節點的值都小於或等於它左右子節點的值。
③ 樹根是堆積樹中最小的。

在開始談論堆積排序法前，各位必須先認識如何將二元樹轉換成堆積樹（heap tree）。以下實例進行說明：

假設有 9 筆資料 32、17、16、24、35、87、65、4、12，我們以二元樹表示如下：

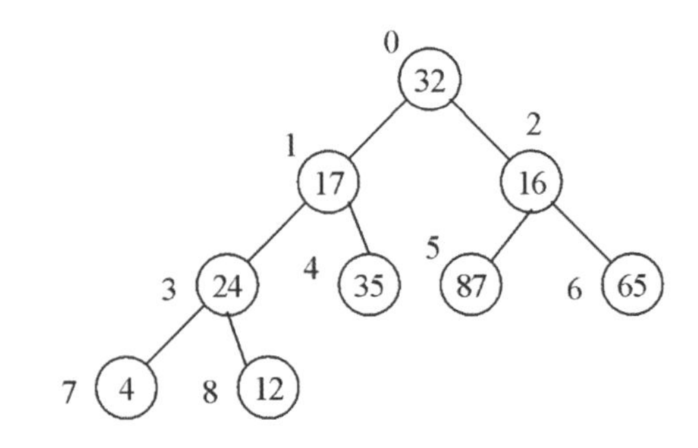

如果要將該二元樹轉換成堆積樹。我們可以用陣列來儲存二元樹所有節點的值，即

A[0]=32、A[1]=17、A[2]=16、A[3]=24、A[4]=35、A[5]=87、A[6]=65、A[7]=4、A[8]=12

❶ A[0]=32 為樹根，若 A[1] 大於父節點則必須互換。此處 A[1]=17<A[0]=32 故不交換。

❷ A[2]=16<A[0] 故不交換。

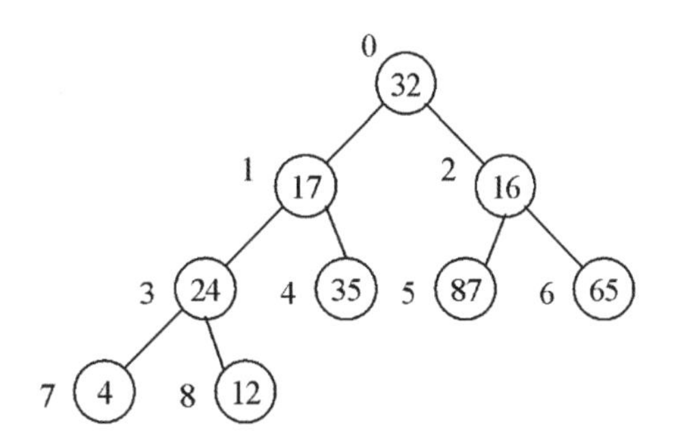

❸ A[3]=24>A[1]=17 故交換。

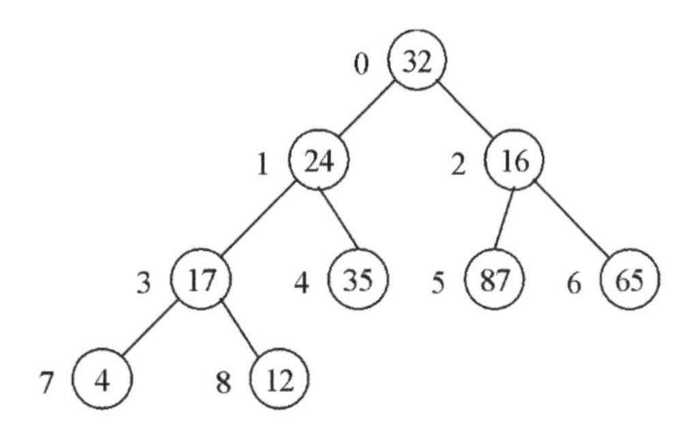

❹ A[4]=35>A[1]=24 故交換，再與 A[0]=32 比較，A[1]=35>A[0]=32 故交換。

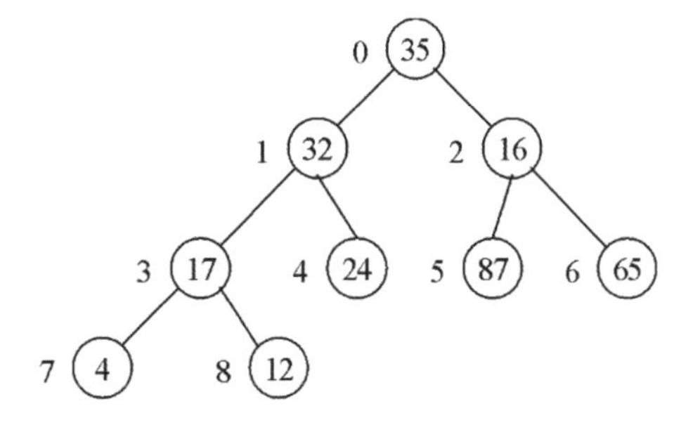

❺ A[5]=87>A[2]=16 故交換，再與 A[0]=35 比較，A[2]=87>A[0]=35 故交換。

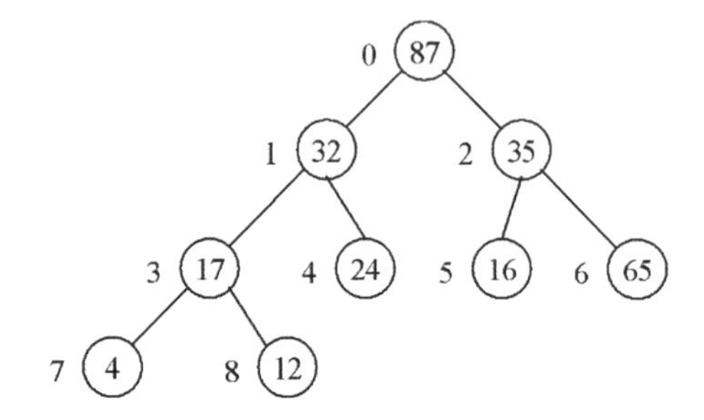

❻ A[6]=65>A[2]=35 故交換，且 A[2]=65<A[0]=87 故不必換。

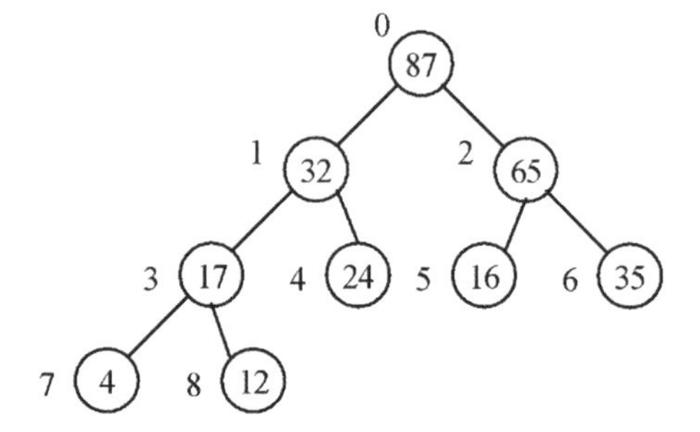

❼ A[7]=4<A[3]=17 故不必換。

A[8]=12<A[3]=17 故不必換。

可得下列的堆積樹

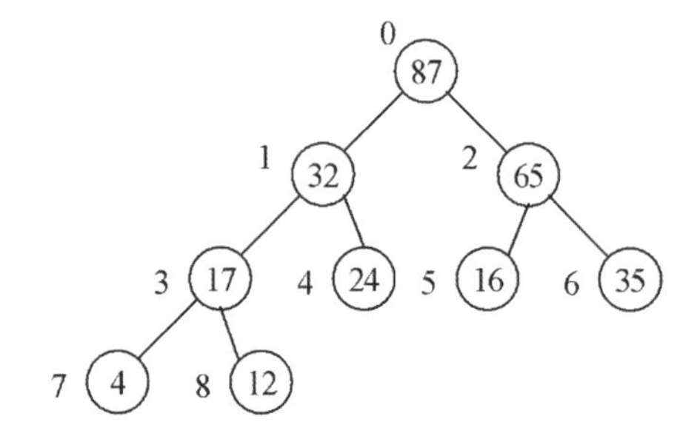

剛才示範由二元樹的樹根開始由上往下逐一依堆積樹的建立原則來改變各節點值，最終得到一最大堆積樹。各位可以發現堆積樹並非唯一，您也可以由陣列最後一個元素（例如此例中的 A[8]）由下往上逐一比較來建立最大堆積樹。若想由小到大排序，就必須建立最小堆積樹，作法和建立最大堆積樹類似，在此不另外說明。

以下利用堆積排序法，將 34、19、40、14、57、17、4、43 的排序過程示範如下：

❶ 依下圖數字順序建立完整二元樹

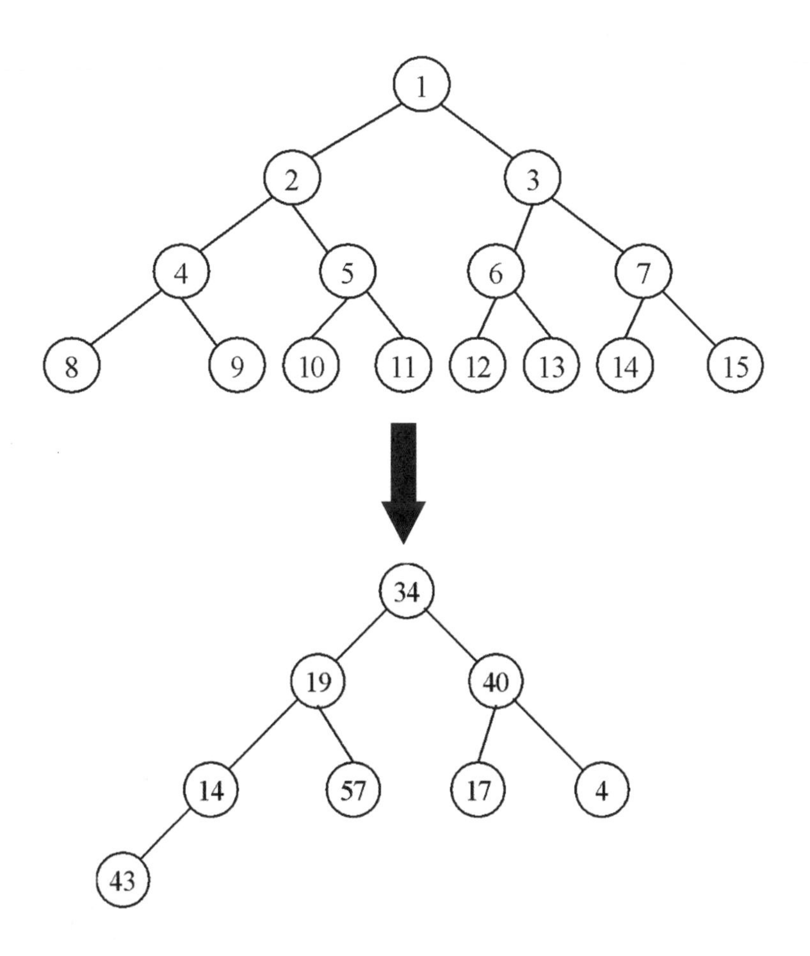

❷ 建立堆積樹

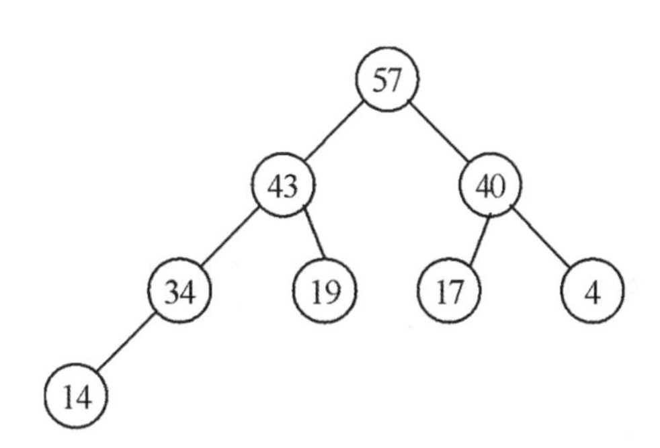

❸ 將 57 自樹根移除，重新建立堆積樹

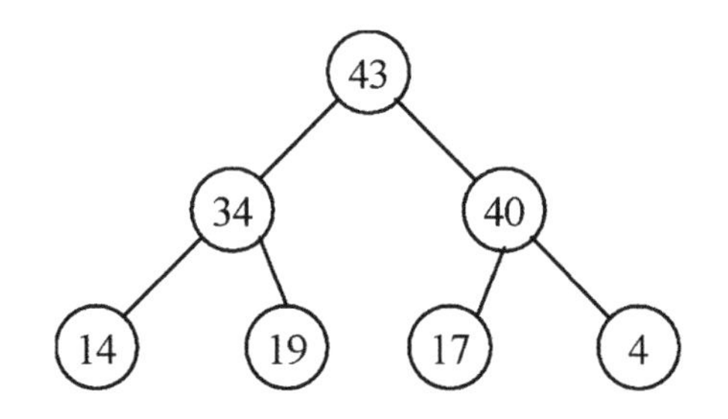

❹ 將 43 自樹根移除，重新建立堆積樹

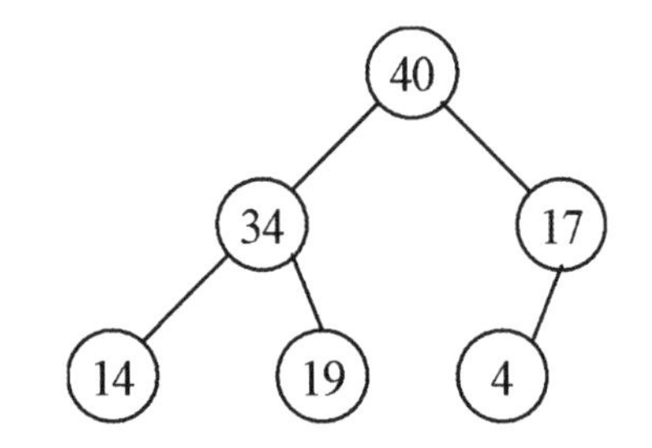

❺ 將 40 自樹根移除，重新建立堆積樹

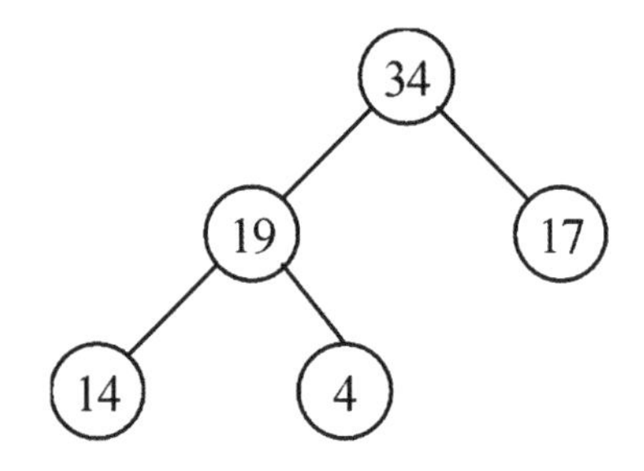

❻ 將 34 自樹根移除，重新建立堆積樹

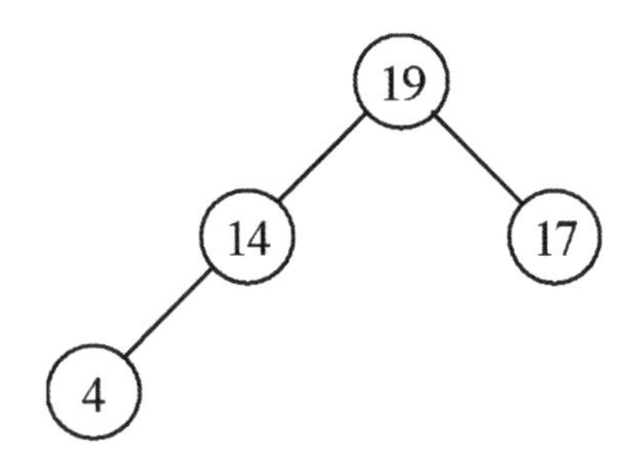

❼ 將 19 自樹根移除，重新建立堆積樹

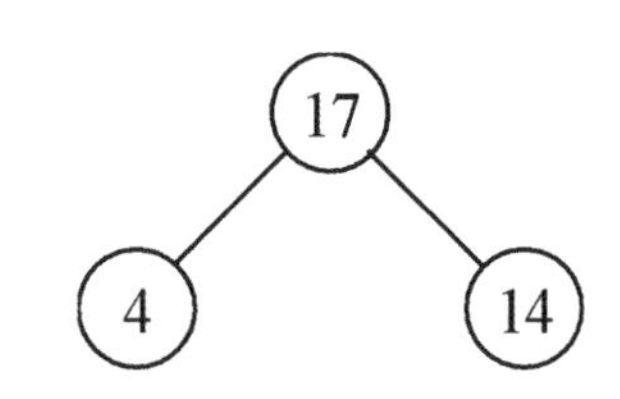

❽ 將 17 自樹根移除，重新建立堆積樹

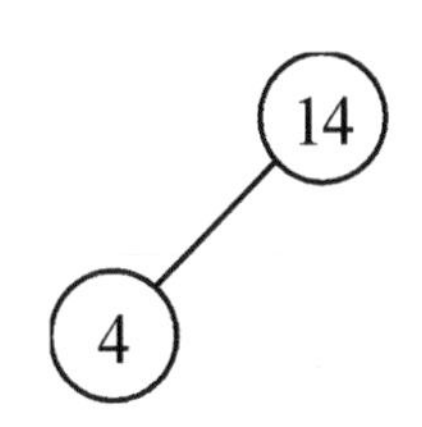

❾ 將 14 自樹根移除，重新建立堆積樹

最後將 4 自樹根移除。得到的排序結果為 57、43、40、34、19、17、14、4。

範例 heaptree.py ▌請設計一 Python 程式，並使用堆積排序法來排序。

```
01  def heap(data,size):
02      for i in range(int(size/2),0,-1):# 建立堆積樹節點
03          ad_heap(data,i,size-1)
04      print()
05      print('堆積內容：',end='')
06      for i in range(1,size): # 原始堆積樹內容
07          print('[%2d] ' %data[i],end='')
08      print('\n')
09      for i in range(size-2,0,-1): # 堆積排序
10          data[i+1],data[1]=data[1],data[i+1]# 頭尾節點交換
11          ad_heap(data,1,i)# 處理剩餘節點
12          print('處理過程：',end='')
13          for j in range(1,size):
14              print('[%2d] ' %data[j],end='')
15          print()
16
17  def ad_heap(data,i,size):
18      j=2*i
19      tmp=data[i]
20      post=0
```

```
21      while j<=size and post==0:
22          if j<size:
23              if data[j]<data[j+1]: # 找出最大節點
24                  j+=1
25          if tmp>=data[j]: # 若樹根較大，結束比較過程
26              post=1
27          else:
28              data[int(j/2)]=data[j]# 若樹根較小，則繼續比較
29              j=2*j
30      data[int(j/2)]=tmp # 指定樹根為父節點
31
32  def main():
33      data=[0,5,6,4,8,3,2,7,1] # 原始陣列內容
34      size=9
35      print('原始陣列：',end='')
36      for i in range(1,size):
37          print('[%2d] ' %data[i],end='')
38      heap(data,size) # 建立堆積樹
39      print('排序結果：',end='')
40      for i in range(1,size):
41          print('[%2d] ' %data[i],end='')
42
43  main()
```

執行結果

```
原始陣列：[ 5] [ 6] [ 4] [ 8] [ 3] [ 2] [ 7] [ 1]
堆積內容：[ 8] [ 6] [ 7] [ 5] [ 3] [ 2] [ 4] [ 1]

處理過程：[ 7] [ 6] [ 4] [ 5] [ 3] [ 2] [ 1] [ 8]
處理過程：[ 6] [ 5] [ 4] [ 1] [ 3] [ 2] [ 7] [ 8]
處理過程：[ 5] [ 3] [ 4] [ 1] [ 2] [ 6] [ 7] [ 8]
處理過程：[ 4] [ 3] [ 2] [ 1] [ 5] [ 6] [ 7] [ 8]
處理過程：[ 3] [ 1] [ 2] [ 4] [ 5] [ 6] [ 7] [ 8]
處理過程：[ 2] [ 1] [ 3] [ 4] [ 5] [ 6] [ 7] [ 8]
處理過程：[ 1] [ 2] [ 3] [ 4] [ 5] [ 6] [ 7] [ 8]
排序結果：[ 1] [ 2] [ 3] [ 4] [ 5] [ 6] [ 7] [ 8]
```

想一想，怎麼做？

1. 請問以下二元樹的中序、後序以及前序表示法為何？

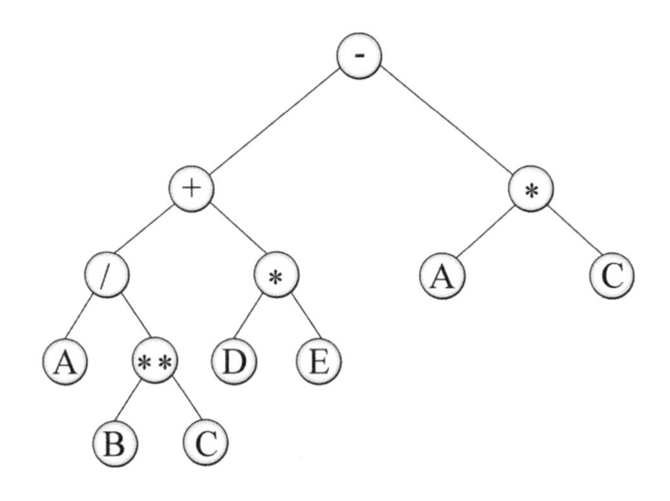

2. 請問以下二元樹的中序、前序以及後序表示法為何？

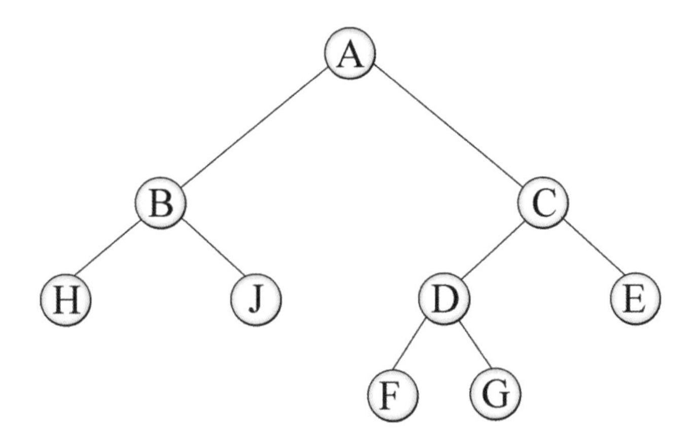

3. 請建立一個最小堆積樹（minimum heap）（必須寫出建立此堆積的每一個步驟）。

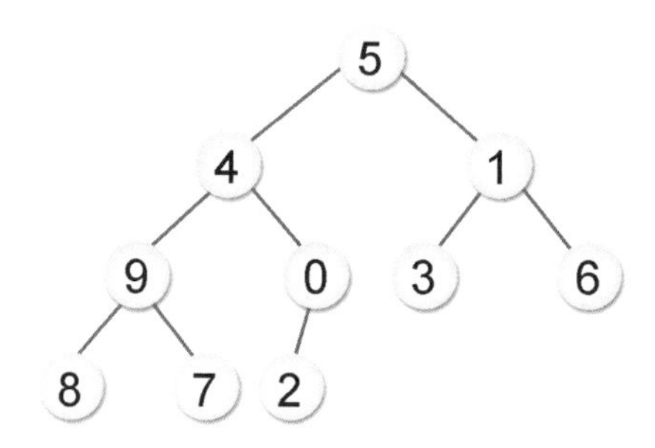

4. 試以下列資料 26,73,15,42,39,7,92,84 說明堆積排序（Heap Sort）的過程。

5. 下列哪一種不是樹（Tree）？(A) 一個節點 (B) 環狀串列 (C) 一個沒有迴路的連通圖 (D) 一個邊數比點數少 1 的連通圖。

6. 試以鏈結串列描述代表以下樹狀結構的資料結構。

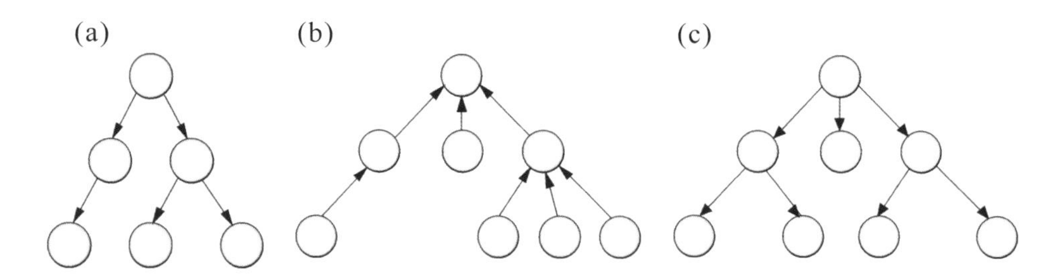

7. 請利用後序走訪將下圖二元樹的走訪結果按節點中的文字列印出來。

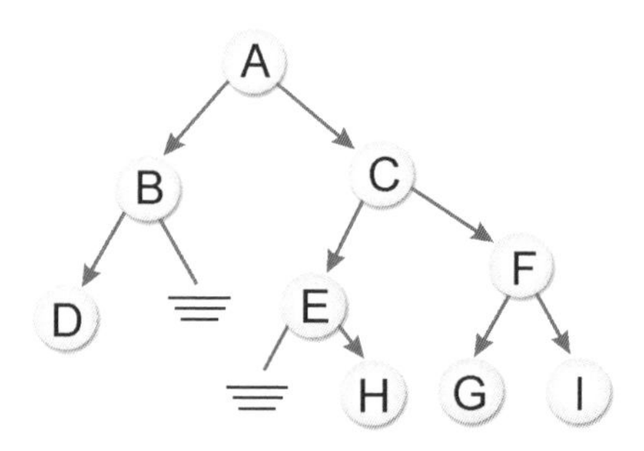

Chapter

7

堆疊與佇列演算邏輯徹底研究

- 陣列實作堆疊
- 串列實作堆疊
- 經典堆疊應用的八皇后演算法
- 陣列實作佇列
- 鏈結串列實作佇列
- 有趣的雙向佇列
- 一定要懂得優先佇列

堆疊結構時常被用來解決電腦的問題，例如前面所談到的遞迴呼叫、副程式的呼叫，甚至日常生活中的應用也隨處可以看到，例如大樓電梯、貨架上的貨品等等，都是類似堆疊的資料結構原理。

【電梯搭乘方式就是一種堆疊的應用】

佇列在電腦領域的應用也相當廣泛，例如計算機的模擬（simulation）、CPU 的工作排程（Job Scheduling）、線上同時周邊作業系統的應用與圖形走訪的先廣後深搜尋法（BFS）。堆疊與佇列都是抽象資料型態（Abstract Data Type, ADT），本章將介紹相關的演算法。

堆疊在 Python 程式設計領域中，包含以下兩種設計方式，分別是陣列結構（在 Python 語言是以 List 資料型別模擬其他程式語言的陣列結構）與鏈結串列結構，分別介紹如下。

7-1 陣列實作堆疊

以陣列結構來製作堆疊的好處是製作與設計的演算法都相當簡單，但如果堆疊本身是變動的話，則大小並無法事先規劃宣告，太大時浪費空間，太小則不夠使用。

Python 的相關演算法如下：

```
# 判斷是否為空堆疊
def isEmpty():
    if top==-1:
        return True
    else:
        return False
```

```
# 將指定的資料存入堆疊
def push(data):
    global top
    global MAXSTACK
    global stack
    if top>=MAXSTACK-1:
        print('堆疊已滿，無法再加入')
    else:
        top +=1
        stack[top]=data # 將資料存入堆疊
```

```
# 從堆疊取出資料 */
def pop():
    global top
    global stack
    if isEmpty():
        print('堆疊是空')
    else:
        print('彈出的元素為: %d' % stack[top])
        top=top-1
```

範例 stack_by_array.py ┃ 請利用陣列結構與迴圈來控制準備推入或取出的元素，並模擬堆疊的各種工作運算，此堆疊最多可容納 100 個元素，其中必須包括推入（push）與彈出（pop）函數，及最後輸出所有堆疊內的元素。

```
01  MAXSTACK=100 # 定義最大堆疊容量
02  global stack
03  stack=[None]*MAXSTACK  # 堆疊的陣列宣告
04  top=-1 # 堆疊的頂端
05
06  # 判斷是否為空堆疊
07  def isEmpty():
08      if(top==-1):
09          return True
10      else:
11          return False
12
13  # 將指定的資料存入堆疊
14  def push(data):
15      global top
16      global MAXSTACK
17      global stack
18      if top>=MAXSTACK-1:
19          print('堆疊已滿，無法再加入')
20      else:
21          top +=1
22          stack[top]=data # 將資料存入堆疊
23
24  # 從堆疊取出資料 */
25  def pop():
26      global top
27      global stack
28      if isEmpty():
29          print('堆疊是空')
30      else:
31          print('彈出的元素為： %d' % stack[top])
32          top=top-1
33
```

```
34 # 主程式
35 i=2
36 count=0
37 while True:
38     i=int(input('要推入堆疊，請輸入 1，彈出則輸入 0，停止操作則輸入 -1: '))
39     if i==-1:
40         break
41     elif i==1:
42         value=int(input('請輸入元素值：'))
43         push(value)
44     elif i==0:
45         pop()
46
47 print('==============================')
48 if top <0:
49     print('\n 堆疊是空的')
50 else:
51     i=top
52     while i>=0:
53         print('堆疊彈出的順序為：%d' %(stack[i]))
54         count +=1
55         i =i-1
56     print
57
58 print('==============================')
```

執行結果

```
要推入堆疊,請輸入1,彈出則輸入0,停止操作則輸入-1: 1
請輸入元素值:5
要推入堆疊,請輸入1,彈出則輸入0,停止操作則輸入-1: 1
請輸入元素值:6
要推入堆疊,請輸入1,彈出則輸入0,停止操作則輸入-1: 1
請輸入元素值:7
要推入堆疊,請輸入1,彈出則輸入0,停止操作則輸入-1: 0
彈出的元素為: 7
要推入堆疊,請輸入1,彈出則輸入0,停止操作則輸入-1: -1
==============================
堆疊彈出的順序為:6
堆疊彈出的順序為:5
==============================
```

7-2 串列實作堆疊

使用鏈結串列來製作堆疊的優點是隨時可以動態改變串列長度，能有效利用記憶體資源，不過缺點是設計時，演算法較為複雜。

Python 的相關演算法如下：

```
class Node:  # 堆疊鏈結節點的宣告
    def __init__(self):
        self.data=0  # 堆疊資料的宣告
        self.next=None  # 堆疊中用來指向下一個節點

top=None
```

```
def isEmpty():
    global top
    if(top==None):
        return 1
    else:
        return 0
```

```
# 將指定的資料存入堆疊
def push(data):
    global top
    new_add_node=Node()
    new_add_node.data=data# 將傳入的值指定為節點的內容
    new_add_node.next=top# 將新節點指向堆疊的頂端
    top=new_add_node# 新節點成為堆疊的頂端
```

```
# 從堆疊取出資料
def pop():
    global top
```

```
    if isEmpty():
        print('=== 目前為空堆疊 ===')
        return -1
    else:
        ptr=top# 指向堆疊的頂端
        top=top.next# 將堆疊頂端的指標指向下一個節點
        temp=ptr.data# 取出堆疊的資料
        return temp# 將從堆疊取出的資料回傳給主程式
```

範例 stack_by_linkedlist.py ▌請利用鏈結串列設計一 Python 程式，利用迴圈來控制準備推入或取出的元素，其中必須包括推入（push）與彈出（pop）函數，及最後輸出所有堆疊內的元素。

```
01 class Node:  # 堆疊鏈結節點的宣告
02     def __init__(self):
03         self.data=0  # 堆疊資料的宣告
04         self.next=None  # 堆疊中用來指向下一個節點
05 
06 top=None
07 
08 def isEmpty():
09     global top
10     if(top==None):
11         return 1
12     else:
13         return 0
14 
15 # 將指定的資料存入堆疊
16 def push(data):
17     global top
18     new_add_node=Node()
19     new_add_node.data=data# 將傳入的值指定為節點的內容
20     new_add_node.next=top# 將新節點指向堆疊的頂端
21     top=new_add_node# 新節點成為堆疊的頂端
22 
23 
24 # 從堆疊取出資料
```

```
25  def pop():
26      global top
27      if isEmpty():
28          print('=== 目前為空堆疊 ===')
29          return -1
30      else:
31          ptr=top# 指向堆疊的頂端
32          top=top.next# 將堆疊頂端的指標指向下一個節點
33          temp=ptr.data# 取出堆疊的資料
34          return temp# 將從堆疊取出的資料回傳給主程式
35
36  # 主程式
37  while True:
38      i=int(input('要推入堆疊，請輸入 1，彈出則輸入 0，停止操作則輸入 -1: '))
39      if i==-1:
40          break
41      elif i==1:
42          value=int(input('請輸入元素值：'))
43          push(value)
44      elif i==0:
45          print('彈出的元素為 %d' %pop())
46
47  print('==============================')
48  while(not isEmpty()): # 將資料陸續從頂端彈出
49      print('堆疊彈出的順序為：%d' %pop())
50  print('==============================')
```

執行結果

```
要推入堆疊,請輸入1,彈出則輸入0,停止操作則輸入-1: 1
請輸入元素值:8
要推入堆疊,請輸入1,彈出則輸入0,停止操作則輸入-1: 1
請輸入元素值:6
要推入堆疊,請輸入1,彈出則輸入0,停止操作則輸入-1: 1
請輸入元素值:7
要推入堆疊,請輸入1,彈出則輸入0,停止操作則輸入-1: 0
彈出的元素為7
要推入堆疊,請輸入1,彈出則輸入0,停止操作則輸入-1: -1
==============================
堆疊彈出的順序為:6
堆疊彈出的順序為:8
==============================
```

7-3 經典堆疊應用的八皇后演算法

八皇后問題也是常見的堆疊應用實例。在西洋棋中的皇后可以在沒有限定一步走幾格的前提下，對棋盤中的其他棋子直吃、橫吃及對角斜吃（左斜吃或右斜吃皆可），而後放入的新皇后，在放入前必須考慮所放位置直線方向、橫線方向或對角線方向是否已被放置舊皇后，否則就會被先放入的舊皇后吃掉。

利用這種觀念，我們可以將其應用在 4*4 的棋盤，就稱為 4-皇后問題；應用在 8*8 的棋盤，就稱為 8-皇后問題。應用在 N*N 的棋盤，就稱為 N-皇后問題。要解決 N-皇后問題（在此以 8-皇后為例），首先當於棋盤中置入一個新皇后，且這個位置不會被先前放置的皇后吃掉，就將這個新皇后的位置存入堆疊。

但是如果當您放置新皇后的該行（或該列）的 8 個位置，都沒有辦法放置新皇后（亦即一放入任何一個位置，就會被先前放置的舊皇后給吃掉）時，就必須由堆疊中取出前一個皇后的位置，並於該行（或該列）中重新尋找另一個新的位置放置，再將該位置存入堆疊中，而這就是回溯（Backtracking）演算法的應用概念。

N-皇后問題的解答，就是配合堆疊及回溯兩種演算法概念，以逐行（或逐列）找新皇后位置（如果找不到，則回溯到前一行找尋前一個皇后另一個新的位置，以此類推）的方式，來尋找 N-皇后問題的其中一組解答。

以下分別是 4-皇后及 8-皇后在堆疊存放的內容及對應棋盤的其中一組解。

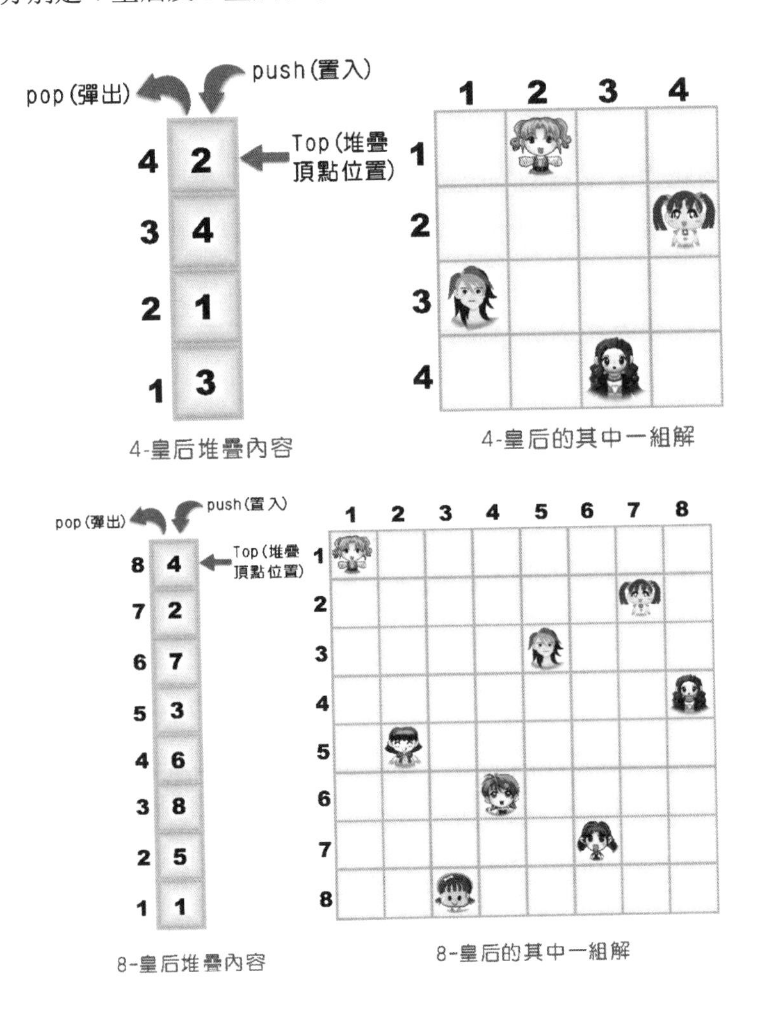

4-皇后堆疊內容

4-皇后的其中一組解

8-皇后堆疊內容

8-皇后的其中一組解

範例 queen.py ▌請設計一 Python 程式，求取八皇后問題的解決方法。

```
01  global queen
02  global number
03  EIGHT=8 # 定義最大堆疊容量
04  queen=[None]*8 # 存放 8 個皇后之列位置
05
```

```
06  number=0# 計算總共有幾組解的總數
07  # 決定皇后存放的位置
08  # 輸出所需要的結果
09  def print_table():
10      global number
11      x=y=0
12      number+=1
13      print('')
14      print('八皇后問題的第 %d 組解 \t' %number)
15      for x in range(EIGHT):
16          for y in range(EIGHT):
17              if x==queen[y]:
18                  print('<q>',end='')
19              else:
20                  print('<->',end='')
21          print('\t')
22      input('\n..按下任意鍵繼續 ..\n')
23
24  # 測試在 (row,col) 上的皇后是否遭受攻擊
25  # 若遭受攻擊則傳回值為 1, 否則傳回 0
26  def attack(row,col):
27      global queen
28      i=0
29      atk=0
30      offset_row=offset_col=0
31      while (atk!=1)and i<col:
32          offset_col=abs(i-col)
33          offset_row=abs(queen[i]-row)
34          # 判斷兩皇后是否在同一列在同一對角線上
35          if queen[i]==row or offset_row==offset_col:
36              atk=1
37          i=i+1
38      return atk
39
40  def decide_position(value):
41      global queen
```

```
42      i=0
43      while i<EIGHT:
44          if attack(i,value)!=1:
45              queen[value]=i
46              if value==7:
47                  print_table()
48              else:
49                  decide_position(value+1)
50          i=i+1
51
52  # 主程式
53  decide_position(0)
```

執行結果

```
八皇后問題的第1組解
<q><-><-><-><-><-><-><->
<-><-><-><-><-><-><q><->
<-><-><-><-><q><-><-><->
<-><-><-><-><-><-><-><q>
<-><q><-><-><-><-><-><->
<-><-><-><q><-><-><-><->
<-><-><-><-><-><q><-><->
<-><-><q><-><-><-><-><->

..按下任意鍵繼續..


八皇后問題的第2組解
<q><-><-><-><-><-><-><->
<-><-><-><-><-><-><q><->
<-><-><-><q><-><-><-><->
<-><-><-><-><-><q><-><->
<-><-><-><-><-><-><-><q>
<-><q><-><-><-><-><-><->
<-><-><-><-><q><-><-><->
<-><-><q><-><-><-><-><->

..按下任意鍵繼續..
```

7-4 陣列實作佇列

以陣列結構（在 Python 是以 List 串列來實作陣列資料結構）來製作佇列的好處是演算法相當簡單，不過與堆疊不同之處是需要擁有兩種基本動作：加入與刪除，且使用 front 與 rear 兩個註標來分別指向佇列的前端與尾端，缺點是陣列大小並無法事先規劃宣告。首先需要宣告一個有限容量的陣列，並以下列圖示說明：

```
MAXSIZE=4
queue=[0]*MAXSIZE   # 佇列大小為 4
front=-1
rear=-1
```

❶ 當開始時，我們將 front 與 rear 都預設為 -1，當 front=rear 時，則為空佇列。

事件說明	front	rear	Q(0)	Q(1)	Q(2)	Q(3)
空佇列 Q	-1	-1				

❷ 加入 dataA，front=-1，rear=0，每加入一個元素，將 rear 值加 1：

加入 dataA	-1	0	dataA			

❸ 加入 dataB、dataC，front=-1，rear=2：

加入 dataB、C	-1	1	dataA	dataB	dataC	

❹ 取出 dataA，front=0，rear=2，每取出一個元素，將 front 值加 1：

取出 dataA	0	2		dataB	dataC	

❺ 加入 dataD，front=0，rear=3，此時當 rear=MAXSIZE-1，表示佇列已滿。

加入 dataD	0	3		dataB	dataC	dataD

❻ 取出 dataB，front=1，rear=3

取出 dataB	1	3			dataC	dataD

從以上實作的過程，得到以陣列操作佇列的 Python 演算法如下：

```
MAX_SIZE=100 # 佇列的最大容量
queue=[0]*MAX_SIZE
front=-1
rear=-1 # 空佇列時，front=-1，rear=-1
```

```
def enqueue(item): # 將新資料加入 Q 的尾端，傳回新佇列
    global rear
    global MAX_SIZE
    global queue
    if rear==MAX_SIZE-1:
        print('佇列已滿！')
    else:
        rear+=1
        queue[rear]=item  # 加新資料到佇列的尾端
```

```
def dequeue(item): # 刪除佇列前端資料，傳回新佇列
    global rear
    global MAX_SIZE
```

```
    global front
    global queue
    if front==rear:
        print('佇列已空！')
    else:
        front+=1
        item=queue[front] # 刪除佇列前端資料
```

```
def FRONT_VALUE(Queue):  # 傳回佇列前端的值
    global rear
    global front
    global queue
    if front==rear:
        print('這是空佇列')
    else:
        print(queue[front]) # 傳回佇列前端的值
```

範例 queue_by_array.py ▍請設計一 Python 程式，實作佇列的工作運算，加入資料時請輸入 "a"，要取出資料時可輸入 "d"，將會直接印出佇列前端的值，要結束請按 "e"。

```
01  import sys
02
03  MAX=10                      # 定義佇列的大小
04  queue=[0]*MAX
05  front=rear=-1
06  choice=''
07  while rear<MAX-1 and choice !='e':
08      choice=input('[a] 表示存入一個數值 [d] 表示取出一個數值 [e] 表示跳出此
    程式：')
09      if choice=='a':
10          val=int(input('[ 請輸入數值 ]: '))
11          rear+=1
12          queue[rear]=val
13      elif choice=='d':
```

```
14          if rear>front:
15              front+=1
16              print('[ 取出數值為 ]: [%d]' %(queue[front]))
17              queue[front]=0
18          else:
19              print('[ 佇列已經空了 ]')
20              sys.exit(0)
21      else:
22          print()
23
24  print('----------------------------------------')
25  print('[ 輸出佇列中的所有元素 ]:')
26
27  if rear==MAX-1:
28      print('[ 佇列已滿 ]')
29  elif front>=rear:
30      print(' 沒有 ')
31      print('[ 佇列已空 ]')
32  else:
33      while rear>front:
34          front+=1
35          print('[%d] ' %queue[front],end='')
36      print()
37      print('----------------------------------------')
38  print()
```

執行結果

```
[a]表示存入一個數值[d]表示取出一個數值[e]表示跳出此程式: a
[請輸入數值]: 12
[a]表示存入一個數值[d]表示取出一個數值[e]表示跳出此程式: a
[請輸入數值]: 8
[a]表示存入一個數值[d]表示取出一個數值[e]表示跳出此程式: a
[請輸入數值]: 10
[a]表示存入一個數值[d]表示取出一個數值[e]表示跳出此程式: e

----------------------------------------
[輸出佇列中的所有元素]:
[12] [8] [10]
----------------------------------------
```

7-5 鏈結串列實作佇列

佇列除了能以陣列的方式來實作外，也可以鏈結串列來實作佇列。在宣告佇列類別中，除了和佇列類別中相關的方法外，還必須有指向佇列前端及佇列尾端的指標，即 front 及 rear。例如以學生姓名及成績的結構資料來建立佇列串列的節點，及 front 與 rear 指標宣告如下：

```
class student:
    def __init__(self):
        self.name=' '*20
        self.score=0
        self.next=None

front=student()
rear=student()
front=None
rear=None
```

至於在佇列串列中加入新節點，等於加入此串列的最後端，而刪除節點就是將此串列最前端的節點刪除。Python 的加入與刪除運算法如下：

```
def enqueue(name, score):  # 置入佇列資料
    global front
    global rear
    new_data=student()  # 配置記憶體給新元素
    new_data.name=name  # 設定新元素的資料
    new_data.score = score
    if rear==None: # 如果 rear 為 None，表示這是第一個元素
        front = new_data
```

```
    else:
        rear.next = new_data     # 將新元素連接至佇列尾端

    rear = new_data     # 將 rear 指向新元素，這是新的佇列尾端
    new_data.next = None     # 新元素之後無其他元素
```

```
def dequeue(): # 取出佇列資料
    global front
    global rear
    if front == None:
        print('佇列已空！')
    else:
        print('姓名：%s\t 成績：%d .... 取出' %(front.name, front.score))
        front = front.next     # 將佇列前端移至下一個元素
```

範例 queue_by_linkedlist.py ▍請利用串列結構來設計一 Python 程式，串列中元素節點仍為學生姓名及成績的結構資料。本程式還能進行佇列資料的存入、取出與走訪動作：

```
class student:
    def __init__(self):
        self.name=' '*20
        self.score=0
        self.next=None
```

```
01  class student:
02      def __init__(self):
03          self.name=' '*20
04          self.score=0
05          self.next=None
06
07  front=student()
08  rear=student()
```

```
09 front=None
10 rear=None
11
12 def enqueue(name, score):  # 置入佇列資料
13     global front
14     global rear
15     new_data=student()  # 配置記憶體給新元素
16     new_data.name=name  # 設定新元素的資料
17     new_data.score = score
18     if rear==None: # 如果 rear 為 None，表示這是第一個元素
19         front = new_data
20     else:
21         rear.next = new_data     # 將新元素連接至佇列尾端
22
23     rear = new_data     # 將 rear 指向新元素，這是新的佇列尾端
24     new_data.next = None     # 新元素之後無其他元素
25
26 def dequeue(): # 取出佇列資料
27     global front
28     global rear
29     if front == None:
30         print('佇列已空！')
31     else:
32         print('姓名：%s\t 成績：%d .... 取出' %(front.name, front.score))
33         front = front.next     # 將佇列前端移至下一個元素
34
35 def show():      # 顯示佇列資料
36     global front
37     global rear
38     ptr = front
39     if ptr == None:
40         print('佇列已空！')
41     else:
42         while ptr !=None: # 由 front 往 rear 走訪佇列
43             print('姓名：%s\t 成績：%d' %(ptr.name, ptr.score))
```

```
44                  ptr = ptr.next
45
46  select=0
47  while True:
48      select=int(input('(1) 存入 (2) 取出 (3) 顯示 (4) 離開 => '))
49      if select==4:
50          break
51      if select==1:
52          name=input('姓名： ')
53          score=int(input('成績： '))
54          enqueue(name, score)
55      elif select==2:
56          dequeue()
57      else:
58          show()
```

執行結果

```
(1)存入 (2)取出 (3)顯示 (4)離開 => 1
姓名: Daniel
成績: 98
(1)存入 (2)取出 (3)顯示 (4)離開 => 1
姓名: Julia
成績: 92
(1)存入 (2)取出 (3)顯示 (4)離開 => 3
姓名：Daniel      成績：98
姓名：Julia       成績：92
(1)存入 (2)取出 (3)顯示 (4)離開 => 4
```

7-6 有趣的雙向佇列

所謂雙向佇列（Double Ended Queues, Deque）為一有序串列，加入與刪除可在佇列的任意一端進行，請看下圖：

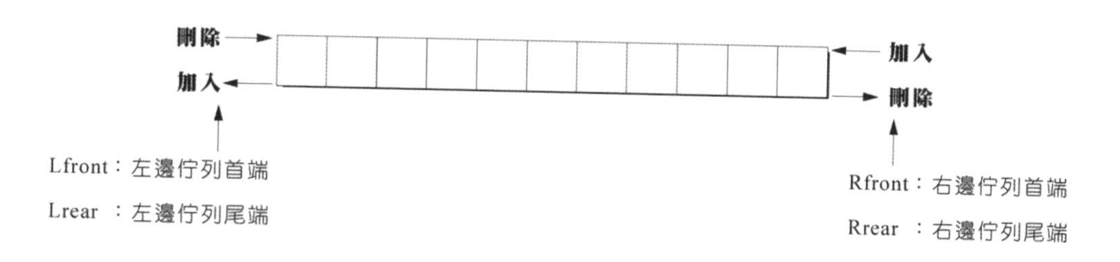

具體來說，雙向佇列就是允許兩端中的任意一端都具備有刪除或加入功能，而且無論左右兩端的佇列，首端與尾端指標都是朝佇列中央來移動。通常在一般的應用上，雙向佇列的應用可以區分為兩種：第一種是資料只能從一端加入，但可從兩端取出，另一種則是可由兩端加入，但由一端取出。以下我們將討論第一種輸入限制的雙向佇列，Python 的節點宣告、加入與刪除運算法如下：

```
class Node:
    def __init__(self):
        self.data=0
        self.next=None

front=Node()
rear=Node()
front=None
rear=None
```

```
# 方法 enqueue: 佇列資料的存入
def enqueue(value):
    global front
    global rear
    node=Node()   # 建立節點
    node.data=value
    node.next=None
    # 檢查是否為空佇列
    if rear==None:
        front=node # 新建立的節點成為第 1 個節點
    else:
        rear.next=node# 將節點加入到佇列的尾端
    rear=node# 將佇列的尾端指標指向新加入的節點
```

```
# 方法 dequeue: 佇列資料的取出
def dequeue(action):
    global front
    global rear
    # 從前端取出資料
    if not(front==None) and action==1:
        if front==rear:
            rear=None
        value=front.data# 將佇列資料從前端取出
        front=front.next# 將佇列的前端指標指向下一個
        return value
    # 從尾端取出資料
    elif not(rear==None) and action==2:
        startNode=front# 先記下前端的指標值
        value=rear.data# 取出目前尾端的資料
        # 找尋最尾端節點的前一個節點
        tempNode=front
        while front.next!=rear and front.next!=None:
```

```
            front=front.next
            tempNode=front
        front=startNode# 記錄從尾端取出資料後的佇列前端指標
        rear=tempNode# 記錄從尾端取出資料後的佇列尾端指標
        # 下一行程式是指當佇列中僅剩下最節點時,
        # 取出資料後便將 front 及 rear 指向 None
        if front.next==None or rear.next==None:
            front=None
            rear=None
        return value
    else:
        return -1
```

範例 dequeue.py ▍請利用鏈結串列結構來設計一輸入限制的雙向佇列 Python 程式，條件是只能從一端加入資料，但取出資料時，將分別由前後端取出。

```
01 class Node:
02     def __init__(self):
03         self.data=0
04         self.next=None
05 
06 front=Node()
07 rear=Node()
08 front=None
09 rear=None
10 
11 # 方法 enqueue: 佇列資料的存入
12 def enqueue(value):
13     global front
14     global rear
15     node=Node()   # 建立節點
16     node.data=value
17     node.next=None
```

```
18         # 檢查是否為空佇列
19         if rear==None:
20             front=node  # 新建立的節點成為第 1 個節點
21         else:
22             rear.next=node# 將節點加入到佇列的尾端
23         rear=node# 將佇列的尾端指標指向新加入的節點
24 
25     # 方法 dequeue: 佇列資料的取出
26     def dequeue(action):
27         global front
28         global rear
29         # 從前端取出資料
30         if not(front==None) and action==1:
31             if front==rear:
32                 rear=None
33             value=front.data# 將佇列資料從前端取出
34             front=front.next# 將佇列的前端指標指向下一個
35             return value
36         # 從尾端取出資料
37         elif not(rear==None) and action==2:
38             startNode=front# 先記下前端的指標值
39             value=rear.data# 取出目前尾端的資料
40             # 找尋最尾端節點的前一個節點
41             tempNode=front
42             while front.next!=rear and front.next!=None:
43                 front=front.next
44                 tempNode=front
45             front=startNode# 記錄從尾端取出資料後的佇列前端指標
46             rear=tempNode# 記錄從尾端取出資料後的佇列尾端指標
47             # 下一行程式是指當佇列中僅剩下最節點時，
48             # 取出資料後便將 front 及 rear 指向 None
49             if front.next==None or rear.next==None:
50                 front=None
51                 rear=None
52             return value
53         else:
```

```
54              return -1
55
56  print('以鏈結串列來實作雙向佇列')
57  print('====================================')
58
59  ch='a'
60  while True:
61      ch=input('加入請按 a,取出請按 d,結束請按 e:')
62      if ch =='e':
63          break
64      elif ch=='a':
65          item=int(input('加入的元素值:'))
66          enqueue(item)
67      elif ch=='d':
68          temp=dequeue(1)
69          print('從雙向佇列前端依序取出的元素資料值為:%d' %temp)
70          temp=dequeue(2)
71          print('從雙向佇列尾端依序取出的元素資料值為:%d' %temp)
72      else:
73          break
```

執行結果

```
以鏈結串列來實作雙向佇列
====================================
加入請按 a,取出請按 d,結束請按 e:a
加入的元素值:98
加入請按 a,取出請按 d,結束請按 e:a
加入的元素值:86
加入請按 a,取出請按 d,結束請按 e:d
從雙向佇列前端依序取出的元素資料值為: 98
從雙向佇列尾端依序取出的元素資料值為: 86
加入請按 a,取出請按 d,結束請按 e:e
```

7-7 一定要懂得優先佇列

優先佇列（Priority Queue）為一種不必遵守佇列特性－FIFO（先進先出）的有序串列，其中的每一個元素都賦予一個優先權（Priority），加入元素時可任意加入，但有最高優先權者（Highest Priority Out First, HPOF）則最先輸出。

【急診室病患的安排就是優先佇列的應用】

我們知道一般醫院中的急診室，一定會以最嚴重的病患（如得 SARS 的病人）優先診治，跟進入醫院掛號的順序無關。或者在電腦 CPU 的工作排程中，優先權排程（Priority Scheduling, PS）就是用來挑選行程的「排程演算法」（Scheduling Algotithm），也會使用到優先佇列，好比層級高的使用者，就比一般使用者擁有較高的權利。

假設有 4 個行程 P1,P2,P3,P4，其在很短的時間內先後到達等待佇列，每個行程所執行時間如下表所示：

行程名稱	各行程所需的執行時間
P1	30
P2	40
P3	20
P4	10

在此設定每個 P1、P2、P3、P4 的優先次序值分別為 2,8,6,4（此處假設數值越小其優先權越低；數值越大其優先權越高），以下是採用甘特圖（Gantt Chart）繪出優先權排程（Priority Scheduling, PS）的排班情況：

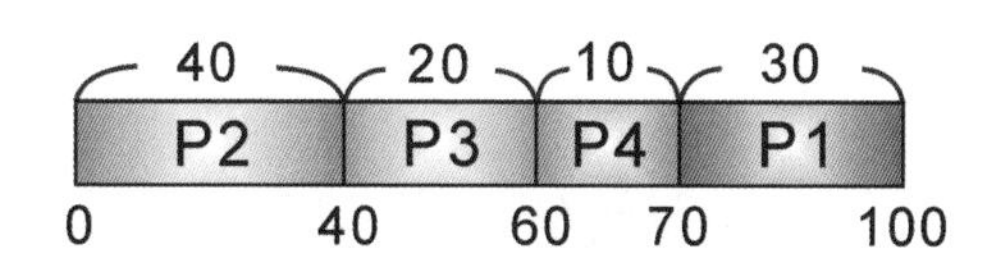

在此特別提醒各位，當各元素以輸入先後次序為優先權時，屬於一般的佇列，若是以輸入先後次序做為最不優先權時，此優先佇列即為一堆疊。

想一想，怎麼做？

1. 解釋下列名詞：

   (1) 堆疊（Stack）

   (2) TOP(PUSH(i,s)) 之結果為何？

   (3) POP(PUSH(i,s)) 之結果為何？

2. 何謂優先佇列？請說明之。

3. 假設我們利用雙向佇列（deque）循序輸入 1,2,3,4,5,6,7，試問是否能夠得到 5174236 的輸出排列？

4. 請說明佇列應具備的基本特性。

5. 回答以下問題：

   (1) 下列何者不是佇列（Queue）觀念的應用？

   (A) 作業系統的工作排程　(B) 輸出入的工作緩衝

   (C) 河內塔的解決方法　(D) 中山高速公路的收費站收費

   (2) 下列哪一種資料結構是線性串列？

   (A) 堆疊　(B) 佇列　(C) 雙向佇列

   (D) 陣列　(E) 樹

Chapter

8

改變程式功力的經典演算邏輯

- 不斷繞圈的疊代邏輯思維
- 人人都有獎的枚舉邏輯思維
- 不對就回頭的回溯邏輯思維
- 一學就懂的雜湊演算法
- 破解碰撞與溢位處理的小撇步

我們可以這樣形容，演算法就是用電腦來算數學的學問，能夠了解這些演算法如何運作，以及其如何在各層面影響我們的生活。例如「排序」（Sorting）功能對於電腦相關領域而言，是一種非常重要且普遍的工具，熟悉各種經典演算法與相關的排序原理，往往成為程式設計過程能否順利與成功的關鍵所在。接下來我們還要介紹成為一位專業程式設計師必學的演算法，並了解這些演算法相關知識的特色及原理。

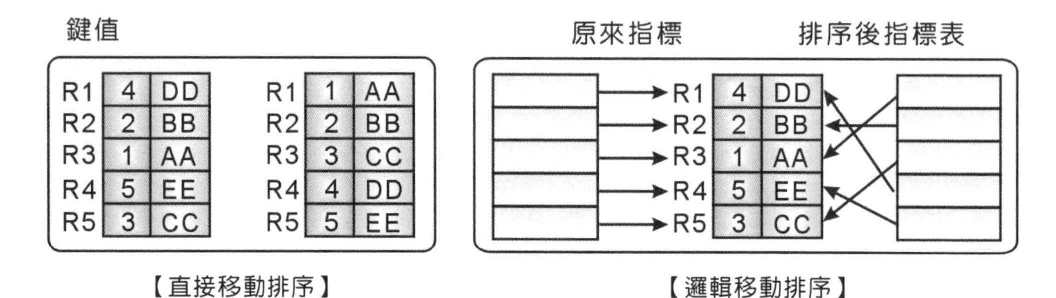

> **TIPS** 在排序的過程中，電腦中資料的移動方式可分為「直接移動」及「邏輯移動」兩種。「直接移動」是直接交換儲存資料的位置，而「邏輯移動」並不會移動資料儲存位置，僅改變指向這些資料的輔助指標的值。

8-1 不斷繞圈的疊代邏輯思維

疊代邏輯思維（iterative method）是無法使用公式一次求解，而須利用重複結構去循環重複程式碼的某些部分來得到答案。「重複結構」即所謂的迴圈（Loop），對於程式中需要重複執行的程式敘述，都可以交由迴圈來完成。迴圈主要由底下的兩個基本元素組成：

① 迴圈的執行主體，由程式敘述或複合敘述組成。

② 迴圈的條件判斷，決定迴圈何時停止執行。

例如想要讓電腦計算出 1+2+3+4..100 的值，在程式碼中並不需要大費周章地從 1 累加到 100，只需要利用重複結構就可以輕鬆達成。基本上，如果是相同的演算法，能直接使用迴圈，而不去透過遞迴演算法的堆疊運算，都能以較高的效能完成工作，就像我們之前提過的 n! 值計算。

範例 iterative.py ▌請利用 for 迴圈設計一個計算 1!~n! 的遞迴程式。

```
01 # 以 for 迴圈計算 n!
02 sum = 1
03 n=int(input('請輸入 n='))
04 for i in range(0,n+1):
05     for j in range(i,0,-1):
06         sum *= j      # sum=sum*j
07     print('%d!=%3d' %(i,sum))
08     sum=1
```

執行結果

```
請輸入n=10
0!=  1
1!=  1
2!=  2
3!=  6
4!= 24
5!=120
6!=720
7!=5040
8!=40320
9!=362880
10!=3628800
```

8-1-1 巴斯卡三角形演算法

巴斯卡（Pascal）三角形演算法基本上就是計算出每一個三角形位置的數值。在巴斯卡三角形上的每一個數字各對應一個 ${}_rC_n$，其中 r 代表 row（列），而 n 為 column（欄），其中 r 及 n 都由數字 0 開始。巴斯卡三角形如下：

$$
\begin{array}{c}
{}_0C_0 \\
{}_1C_0 \; {}_1C_1 \\
{}_2C_0 \; {}_2C_1 \; {}_2C_2 \\
{}_3C_0 \; {}_3C_1 \; {}_3C_2 \; {}_3C_3 \\
{}_4C_0 \; {}_4C_1 \; {}_4C_2 \; {}_4C_3 \; {}_4C_4
\end{array}
$$

巴斯卡三角形對應的數據如下圖所示：

至於如何計算三角形中的 ${}_rC_n$，各位可以使用以下的公式：

$${}_rC_0 = 1$$

$${}_rC_n = {}_rC_{n-1} * (r - n + 1)/ n$$

上述式子所代表的意義是每一列的第 0 欄的值一定為 1。例如：${}_0C_0 = 1$、${}_1C_0 = 1$、${}_2C_0 = 1$、${}_3C_0 = 1$…以此類推。

一旦每一列的第 0 欄元素的值為數字 1 確立後，該列的每一欄的元素值，都可以由同一列前一欄的值，依據底下公式計算得到：

$${}_rC_n = {}_rC_{n-1} * (r - n + 1) / n$$

舉例來說：

❶ 第 0 列巴斯卡三角形的求值過程

當 r=0，n=0，即第 0 列（row=0）、第 0 欄（column=0），所對應的數字為 0。

此時的巴斯卡三角形外觀如下：

```
1
```

❷ 第 1 列巴斯卡三角形的求值過程

- 當 r=1，n=0，代表第 1 列第 0 欄，所對應的數字 ${}_1C_0 =1$。
- 當 r=1，n=1，即第 1 列（row=1）、第 1 欄（column=1），所對應的數字 ${}_1C_1$。

請代入公式 ${}_rC_n = {}_rC_{n-1} * (r - n + 1) / n$：（其中 r=1，n=1）

可以推演出底下的式子：

$${}_1C_1 = {}_1C_0 * (1 - 1 + 1) / 1=1*1=1$$

得到的結果是 ${}_1C_1 = 1$

此時的巴斯卡三角形外觀如下：

```
  1
1   1
```

❸ 第 2 列巴斯卡三角形的求值過程

依上述的計算每一列中各元素值的求值過程，可以推得 ${}_2C_0$ =1、${}_2C_1$ =2、${}_2C_2$=1。

此時的巴斯卡三角形外觀如下：

```
    1
  1   1
1   2   1
```

❹ 第 3 列巴斯卡三角形的求值過程

依上述的計算每一列中各元素值的求值過程，可以推得 ${}_3C_0$ =1、${}_3C_1$ =3、${}_3C_2$=3、${}_3C_3$ =1。

此時的巴斯卡三角形外觀如下：

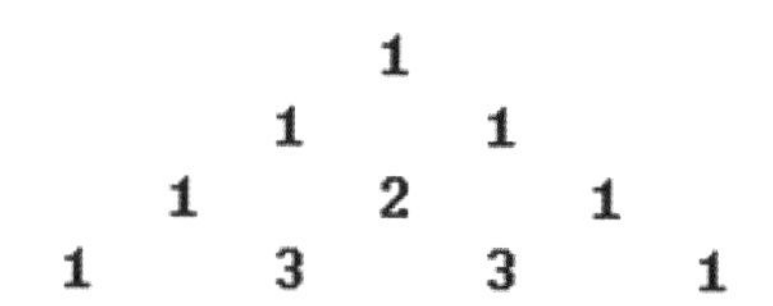

同理，可以陸續推算出第 4 列、第 5 列、第 6 列、…等所有巴斯卡三角形各列的元素。

範例 Pascal.py ┃ 請利用 for 迴圈設計一個第 1 列到第 4 列巴斯卡三角形的求值過程。

```
01 def rCn(r, n):
02     if n==0:
03         return 1
04     else:
05         return rCn(r, n - 1) * (r - n + 1) // n
06
```

```
07  height = 4
08  for h in range(1,height+1):
09      c = [[rCn(r, n) for n in range(r + 1)] for r in range(h)]
10      print('第',h,'列巴斯卡三角形的求值過程')
11      print('==============================')
12      for r in range(len(c)):
13          print(("%" + str((len(c) - r) * 3) + "s") % "", end = "")
14          for n in range(len(c[r])):
15              print("%6d" % c[r][n], end = "")
16          print()
17      print('==============================\n')
```

執行結果

```
第 1 列巴斯卡三角形的求值過程
==============================
         1
==============================

第 2 列巴斯卡三角形的求值過程
==============================
            1
         1     1
==============================

第 3 列巴斯卡三角形的求值過程
==============================
               1
            1     1
         1     2     1
==============================

第 4 列巴斯卡三角形的求值過程
==============================
                  1
               1     1
            1     2     1
         1     3     3     1
==============================
```

8-1-2 插入排序演算法

插入排序法（Insert Sort）則是將陣列中的元素，逐一與已排序好的資料作比較，如前兩個元素先排好，再將第三個元素插入適當的位置，所以這三個元素仍然是已排序好，接著再將第四個元素加入，重複此步驟，直到排序完成為止。各位可以看做是在一串有序的記錄 R_1、R_2…R_i，插入新的記錄 R，使得 i+1 個記錄排序妥當。

以下利用 55、23、87、62、16 數列的由小到大排序過程，來說明插入排序法的演算流程。下圖中，在步驟二，以 23 為基準與其他元素比較後，放到適當位置（55 的前面），步驟三則拿 87 與其他兩個元素比較，接著 62 在比較完前三個數後插入 87 的前面…將最後一個元素比較完後即完成排序：

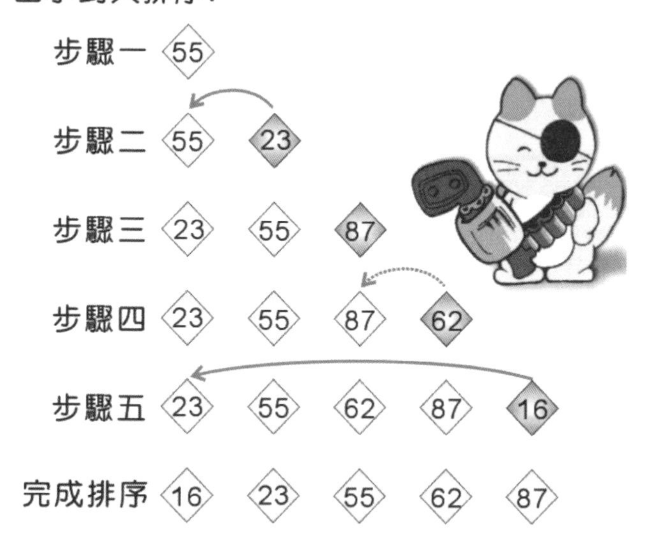

範例 insert.py ▌請設計一 Python 程式，並使用插入排序法來將以下的數列排序：

```
16,25,39,27,12,8,45,63
```

```
01 SIZE=8          # 定義陣列大小
02 def showdata(data):
03     for i in range(SIZE):
04         print('%3d' %data[i],end='')    # 列印陣列資料
05     print()
06 
07 def insert(data):
08     for i in range(1,SIZE):
09         tmp=data[i] #tmp 用來暫存資料
10         no=i-1
11         while no>=0 and tmp<data[no]:
12             data[no+1]=data[no]      # 就把所有元素往後推一個位置
13             no-=1
14         data[no+1]=tmp # 最小的元素放到第一個元素
15 
16 def main():
17     data=[16,25,39,27,12,8,45,63]
18     print('原始陣列是：')
19     showdata(data)
20     insert(data)
21     print('排序後陣列是：')
22     showdata(data)
23 
24 main()
```

執行結果

```
原始陣列是：
 16 25 39 27 12  8 45 63
排序後陣列是：
  8 12 16 25 27 39 45 63
```

8-1-3 謝耳排序演算法

我們知道當原始記錄的鍵值大部分已排序好的情況下，插入排序法會非常有效率，因為它不需做太多的資料搬移動作。「謝耳排序法」是 D. L. Shell 在 1959 年 7 月所發明的一種排序法，可以減少插入排序法中資料搬移的次數，以加速排序進行。排序的原理是將資料區分成特定間隔的幾個小區塊，以插入排序法排完區塊內的資料後再漸漸減少間隔的距離。

以下利用 63、92、27、36、45、71、58、7 數列由小到大排序過程，來說明謝耳排序法的演算流程：

❶ 首先將所有資料分成 Y：(8div2) 即 Y=4，稱為劃分數。請注意！劃分數不一定要是 2，最好能夠是質數。但為演算法方便，所以我們習慣選 2。則一開始的間隔設定為 8/2 區隔成：

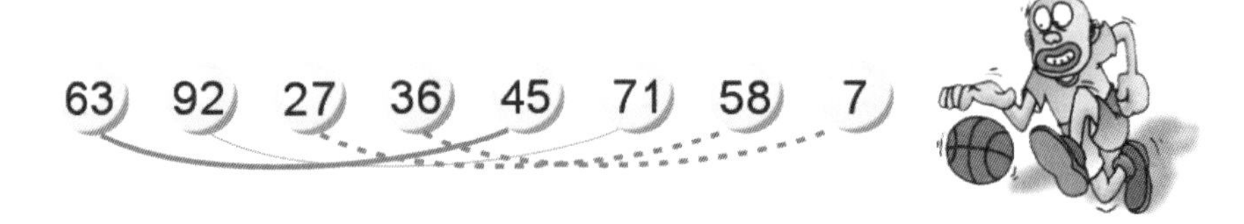

❷ 如此一來可得到四個區塊分別是：(63,45)(92,71)(27,58)(36,7)，再各別用插入排序法排序成為：(45,63)(71,92)(27,58)(7,36)

45 71 27 7 63 92 58 36

❸ 接著再縮小間隔為 (8/2)/2。

❹ (45,27,63,58)(71,7,92,36) 分別用插入排序法後得到。

27 7 45 36 58 71 63 92

❺ 最後再以 ((8/2)/2)/2 的間距做插入排序，也就是每一個元素進行排序得到最後的結果。

7 27 36 45 58 63 71 92

範例 shell.py ┃ 請設計一 Python 程式，並使用謝耳排序法來將以下的數列排序：

```
16,25,39,27,12,8,45,63
```

```
01  SIZE=8
02
03  def showdata(data):
04      for i in range(SIZE):
05          print('%3d' %data[i],end='')
```

```
06      print()
07
08  def shell(data,size):
09      k=1 #k 列印計數
10      jmp=size//2
11      while jmp != 0:
12          for i in range(jmp, size):  #i 為掃描次數 jmp 為設定間距位移量
13              tmp=data[i] #tmp 用來暫存資料
14              j=i-jmp   # 以 j 來定位比較的元素
15              while tmp<data[j] and j>=0:  # 插入排序法
16                  data[j+jmp] = data[j]
17                  j=j-jmp
18              data[jmp+j]=tmp
19          print('第 %d 次排序過程：' %k,end='')
20          k+=1
21          showdata (data)
22          print('-----------------------------------------')
23          jmp=jmp//2     # 控制迴圈數
24
25  def main():
26      data=[16,25,39,27,12,8,45,63]
27      print('原始陣列是：      ')
28      showdata (data)
29      print('-----------------------------------------')
30      shell(data,SIZE)
31
32  main()
```

執行結果

```
原始陣列是：
 16 25 39 27 12  8 45 63
-----------------------------------------
第 1 次排序過程： 12  8 39 27 16 25 45 63
-----------------------------------------
第 2 次排序過程： 12  8 16 25 39 27 45 63
-----------------------------------------
第 3 次排序過程：  8 12 16 25 27 39 45 63
-----------------------------------------
```

8-1-4 基數排序演算法

基數排序法和我們之前所討論到的排序法不太一樣，它並不需要進行元素間的比較動作，而是屬於一種分配模式排序方式。基數排序法依比較的方向可分為最有效鍵優先（Most Significant Digit First, MSD）和最無效鍵優先（Least Significant Digit First, LSD）。MSD 法是從最左邊的位數開始比較，而 LSD 則是從最右邊的位數開始比較。

以下範例將以 LSD 將三位數的整數資料來加以排序，它是依個位數、十位數、百位數來進行排序。請直接看以下最無效鍵優先（LSD）例子的說明，便可清楚的知道它的動作原理：

原始資料如下：

59	95	7	34	60	168	171	259	372	45	88	133

STEP 1 把每個整數依其個位數字放到串列中：

個位數字	0	1	2	3	4	5	6	7	8	9
資料	60	171	372	133	34	95 45		7	168 88	59 259

合併後成為：

60	171	372	133	34	95	45	7	168	88	59	259

STEP 2 再依其十位數字，依序放到串列中：

十位數字	0	1	2	3	4	5	6	7	8	9
資料	7			133 34	45	59 259	60 168	171 372	88	95

合併後成為：

7	133	34	45	59	259	60	168	171	372	88	95

STEP 3 再依其百位數字，依序放到串列中：

百位數字	0	1	2	3	4	5	6	7	8	9
資料	7 34 45 59 60 88 95	133 168 171	259	372						

最後合併即完成排序：

7	34	45	59	60	88	95	133	168	171	259	372

範例 radix.py ▌請設計一 Python 程式，並使用基數排序法來排序。

```
01  # 基數排序法 由小到大排序
02  import random
03
04  def inputarr(data,size):
05      for i in range(size):
06          data[i]=random.randint(0,999) # 設定 data 值最大為 3 位數
07
08  def showdata(data,size):
09      for i in range(size):
10          print('%5d' %data[i],end='')
11      print()
12
```

```
13 def radix(data,size):
14      n=1  #n 為基數，由個位數開始排序
15      while n<=100:
16          tmp=[[0]*100 for row in range(10)] # 設定暫存陣列，[0~9 位
   數][資料個數]，所有內容均為 0
17          for i in range(size): # 比對所有資料
18              m=(data[i]//n)%10# m 為 n 位數的值，如 36 取十位數
   (36/10)%10=3
19              tmp[m][i]=data[i]# 把 data[i] 的值暫存於 tmp 裡
20          k=0
21          for i in range(10):
22              for j in range(size):
23                  if tmp[i][j] != 0:    # 因一開始設定 tmp ={0}，故不
   為 0 者即為
24                      data[k]=tmp[i][j] # data 暫存在 tmp 裡的值，把
   tmp 裡的值放
25                      k+=1              # 回 data[ ] 裡
26          print('經過 %3d 位數排序後：' %n,end='')
27          showdata(data,size)
28          n=10*n
29
30 def main():
31     data=[0]*100
32     size=int(input('請輸入陣列大小 (100 以下)：'))
33     print('您輸入的原始資料是：')
34     inputarr (data,size)
35     showdata (data,size)
36     radix (data,size)
37
38 main()
```

執行結果

```
請輸入陣列大小(100以下)：10
您輸入的原始資料是：
  475   18  182  175  132  135   47  608  279  827
經過  1位數排序後：  182  132  475  175  135   47  827   18  608  279
經過 10位數排序後：  608   18  827  132  135   47  475  175  279  182
經過100位數排序後：   18   47  132  135  175  182  279  475  608  827
```

8-2 人人都有獎的枚舉邏輯思維

枚舉邏輯思維，又稱為窮舉法，是一種常見的數學方法，在數量關係中也是一種比較基礎的方法，算是在日常中使用到最多的演算法，核心思想為當我們發現題目中並沒有用到所學的公式或方程式時，根據問題要求，一一枚舉出所有問題的解答，最終達到解決整個問題的目的，但最大缺點就是速度太慢。

例如我們想將 A 與 B 兩字串連接起來，也就是將 B 字串接到 A 字串後方，此時利用將 B 字串的每一個字元，從第一個字元開始逐步連結到 A 字串的最後一個字元。

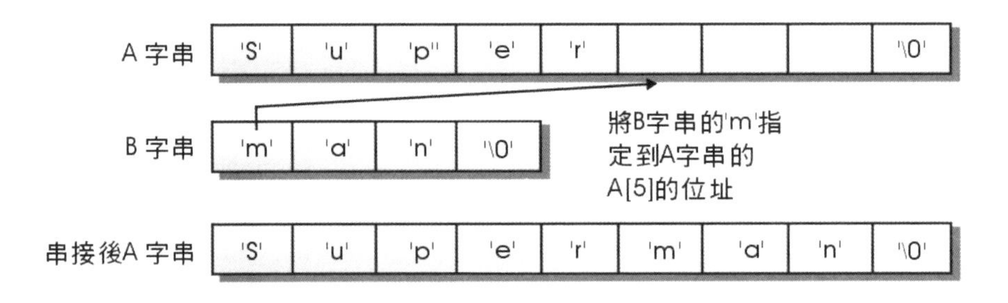

Python 裡的 + 運算子可以用來連接字串，例如字串相加：

```
strA= 'Hello Andy, '
strB= 'how are you?'
print (strA+strB) # 執行結果：Hello Andy, how are you?
```

再來看一個例子，當某數 1000 依次減去 1,2,3⋯直到哪一數時，相減的結果開始為負數，這是很單純的枚舉法應用，只要依序減去 1,2,3,4,5,6...?

1000-1-2-3-4-5-6...?< 0

如果以枚舉法來求解這個問題，演算法過程如下：

1000- 1 = 999
999- 2 = 997
999- 3 = 994
999- 4 = 990
: : = :
: : = :
: : = :
139-42 = 97
97-43 = 54
54-44 = 10
10-45 = -35

開始產生負數，依枚舉法得知，一直到減到數字 45，相減的結果開始為負數

簡單來說，枚舉法的核心概念就是將要分析的項目在不遺漏的情況下逐一枚舉列出，再從所枚舉列出的項目中去找到自己所需要的目標物。

範例 enumeration.py ▍請設計一 Python 程式，並使用枚舉法，當數字 1000 依次減去 1,2,3…直到哪一數時，相減的結果開始為負數。

```
01 num=1000
02 i=1
03 while True:
04     num=num-i
05     if num<0:
06         break
07     i=i+1
08 print(num)
09 print('依枚舉法得知，一直到減到數字',i,'，相減的結果開始為負數')
```

執行結果

```
-35
依枚舉法得知,一直到減到數字 45 ,相減的結果開始為負數
```

8-2-1 三個小球放入三個盒子

接下來所學的例子也很有趣，我們把 3 個相同的小球放入 A，B，C 三個小盒中，請問共有多少種不同的放法？分析枚舉法的關鍵是分類，本題分類的方法有很多，如可以分成這樣三類：3 個球放在一個盒子裡，2 個球放在一個盒子裡，另一個球放一個盒子裡，3 個球分 3 個盒子放。

第一類：3 個球放在一個盒子裡會有底下三種可能性：

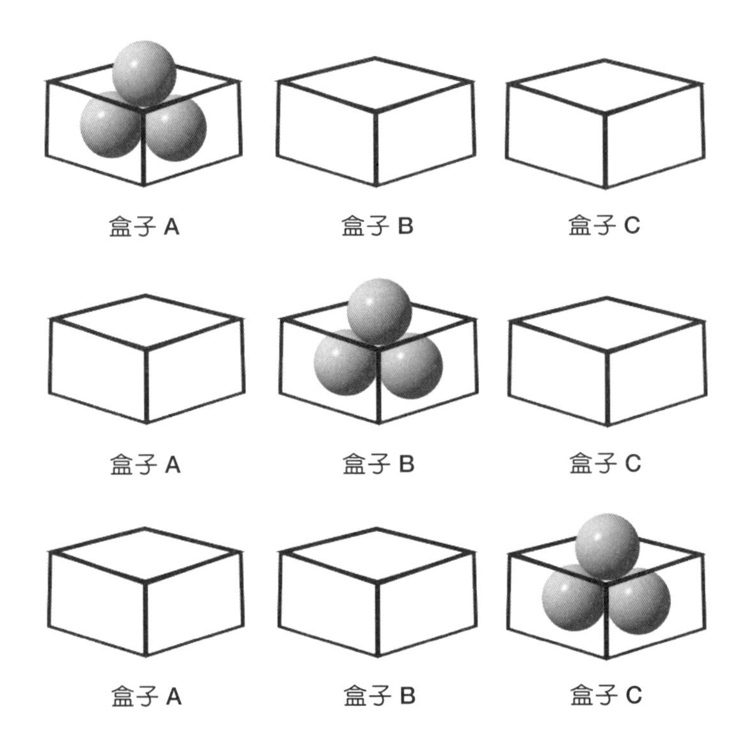

第二類：2 個球放在一個盒子裡，另一個球放一個盒子裡會有底下六種可能性：

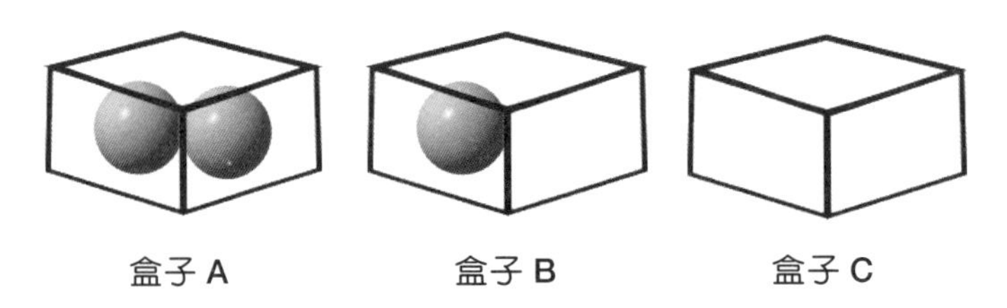

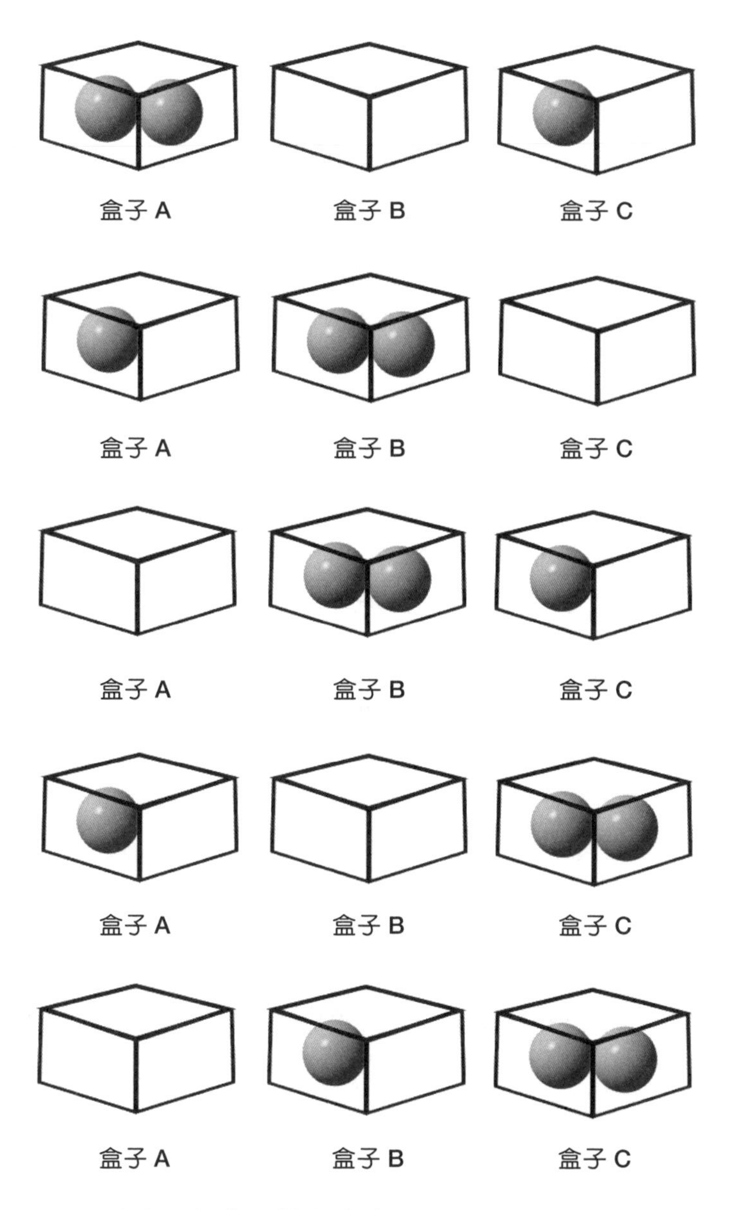

第三類：3 個球分 3 個盒子放會有底下一種可能性：

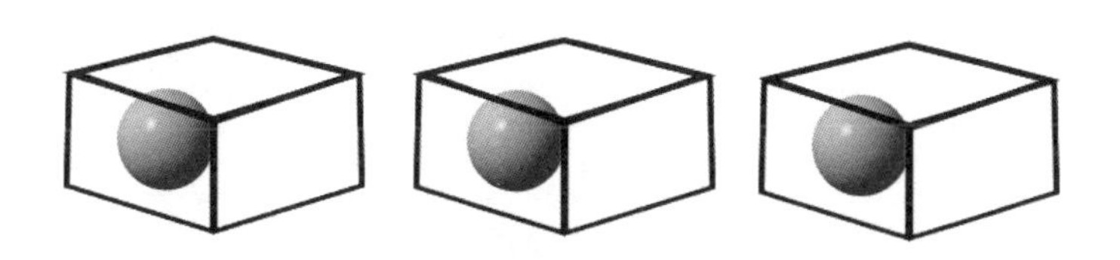

依據枚舉法的精神共找出上述 10 種方式。

範例 putball.py ┃ 請設計一 Python 程式，可以讓使用者決定多少球及多少盒子，然後將球輸出到盒子的所有可能性，例如將 3 顆球放入 3 個盒子，依枚舉法的精神共有 10 種方式。

```
01 '''
02 n 為球的數目
03 m 為盒子數目
04 box_list 為紀錄各個盒子串列所放入球的個數
05 當 m=1 表示此盒子串列只有一個元素：
06    例如 [3] 表示這個盒子放入 3 顆球
07 當 m=2 表示此盒子串列有二個盒：
08    例如 [1,2] 表示第 1 個盒子放入 1 顆球，
09                 第 2 個盒子放入 2 顆球
10 當 m=3 表示此盒子串列有三個盒子：
11    例如 [1,2,0] 表示第 1 個盒子放入 1 顆球，
12                     第 2 個盒子放入 2 顆球，
13                     第 3 個盒子放入 0 顆球
14    例如 [3,0,0] 表示第 1 個盒子放入 3 顆球，
15                     第 2 個盒子放入 0 顆球，
16                     第 3 個盒子放入 0 顆球
17 index 是用來作為盒子串列的索引
18 '''
19 def ball_to_box(n,m,box_list,index):
20     if m==0: # 如果只有一個盒子則所有球全部放入
21         box_list[index]=n
22         print(box_list)
23         return
24     for i in range(n+1):
25         box_list[index]=i
26         ball_to_box(n-i,m-1,box_list,index+1)
27 n=1   # 預設至少一顆球
28 while n!=0:
```

```
29       n=int(input('請輸入球的數目：'))
30       m=int(input('請輸入盒子數目：'))
31       box_list=[0 for i in range(0,m)] #每個盒子歸零
32       ball_to_box(n,m-1,box_list,0)
33       again=input('是否要繼續 y 或 n ?')
34       if again==('n' or 'N'):
35           break
36   print('歡迎您的使用，程式結束!!!')
```

執行結果

```
請輸入球的數目：1
請輸入盒子數目：1
[1]
是否要繼續 y 或 n ?y
請輸入球的數目：2
請輸入盒子數目：1
[2]
是否要繼續 y 或 n ?y
請輸入球的數目：3
請輸入盒子數目：1
[3]
是否要繼續 y 或 n ?y
請輸入球的數目：1
請輸入盒子數目：2
[0, 1]
[1, 0]
是否要繼續 y 或 n ?y
請輸入球的數目：2
請輸入盒子數目：2
[0, 2]
[1, 1]
[2, 0]
是否要繼續 y 或 n ?y
請輸入球的數目：3
```

```
請輸入盒子數目： 2
[0, 3]
[1, 2]
[2, 1]
[3, 0]
是否要繼續 y 或 n ?y
請輸入球的數目： 1
請輸入盒子數目： 3
[0, 0, 1]
[0, 1, 0]
[1, 0, 0]
是否要繼續 y 或 n ?y
請輸入球的數目： 2
請輸入盒子數目： 3
[0, 0, 2]
[0, 1, 1]
[0, 2, 0]
[1, 0, 1]
[1, 1, 0]
[2, 0, 0]
是否要繼續 y 或 n ?y
請輸入球的數目： 3
請輸入盒子數目： 3
[0, 0, 3]
[0, 1, 2]
[0, 2, 1]
[0, 3, 0]
[1, 0, 2]
[1, 1, 1]
[1, 2, 0]
[2, 0, 1]
[2, 1, 0]
[3, 0, 0]
是否要繼續 y 或 n ?n
歡迎您的使用，程式結束！!!
```

8-2-2 質數求解演算法

所謂質數是一種大於 1 的數，除了自身之外，無法被其他整數整除的數，例如：2,3,5,7,11,13,17,19,23,…..。如何快速得出質數，在此特別推薦 Eratosthenes 求質數方法。首先假設要檢查的數是 N，接著請依下列的步驟說明，就可以判斷數字 N 是否為質數？在求質數過程中，可以適時運用一些技巧以減少迴圈的檢查次數，來加速質數的判斷工作。

除了判斷一個數是否為質數外，要求質數很簡單，此問題可以使用迴圈將數字 N 除以所有小於它的數，若可以整除就不是質數，而且只要檢查至 N 的開根號就可以了。這是因為如果 N=A*B，如果 A 大於 N 的開根號，但在小於 A 之前就已先檢查過 B 這個數。由於開根號常會碰到浮點數精確度的問題，因此為了讓迴圈檢查的速度加快，可以使用整數 i 及 i*i<=N 的判斷式來決定要檢查到哪一個數就停止。

舉例來說要判斷 89 是否為質數只需判斷到數字 i=8 即可。過程如下：

89 mod 2=1（無法整除）

89 mod 3=2（無法整除）

89 mod 4=1（無法整除）

89 mod 5=4（無法整除）

89 mod 6=5（無法整除）

89 mod 7=5（無法整除）

89 mod 8=1（無法整除）

結論：計算到 i*i<=N=89，推算出 i=8，迴圈到此都還無法求出一個數字可以整除，就可以判 89 這個數字為質數。

再來看另外一個例子，要判斷 91 是否為質數只需判斷到數字 i=8 即可。過程如下：

91 mod 2=1（無法整除）

91 mod 3=1（無法整除）

91 mod 4=3（無法整除）

91 mod 5=1（無法整除）

91 mod 6=1（無法整除）

91 mod 7=0（可以整除）

結論：還沒計算到 i*i<=N=91，i=8，迴圈到此已找到數字 7 可以整除 91，就可以判 91 這個數字不是質數。

範例 prime.py ┃ 請設計一 Python 程式，在求質數過程中，可以適時運用一些技巧以減少迴圈的檢查次數，來加速質數的判斷工作。

```
01  import math
02  def is_prime(n):
03      i=2
04      while i<=math.sqrt(n):
05          if n % i == 0:  # 如果整除,i 是 n 的因數,回傳 False
06              return False
07          i=i+1
08      return True
09
10  n = int(input('請輸入一個數字：'))
11  if is_prime(n):
```

```
12        print(n,'是質數')
13    else:
14        print(n,'不是質數')')
```

執行結果

```
請輸入一個數字: 89
89 是質數
```

8-2-3 循序搜尋演算法

循序搜尋法又稱線性搜尋法，是最簡單的搜尋法。它的方法是將資料一筆一筆的循序逐次搜尋。所以不管資料順序為何，都得從頭到尾走訪過一次。此法的優點是檔案在搜尋前不需要作任何的處理與排序，缺點為搜尋速度較慢。如果資料沒有重複，找到資料就可中止搜尋，但最差狀況是未找到資料時，就需作 n 次比較，因此最好狀況是一次就找到，只需 1 次比較。

假設已存在數列 74,53,61,28,99,46,88，如果要搜尋 28 需要比較 4 次；搜尋 74 僅需比較 1 次；搜尋 88 則需搜尋 7 次，這表示當搜尋的數列長度 n 很大時，利用循序搜尋是不太適合的，它是一種適用在小檔案的搜尋方法。在日常生活中，我們經常會使用到這種搜尋法，例如各位想在衣櫃中找衣服時，通常會從櫃子最上方的抽屜逐層尋找。

範例 sequential.py ┃ 請設計一 Python 程式，以亂數產生 1~150 間的 80 個整數，並實作循序搜尋法的過程。

```
01  import random
02
03  val=0
04  data=[0]*80
05  for i in range(80):
06      data[i]=random.randint(1,150)
07  while val!=-1:
08      find=0
09      val=int(input('請輸入搜尋鍵值(1-150)，輸入-1離開：'))
10      for i in range(80):
11          if data[i]==val:
12              print('在第 %3d個位置找到鍵值 [%3d]' %(i+1,data[i]))
13              find+=1
14      if find==0 and val !=-1 :
15          print('######沒有找到 [%3d]######' %val)
16  print('資料內容：')
17  for i in range(10):
18      for j in range(8):
19          print('%2d[%3d]  ' %(i*8+j+1,data[i*8+j]),end='')
20      print('')
```

執行結果

```
請輸入搜尋鍵值(1-150), 輸入-1離開: 76
######沒有找到 [ 76]######
請輸入搜尋鍵值(1-150), 輸入-1離開: 78
在第  26個位置找到鍵值 [ 78]
請輸入搜尋鍵值(1-150), 輸入-1離開: -1
資料內容:
 1[ 71]   2[ 23]   3[ 16]   4[ 52]   5[ 86]   6[ 16]   7[  5]   8[132]
 9[ 43]  10[  6]  11[ 31]  12[128]  13[ 30]  14[  8]  15[ 34]  16[139]
17[ 33]  18[ 84]  19[114]  20[113]  21[ 61]  22[ 15]  23[108]  24[139]
25[108]  26[ 78]  27[ 96]  28[118]  29[ 55]  30[ 55]  31[134]  32[ 54]
33[ 37]  34[  3]  35[120]  36[ 48]  37[103]  38[138]  39[144]  40[122]
41[ 16]  42[146]  43[  6]  44[ 22]  45[ 62]  46[113]  47[104]  48[ 47]
49[ 33]  50[ 57]  51[ 90]  52[135]  53[  1]  54[122]  55[102]  56[ 42]
57[ 23]  58[  1]  59[105]  60[130]  61[136]  62[ 66]  63[ 89]  64[ 96]
65[ 88]  66[ 15]  67[ 84]  68[117]  69[ 88]  70[ 99]  71[ 61]  72[ 65]
73[143]  74[ 19]  75[ 13]  76[ 21]  77[ 47]  78[ 73]  79[130]  80[ 85]
```

8-2-4 氣泡排序法

氣泡排序法又稱為交換排序法，是由觀察水中氣泡變化構思而成，原理是由第一個元素開始，比較相鄰元素大小，若大小順序有誤，則對調後再進行下一個元素的比較，就彷彿氣泡由水底逐漸冒升到水面上一樣。如此掃瞄過一次之後就可確保最後一個元素是位於正確的順序。接著再逐步進行第二次掃瞄，直到完成所有元素的排序關係為止。

以下我們利用 55、23、87、62、16 的排序過程，您可以清楚知道氣泡排序法的演算流程：

由小到大排序

❶ 第一次掃瞄會先拿第一個元素 55 和第二個元素 23 作比較，如果第二個元素小於第一個元素，則作交換的動作。接著拿 55 和 87 作比較，就這樣一直比較並交換，到第 4 次比較完後即可確定最大值在陣列的最後面。

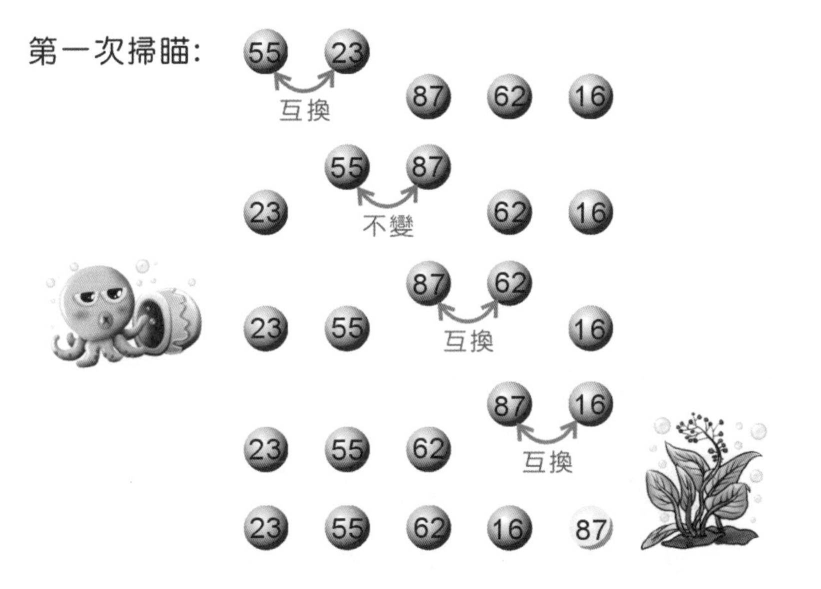

❷ 第二次掃瞄亦從頭比較起，但因最後一個元素在第一次掃瞄就已確定是陣列最大值，故只需比較 3 次即可把剩餘陣列元素的最大值排到剩餘陣列的最後面。

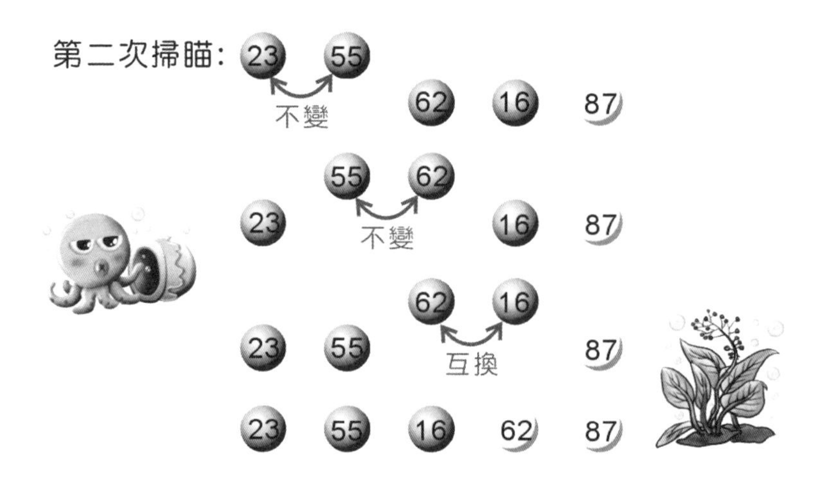

❸ 第三次掃瞄完，完成三個值的排序。

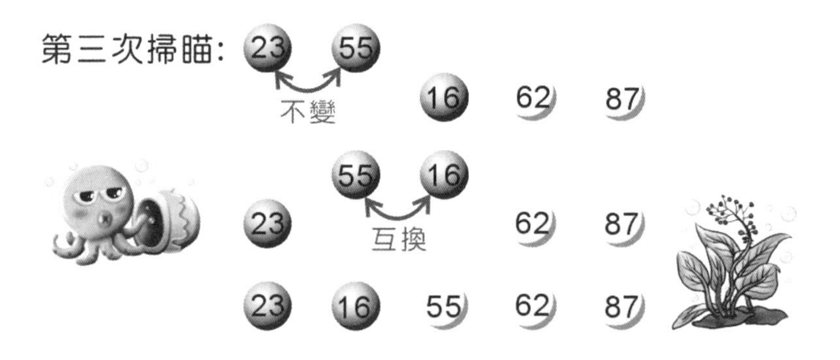

❹ 第四次掃瞄完，即可完成所有排序。

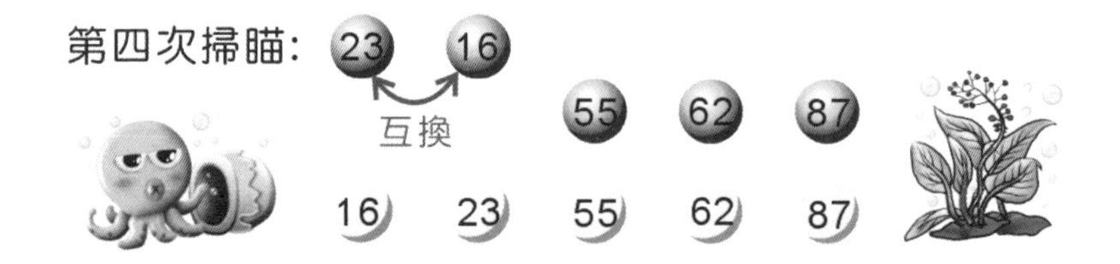

由此可知 5 個元素的氣泡排序法必須執行 5-1 次掃瞄，第一次掃瞄需比較 5-1 次，共比較 4+3+2+1=10 次。

範例 bubble.py ▎請設計一 Python 程式，並使用氣泡排序法來將以下的數列排序：

```
16,25,39,27,12,8,45,63
```

```
01  data=[16,25,39,27,12,8,45,63]# 原始資料
02  print('氣泡排序法：原始資料為：')
03  for i in range(8):
04      print('%3d' %data[i],end='')
05  print()
06
07  for i in range(7,-1,-1): #掃描次數
08      for j in range(i):
09          if data[j]>data[j+1]:#比較，交換的次數
10              data[j],data[j+1]=data[j+1],data[j]#比較相鄰兩數，如果
    第一數較大則交換
11      print('第 %d 次排序後的結果是：' %(8-i),end='') #把各次掃描後的結
    果印出
12      for j in range(8):
13          print('%3d' %data[j],end='')
14      print()
15
16  print('排序後結果為：')
17  for j in range(8):
18      print('%3d' %data[j],end='')
19  print()
```

執行結果

```
氣泡排序法：原始資料為：
 16 25 39 27 12  8 45 63
第 1 次排序後的結果是：  16 25 27 12  8 39 45 63
第 2 次排序後的結果是：  16 25 12  8 27 39 45 63
第 3 次排序後的結果是：  16 12  8 25 27 39 45 63
第 4 次排序後的結果是：  12  8 16 25 27 39 45 63
第 5 次排序後的結果是：   8 12 16 25 27 39 45 63
第 6 次排序後的結果是：   8 12 16 25 27 39 45 63
第 7 次排序後的結果是：   8 12 16 25 27 39 45 63
第 8 次排序後的結果是：   8 12 16 25 27 39 45 63
排序後結果為：
   8 12 16 25 27 39 45 63
```

8-2-5 選擇排序演算法

選擇排序法（Selection Sort）也算是枚舉法的應用，概念就是反覆從未排序的數列中取出最小的元素，加入到另一個的數列，結果即為已排序的數列。選擇排序法可使用兩種方式排序，一為在所有的資料中，當由大至小排序，則將最大值放入第一位置；若由小至大排序時，則將最大值放入位置末端。例如一開始在所有的資料中挑選一個最小項放在第一個位置（假設是由小到大），再從第二筆開始挑選一個最小項放在第 2 個位置，依樣重複，直到完成排序為止。

以下利用 55、23、87、62、16 數列的由小到大排序過程，來說明選擇排序法的演算流程：

原始值：55 23 87 62 16

❶ 首先找到此數列中最小值後與第一個元素交換。

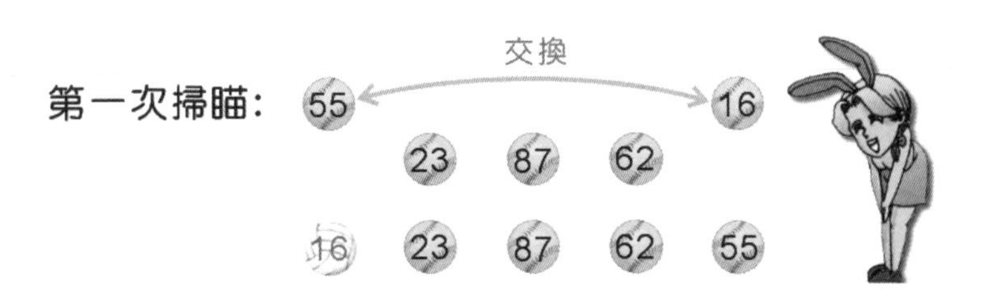

❷ 從第二個值找起，找到此數列中（不包含第一個）的最小值，再和第二個值交換。

❸ 從第三個值找起，找到此數列中（不包含第一、二個）的最小值，再和第三個值交換。

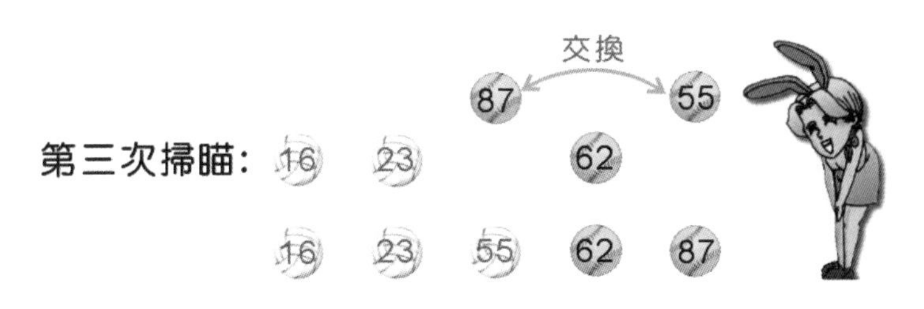

❹ 從第四個值找起，找到此數列中（不包含第一、二、三個）的最小值，再和第四個值交換，則此排序完成。

範例 selection.py ▎ **請設計一 Python 程式，並使用選擇排序法來將以下的數列排序：**

```
16,25,39,27,12,8,45,63
```

```
01  def showdata (data):
02      for i in range(8):
03          print('%3d' %data[i],end='')
04      print()
05
06  def select (data):
07      for i in range(7):
08          for j in range(i+1,8):
09              if data[i]>data[j]: # 比較第 i 及第 j 個元素
10                  data[i],data[j]=data[j],data[i]
11      print()
12
13  data=[16,25,39,27,12,8,45,63]
14  print(' 原始資料為：')
15  for i in range(8):
16      print('%3d' %data[i],end='')
17  print('\n-----------------------------------------')
18  select(data)
19  print(" 排序後資料：")
20  for i in range(8):
21      print('%3d' %data[i],end='')
22  print('')
```

執行結果

```
原始資料為：
 16 25 39 27 12  8 45 63
-----------------------------------------

排序後資料：
  8 12 16 25 27 39 45 63
```

8-3 不對就回頭的回溯邏輯思維

回溯法（Backtracking）也算是枚舉法中的一種，對於某些問題而言，回溯法是可以找出所有（或一部分）解的一般性演算法，可隨時避免枚舉不正確的數值，一旦發現不正確的數值，就不遞迴至下一層，而是回溯至上一層節省時間，這種走不通就退回再走的方式。主要是在搜尋過程中尋找問題的解，當發現已不滿足求解條件時，就回溯返回，嘗試別的路徑，避免無效搜索。

8-3-1 老鼠走迷宮實戰攻略

例如老鼠走迷宮就是一種回溯法的應用，老鼠走迷宮問題的陳述是假設把一隻老鼠被放在一個沒有蓋子的大迷宮盒入口處，盒中有許多牆使得大部分的路徑都被擋住而無法前進。

老鼠可以依照嘗試錯誤的方法找到出口。不過這老鼠必須具備走錯路時就會重來一次並把走過的路記起來，避免重複走同樣的路，就這樣直到找到出口為止。簡單說來，老鼠行進時，必須遵守以下三個原則：

① 一次只能走一格。

② 遇到牆無法往前走時，則退回一步找找看是否有其他的路可以走。

③ 走過的路不會再走第二次。

在建立走迷宮程式前，我們先來了解如何在電腦中表現一個模擬迷宮的方式。這時可以利用二維陣列 MAZE[row][col]，並符合以下規則：

```
MAZE[i][j] =1         表示 [i][j] 處有牆，無法通過
           =0         表示 [i][j] 處無牆，可通行
MAZE[1][1] 是入口，MAZE[m][n] 是出口
```

下圖就是一個使用 10*12 二維陣列的模擬迷宮地圖表示圖：

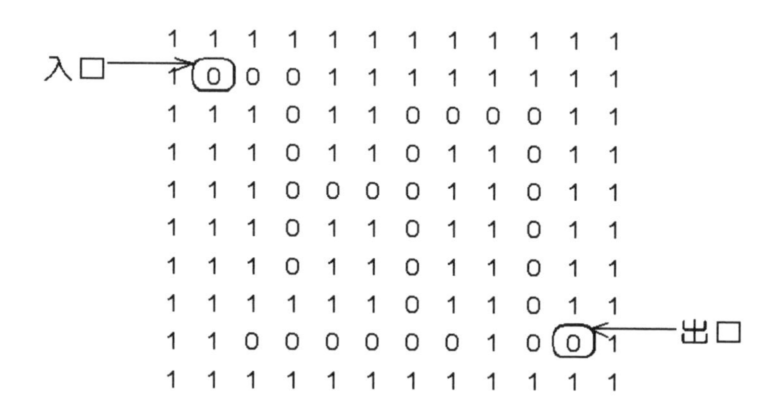

假設老鼠由左上角的 MAZE[1][1] 進入，由右下角的 MAZE[8][10] 出來，老鼠目前位置以 MAZE[x][y] 表示，那麼我們可以將老鼠可能移動的方向表示如下：

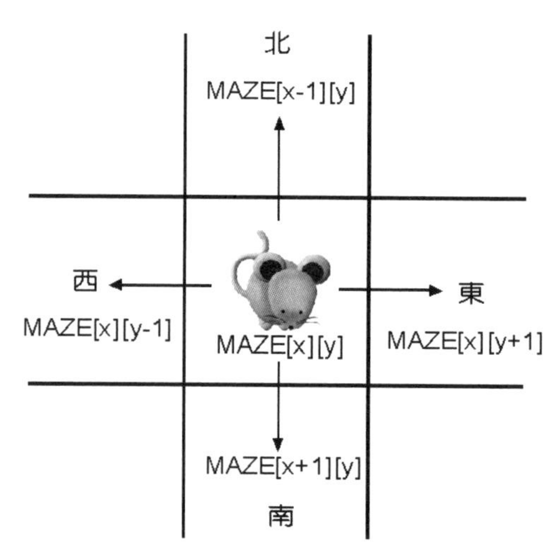

如上圖所示，老鼠可以選擇的方向共有四個，分別為東、西、南、北。但並非每個位置都有四個方向可以選擇，必須視情況來決定，例如 T 字型的路口，就只有東、西、南三個方向可以選擇。

我們可以記錄走過的位置，並且將走過位置的陣列元素內容標示為 2，然後將這個位置放入堆疊再進行下一次的選擇。如果走到死巷子並且還沒有抵達終點，那麼就必須退出上一個位置，直到回到上一個叉路後再選擇其他的路。由於每次新加入的位置必定會在堆疊的最末端，因此堆疊末端指標所指的方格編號便是目前搜尋迷宮出口的老鼠所在的位置。如此一直重複這些動作直到走到出口為止。下圖是以小球來代表迷宮中的老鼠：

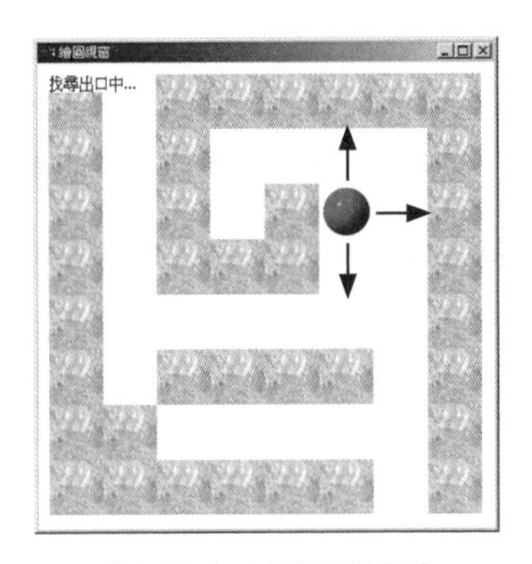

【在迷宮中搜尋出口】

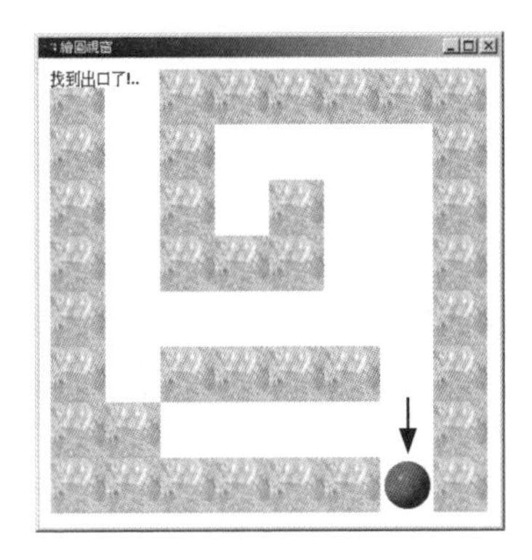

【終於找到迷宮出口】

如上圖的迷宮搜尋概念，以下利用 Python 演算法來加以描述：

```
if 上一格可走：
    加入方格編號到堆疊
    往上走
    判斷是否為出口
elif 下一格可走：
    加入方格編號到堆疊
```

```
        往下走
        判斷是否為出口
elif 左一格可走：
        加入方格編號到堆疊
        往左走
        判斷是否為出口
elif 右一格可走：
        加入方格編號到堆疊
        往右走
        判斷是否為出口
else:
        從堆疊刪除一方格編號
        從堆疊中取出一方格編號
        往回走
```

上面的演算法是每次進行移動時所執行的內容，其主要是判斷目前所在位置的上、下、左、右是否有可以前進的方格，若找到可移動的方格，便將該方格的編號加入到記錄移動路徑的堆疊中，並往該方格移動，而當四周沒有可走的方格時，也就是目前所在的方格無法走出迷宮，必須退回前一格重新再來檢查是否有其他可走的路徑。

範例 maze.py ┃ 請設計一 Python 程式，使用串列堆疊來找出老鼠走迷宮的路線。

```
01 #=============== Program Description ===============
02 # 程式目的： 老鼠走迷宮
03 
04 class Node:
05     def __init__(self,x,y):
06         self.x=x
07         self.y=y
```

```
08          self.next=None
09
10  class TraceRecord:
11      def __init__(self):
12          self.first=None
13          self.last=None
14
15      def isEmpty(self):
16              return self.first==None
17
18      def insert(self,x,y):
19          newNode=Node(x,y)
20          if self.first==None:
21              self.first=newNode
22              self.last=newNode
23          else:
24              self.last.next=newNode
25              self.last=newNode
26
27      def delete(self):
28          if self.first==None:
29              print('[ 佇列已經空了 ]')
30              return
31          newNode=self.first
32          while newNode.next!=self.last:
33              newNode=newNode.next
34          newNode.next=self.last.next
35          self.last=newNode
36
37  ExitX= 8  # 定義出口的 X 座標在第八列
38  ExitY= 10# 定義出口的 Y 座標在第十行
39  # 宣告迷宮陣列
40  MAZE= [[1,1,1,1,1,1,1,1,1,1,1,1], \
41         [1,0,0,0,1,1,1,1,1,1,1,1], \
```

```
42          [1,1,1,0,1,1,0,0,0,0,1,1], \
43          [1,1,1,0,1,1,0,1,1,0,1,1], \
44          [1,1,1,0,0,0,0,1,1,0,1,1], \
45          [1,1,1,0,1,1,0,1,1,0,1,1], \
46          [1,1,1,0,1,1,0,1,1,0,1,1], \
47          [1,1,1,1,1,1,0,1,1,0,1,1], \
48          [1,1,0,0,0,0,0,0,1,0,0,1], \
49          [1,1,1,1,1,1,1,1,1,1,1,1]]
50
51  def chkExit(x,y,ex,ey):
52      if x==ex and y==ey:
53          if(MAZE[x-1][y]==1 or MAZE[x+1][y]==1 or MAZE[x][y-1]
    ==1 or MAZE[x][y+1]==2):
54              return 1
55          if(MAZE[x-1][y]==1 or MAZE[x+1][y]==1 or MAZE[x][y-1]
    ==2 or MAZE[x][y+1]==1):
56              return 1
57          if(MAZE[x-1][y]==1 or MAZE[x+1][y]==2 or MAZE[x][y-1]
    ==1 or MAZE[x][y+1]==1):
58              return 1
59          if(MAZE[x-1][y]==2 or MAZE[x+1][y]==1 or MAZE[x][y-1]
    ==1 or MAZE[x][y+1]==1):
60              return 1
61      return 0
62
63  # 主程式
64
65
66  path=TraceRecord()
67  x=1
68  y=1
69
70  print('[迷宮的路徑(0的部分)]')
71  for i in range(10):
```

```
72      for j in range(12):
73          print(MAZE[i][j],end='')
74      print()
75  while x<=ExitX and y<=ExitY:
76      MAZE[x][y]=2
77      if MAZE[x-1][y]==0:
78          x -= 1
79          path.insert(x,y)
80      elif MAZE[x+1][y]==0:
81          x+=1
82          path.insert(x,y)
83      elif MAZE[x][y-1]==0:
84          y-=1
85          path.insert(x,y)
86      elif MAZE[x][y+1]==0:
87          y+=1
88          path.insert(x,y)
89      elif chkExit(x,y,ExitX,ExitY)==1:
90          break
91      else:
92          MAZE[x][y]=2
93          path.delete()
94          x=path.last.x
95          y=path.last.y
96  print('[老鼠走過的路徑(2的部分)]')
97  for i in range(10):
98      for j in range(12):
99          print(MAZE[i][j],end='')
100     print()
```

執行結果

```
[迷宮的路徑(0的部分)]
111111111111
100011111111
111011000011
111011011011
111000011011
111011011011
111011011011
111111011011
110000001001
111111111111
[老鼠走過的路徑(2的部分)]
111111111111
122211111111
111211222211
111211211211
111222211211
111211011211
111211011211
111111011211
110000001221
111111111111
```

8-4 一學就懂的雜湊演算法

雜湊法是利用雜湊函數來計算一個鍵值所對應的位址，進而建立雜湊表格，且依賴雜湊函數來搜尋找到各鍵值存放在表格中的位址，搜尋速度與資料多少無關，在沒有碰撞和溢位下，一次讀取即可，更包括保密性高，因為其具有不事先知道雜湊函數就無法搜尋的優點。

選擇雜湊函數時，要特別注意不宜過於複雜，設計原則上至少必須符合計算速度快與碰撞頻率儘量小的特點。常見的雜湊法有除法、中間平方法、折疊法及數位分析法。

8-4-1 除法

最簡單的雜湊函數是將資料除以某一個常數後，取餘數來當索引。例如在有 13 個位址的陣列中，只使用到 7 個位址，值分別是 12,65,70,99,33,67,48。那我們就可以把陣列內的值除以 13，並以其餘數來當索引，我們可以用下例這個式子來表示：

```
h(key)=key mod B
```

在這個例子中，我們所使用的 B=13。一般而言，會建議各位在選擇 B 時，B 最好是質數。而上例所建立出來的雜湊表如右所示：

索引	資料
0	65
1	
2	67
3	
4	
5	70
6	
7	33
8	99
9	48
10	
11	
12	12

以下使用除法作為雜湊函數，將下列數字儲存在 11 個空間：323,458,25,340,28,969,77，請問其雜湊表外觀為何？

令雜湊函數為 h(key)=key mod B，其中 B=11 為一質數，這個函數的計算結果介於 0~10 之間 (包括 0 及 10 二數)，則 h(323)=4、h(458)=7、h(25)=3、h(340)=10、h(28)=6、h(969)=1、h(77)=0，如右圖所示。

索引	資料
0	77
1	969
2	
3	25
4	323
5	
6	28
7	458
8	
9	
10	340

8-4-2 中間平方法

中間平方法和除法相當類似，它是把資料乘以自己，之後再取中間的某段數字做索引。在下例中我們用中間平方法，並將它放在 100 位址空間，其操作步驟如下：

❶ 將 12,65,70,99,33,67,51 平方後如下：

```
144,4225,4900,9801,1089,4489,2601
```

❷ 我們取佰位數及十位數作為鍵值，分別為

```
14、22、90、80、08、48、60
```

上述這 7 個數字的數列就是對應原先 12,65,70,99,33,67,51 等 7 個數字存放在 100 個位址空間的索引鍵值，即

```
f(14)=12
f(22)=65
f(90)=70
f(80)=99
f(8)=33
f(48)=67
f(60)=51
```

若實際空間介於 0~9（即 10 個空間），但取百位數及十位數的值介於 0 ～ 99（共有 100 個空間），所以我們必須將中間平方法第一次所求得的鍵值，再行壓縮 1/10 才可以將 100 個可能產生的值對應到 10 個空間，即將每一個鍵值除以 10 取整數（下例我們以 DIV 運算子作為取整數的除法），得到下列的對應關係：

```
f(14 DIV 10)=12          f(1)=12
f(22 DIV 10)=65          f(2)=65
f(90 DIV 10)=70          f(9)=70
f(80 DIV 10)=99  ──→     f(8)=99
f(8 DIV 10) =33          f(0)=33
f(48 DIV 10)=67          f(4)=67
f(60 DIV 10)=51          f(6)=51
```

8-4-3 折疊法

折疊法是將資料轉換成一串數字後，先將這串數字拆成數個部分，最後再把它們加起來，就可以計算出這個鍵值的 Bucket Address。例如有份資料轉換成數字後為 2365479125443，若以每 4 個字為一個部分則可拆為：

2365,4791,2544,3。將四組數字加起來後即為索引值：

```
  2365
  4791
  2544
+    3
------
  9703 → bucket address
```

在折疊法中有兩種作法，如上例直接將每一部分相加所得的值作為其 bucket address，稱為「移動折疊法」。但雜湊法的設計原則之一就是降低碰撞，如果希望降低碰撞的機會，可以將上述每一部分的數字中的奇數位段或偶數位段反轉，再行相加來取得其 bucket address，這種改良式的作法稱為「邊界折疊法（folding at the boundaries）」。請看下例的說明：

狀況一：將偶數位段反轉

```
  2365（第 1 位段屬於奇數位段故不反轉）
  1974（第 2 位段屬於偶數位段要反轉）
  2544（第 3 位段屬於奇數位段故不反轉）
+    3（第 4 位段屬於偶數位段要反轉）
------
  6886 → bucket address
```

狀況二：將奇數位段反轉

```
  5632（第 1 位段屬於奇數位段要反轉）
  4791（第 2 位段屬於偶數位段故不反轉）
  4452（第 3 位段屬於奇數位段要反轉）
+    3（第 4 位段屬於偶數位段故不反轉）
------
 14878 → bucket address
```

8-4-4 數位分析法

數位分析法適用於資料不會更改，且為數字型態的靜態表。在決定雜湊函數時先逐一檢查資料的相對位置及分佈情形，將重複性高的部分刪除。例如下面這個電話表，它是相當有規則性的，除了區碼全部是 07 外，在中間三個數字的變化也不大，假設位址空間大小 m=999，我們必須從下列數字擷取適當的數字，即數字比較不集中，分佈範圍較為平均（或稱亂度高），最後決定取最後那四個數字的末三碼。故最後可得雜湊表為：

電話
07-772-2234
07-772-4525
07-774-2604
07-772-4651
07-774-2285
07-772-2101
07-774-2699
07-772-2694

索引	電話
234	07-772-2234
525	07-772-4525
604	07-774-2604
651	07-772-4651
285	07-774-2285
101	07-772-2101
699	07-774-2699
694	07-772-2694

看完上面幾種雜湊函數之後，各位可以發現雜湊函數並沒有一定規則可循，可能是其中的某一種方法，也可能同時使用好幾種方法，所以雜湊時常被用來處理資料的加密及壓縮。但是雜湊法常會遇到「碰撞」及「溢位」的情況。接下來要了解如果遇到上述兩種情形時，該如何解決。

8-5 破解碰撞與溢位處理的小撇步

沒有一種雜湊函數能夠確保資料經過處理後所得到的索引值都是唯一的，當索引值重複時就會產生碰撞的問題，而碰撞的情形在資料量大的時候特別容易發生。因此，如何在碰撞後處理溢位的問題就顯得相當的重要。常見的溢位處理方法如下。

8-5-1 線性探測法

線性探測法是當發生碰撞情形時，若該索引已有資料，則以線性的方式往後找尋空的儲存位置，一找到位置就把資料放進去。線性探測法通常把雜湊的位置視為環狀結構，如此一來若後面的位置已被填滿而前面還有位置時，可以將資料放到前面。

Python 的線性探測演算法：

```
def create_table(num,index):   # 建立雜湊表副程式
    tmp=num%INDEXBOX     # 雜湊函數 = 資料 %INDEXBOX
    while True:
        if index[tmp]==-1: # 如果資料對應的位置是空的
            index[tmp]=num       # 則直接存入資料
            break
        else:
            tmp=(tmp+1)%INDEXBOX      # 否則往後找位置存放
```

範例 LinearProbing.py ▌ 請設計一 Python 程式，以除法的雜湊函數取得索引值，並以線性探測法來儲存資料。

```
01  import random
02
```

```
03 INDEXBOX=10      # 雜湊表最大元素
04 MAXNUM=7         # 最大資料個數
05
06 def print_data(data,max_number):   # 列印陣列副程式
07     print('\t',end='')
08     for i in range(max_number):
09         print('[%2d] ' %data[i],end='')
10     print()
11
12 def create_table(num,index):   # 建立雜湊表副程式
13     tmp=num%INDEXBOX      # 雜湊函數 = 資料 %INDEXBOX
14     while True:
15         if index[tmp]==-1: # 如果資料對應的位置是空的
16             index[tmp]=num       # 則直接存入資料
17             break
18         else:
19             tmp=(tmp+1)%INDEXBOX     # 否則往後找位置存放
20
21 # 主程式
22 index=[None]*INDEXBOX
23 data=[None]*MAXNUM
24
25 print('原始陣列值：')
26 for i in range(MAXNUM):   # 起始資料值
27     data[i]=random.randint(1,20)
28 for i in range(INDEXBOX): # 清除雜湊表
29     index[i]=-1
30 print_data(data,MAXNUM)    # 列印起始資料
31
32 print('雜湊表內容：')
33 for i in range(MAXNUM):   # 建立雜湊表
34     create_table(data[i],index)
35     print('  %2d =>' %data[i],end='')   # 列印單一元素的雜湊表位置
36     print_data(index,INDEXBOX)
37
38 print('完成雜湊表：')
39 print_data(index,INDEXBOX)   # 列印最後完成結果
```

執行結果

```
原始陣列值：
        [19] [ 9] [ 1] [ 7] [ 8] [11] [ 5]
雜湊表內容：
  19 => [-1] [-1] [-1] [-1] [-1] [-1] [-1] [-1] [-1] [19]
   9 => [ 9] [-1] [-1] [-1] [-1] [-1] [-1] [-1] [-1] [19]
   1 => [ 9] [ 1] [-1] [-1] [-1] [-1] [-1] [-1] [-1] [19]
   7 => [ 9] [ 1] [-1] [-1] [-1] [-1] [-1] [ 7] [-1] [19]
   8 => [ 9] [ 1] [-1] [-1] [-1] [-1] [-1] [ 7] [ 8] [19]
  11 => [ 9] [ 1] [11] [-1] [-1] [-1] [-1] [ 7] [ 8] [19]
   5 => [ 9] [ 1] [11] [-1] [-1] [ 5] [-1] [ 7] [ 8] [19]
完成雜湊表：
        [ 9] [ 1] [11] [-1] [-1] [ 5] [-1] [ 7] [ 8] [19]
```

8-5-2 平方探測法

線性探測法有一個缺失，就是相當類似的鍵值經常會聚集在一起，因此可以考慮以平方探測法來加以改善。在平方探測中，當溢位發生時，下一次搜尋的位址是 $(f(x)+i^2) \bmod B$ 與 $(f(x)-i^2) \bmod B$，即讓資料值加或減 i 的平方，例如資料值 key，雜湊函數 f：

第一次尋找：f(key)
第二次尋找：$(f(key)+1^2)\%B$
第三次尋找：$(f(key)-1^2)\%B$
第四次尋找：$(f(key)+2^2)\%B$
第五次尋找：$(f(key)-2^2)\%B$
.
.
.
第 n 次尋找：$(f(key)\pm((B-1)/2)^2)\%B$，其中，B 必須為 4j+3 型的質數，且 $1 \leqq i \leqq (B-1)/2$

想一想，怎麼做？

1. 什麼是疊代法，請簡述之。
2. 枚舉法的核心概念是什麼？試簡述之。
3. 回溯法的核心概念是什麼？試簡述之。
4. 請簡述基數排序法的主要特點。
5. 下列敘述正確與否？請說明原因。
   (1) 不論輸入資料為何，插入排序（Insertion Sort）的元素比較總數較泡沫排序（Bubble Sort）的元素比較次數之總數為少。
   (2) 若輸入資料已排序完成，則再利用堆積排序（Heap Sort）只需 O(n) 時間即可排序完成。n 為元素個數。
6. 待排序鍵值如下，請使用氣泡排序法列出每回合的結果：

```
26、5、37、1、61
```

7. 待排序鍵值如下，請使用選擇排序法列出每回合的結果：

```
26、5、37、1、61
```

8. 用雜湊法將下列 7 個數字存在 0、1…6 的 7 個位置：

```
101、186、16、315、202、572、463
```

   若欲存入 1000 開始的 11 個位置，又應該如何存放？

9. 何謂雜湊函數？試以除法及摺疊法（Folding Method），並以 7 位電話號碼當資料說明。

10. 試述 Hashing 與一般 Search 技巧有何不同？

11. 何謂完美雜湊？在何種情況下可使用之？

12. 採用何種雜湊函數可以使用下列的整數集合：{74,53,66,12,90,31,18,77,85,29}，存入陣列空間為 10 的 Hash Table 不會發生碰撞？

Chapter 9

ChatGPT 與 Python 程式設計黃金入門課

- 認識聊天機器人
- ChatGPT 初體驗
- 使用 ChatGPT 寫 Python 程式
- ChatGPT AI Python 程式範例集
- 課堂上學不到的 ChatGPT 使用祕訣
- 利用 ChatGPT 輕鬆開發 AI 小遊戲
- 你不能不會的演算法

今年度最火紅的話題絕對離不開 ChatGPT，ChatGPT 引爆生成式 AI 革命，首當其衝的便是電子商務。ChatGPT 是由 OpenAI 所開發的一款基於生成式 AI 的免費聊天機器人，擁有強大的自然語言生成能力，可以根據上下文進行對話，並進行多種應用，包括客戶服務、銷售、產品行銷等，短短 2 個月全球用戶超過 1 億。ChatGPT 是由 OpenAI 公司所開發，技術的基礎是深度學習（Deep Learning）和自然語言處理技術（Natural Language Processing, NLP）。由於 ChatGPT 是以開放式網路的大量資料進行訓練，故能夠產生高度精確、自然流暢的對話回應，並與人進行互動。如下圖所示：

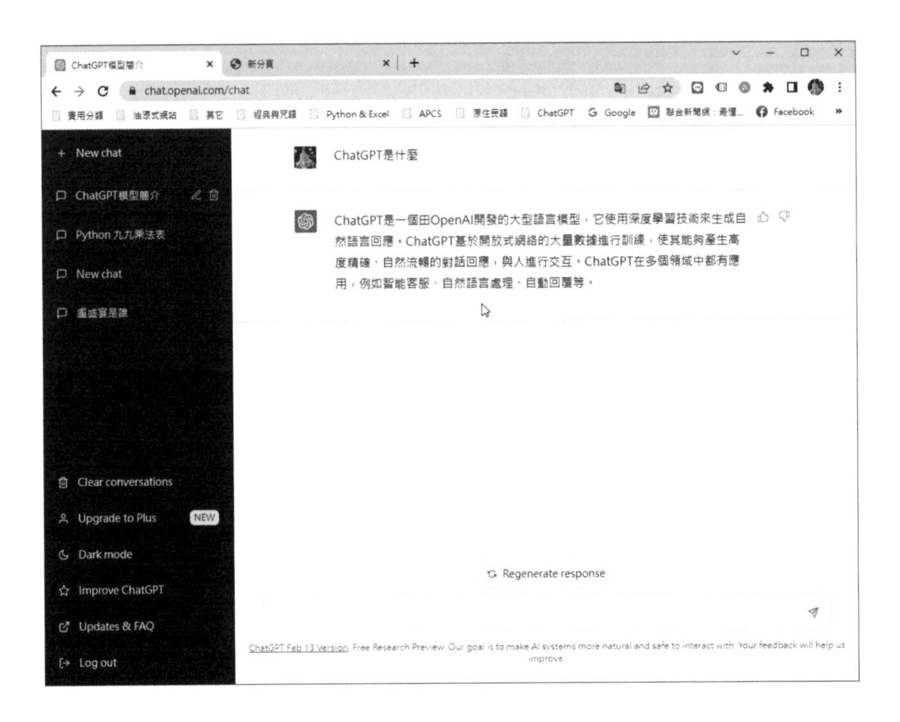

ChatGPT 能以一般人的對話方式與使用者互動，例如提供建議、寫作輔助、寫程式、寫文章、寫信、寫論文、劇本小說…等，而且所回答的內容有模有樣，除了可以給予各種問題的建議，也可以幫忙完成作業或編寫程式碼，如下列二圖的回答內容：

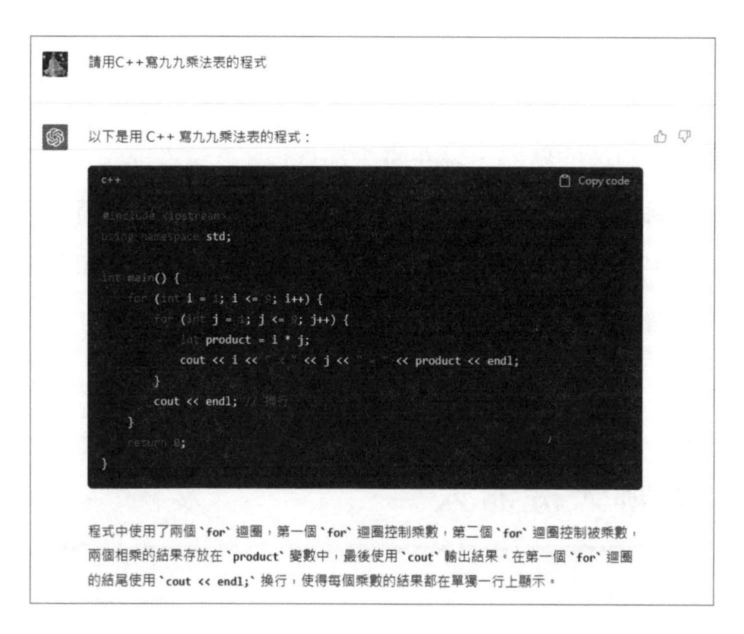

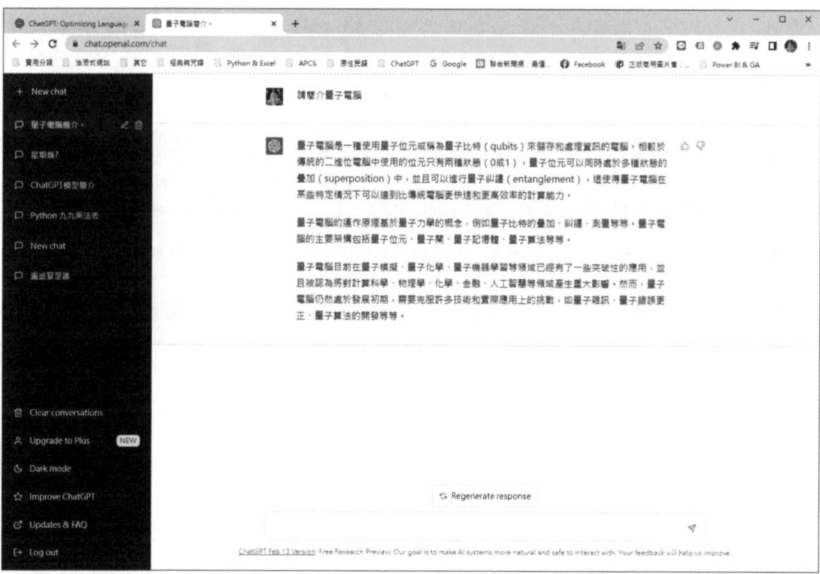

ChatGPT 之所以強大，是它背後難以數計的資料庫，任何食衣住行育樂的各種生活問題或學科都可以問 ChatGPT，而 ChatGPT 也會以類似人類會寫出來的文字，給予相當到位的回答，與 ChatGPT 互動是一種雙向學習的

過程，在用戶獲得想要資訊內容文字的過程中，ChatGPT 也不斷在吸收與學習。ChatGPT 堪稱是目前科技整合的極致，繼承了幾十年來資訊科技的精華。以前只能在電影上想像的情節，現在幾乎都實現了。在生成式 AI 蓬勃發展的階段，ChatGPT 擁有強大的自然語言生成及學習能力，更具備強大的資訊彙整功能，各位想到的任何問題都可以尋找適當的工具協助，加入自己的日常生活中，並且得到快速正確的解答。

9-1 認識聊天機器人

人工智慧行銷從本世紀以來，一直都是店家或品牌尋求擴大影響力和與客戶互動的強大工具，過去企業為了與消費者互動，需聘請專人全天候在電話或通訊平台前待命，不僅耗費了人力成本，也無法妥善地處理龐大的客戶量與資訊，而聊天機器人（Chatbot）產生後，成為目前許多店家客服的創意新玩法，其核心技術即是以自然語言處理（Natural Language Processing, NLP）中的 GPT（Generative Pre-Trained Transformer）模型為主，它利用電腦模擬與使用者互動對話，是以對話或文字進行交談的電腦程式，並讓用戶體驗像與真人一樣的對話。聊天機器人能夠全天候地提供即時服務，與自設不同的流程來達到想要的目的，協助企業輕鬆獲取第一手消費者偏好資訊，有助於公司精準行銷、強化顧客體驗與個人化的服務。這對許多粉絲專頁的經營者或是想增加客戶名單的行銷人員來說相當適用。

【AI 電話客服也是自然語言的應用之一】

圖片來源：https://www.digiwin.com/tw/blog/5/index/2578.html

> **TIPS** 電腦科學家通常將人類的語言稱為自然語言 NL（Natural Language），比如說中文、英文、日文、韓文、泰文等，這也使得自然語言處理（Natural Language Processing, NLP）的範圍非常廣泛，所謂 NLP 就是讓電腦擁有理解人類語言的能力，也就是一種藉由大量的文字資料搭配音訊資料，並透過複雜的數學聲學模型（Acoustic model）及演算法來讓機器去認知、理解、分類，並運用人類日常語言的技術。
>
> 而 GPT 是「生成型預訓練變換模型（Generative Pre-trained Transformer）」的縮寫，是一種語言模型，可以執行非常複雜的任務，會根據輸入的問題自動生成答案，並具有編寫和除錯電腦程式的能力，如回覆問題、生成文章和程式碼，或者翻譯文章內容等。

9-1-1 聊天機器人的種類

以往店家或品牌進行行銷推廣時，必須大費周章取得用戶的電子郵件，不但耗費成本，而且郵件的開信率低，由於聊天機器人的應用方式多元、效果容易展現，可以直觀且方便地透過互動貼標來收集消費者第一手數據，直接幫你獲取客戶的資料，例如：姓名、性別、年齡…等 FB 所允許的公開資料，驅動更具效力的消費者回饋。

【FB 的聊天機器人就是自然語言的典型應用】

聊天機器人共有兩種主要類型：一種是以工作目的為導向，這類聊天機器人專注於執行一項功能的單一用途程式。例如 LINE 的自動訊息回覆。

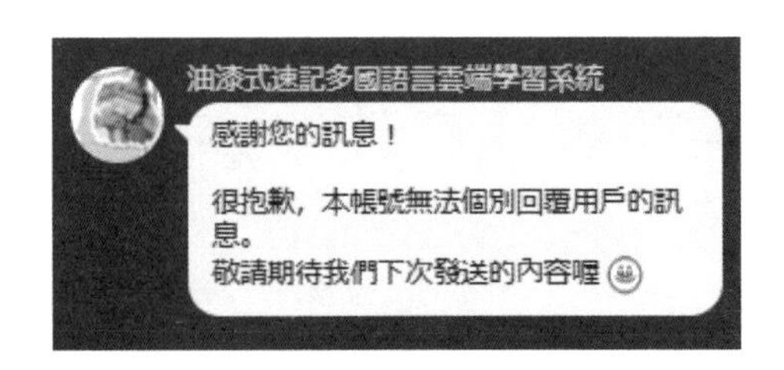

另一種聊天機器人則是資料驅動的模式，具備預測性的回答能力，例如 Apple 的 Siri。

例如在 FB 粉絲專頁或 LINE 常見有包含留言自動回覆、聊天或私訊互動等各種類型的機器人，其實這一類具備自然語言對話功能的聊天機器人也可以利用 NLP 分析方式進行打造，亦即聊天機器人是一種自動的問答系統，它會模仿人的語言習慣，也可以和你「正常聊天」，就像人與人的聊天互動，可以根據訪客輸入的留言或私訊，以自動回覆的方式與訪客進行對話，也成為企業豐富消費者體驗的強大工具。

9-2 ChatGPT 初體驗

從技術的角度來看，ChatGPT 是根據從網路上獲取的大量文字樣本進行機器人工智慧的訓練，不管你有什麼疑難雜症，你都可以詢問它。當用戶不斷以問答的方式和 ChatGPT 進行互動對話，聊天機器人除了根據問題進行相對應的回答外，也提升此 AI 的邏輯與智慧。

登入 ChatGPT 網站註冊的過程雖然是全英文介面，但是註冊過後在與 ChatGPT 聊天機器人互動發問時，是可以直接使用中文的方式來輸入，且答覆的專業性也不失水平。

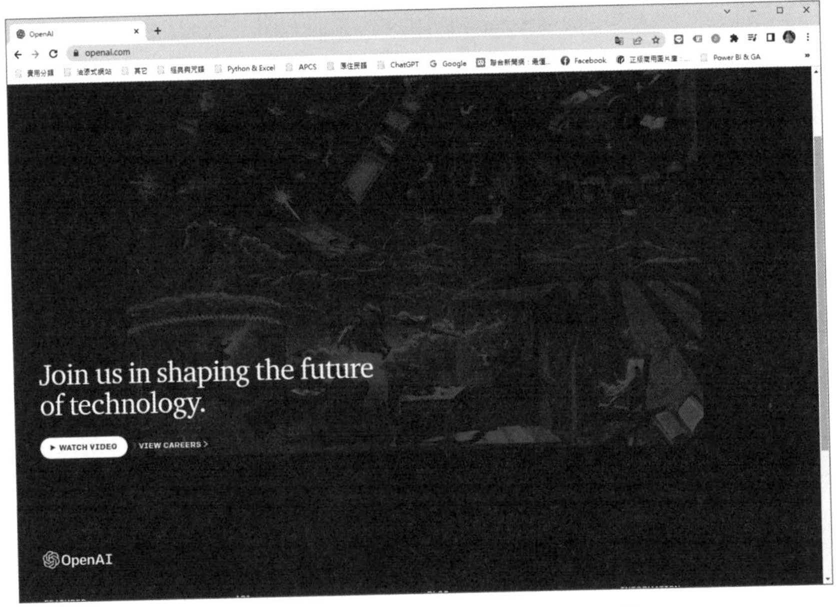

【OpenAI 官網：https://openai.com/】

目前 ChatGPT 可以辨識中文、英文、日文或西班牙等多國語言，透過人性化的回應方式來回答各種問題。這些問題甚至含括了各種專業技術領域或學科的問題，可以說是樣樣精通的百科全書，不過 ChatGPT 的資料來源並非 100% 正確，在使用 ChatGPT 時所獲得的回答可能會有偏誤，為了使得到的答案更準確，當詢問 ChatGPT 時，應避免使用模糊的詞語或縮寫。「問對問題」不僅能夠幫助用戶獲得更好的回答，ChatGPT 也會因此不斷精進優化，尤其目前的 ChatGPT 版本已經可以累積與儲存學習記錄。切記！有清晰具體的提問才是與 ChatGPT 的最佳互動。如果要更深入的內容，則除了提供夠多的訊息外，就是有足夠的細節和上下文。

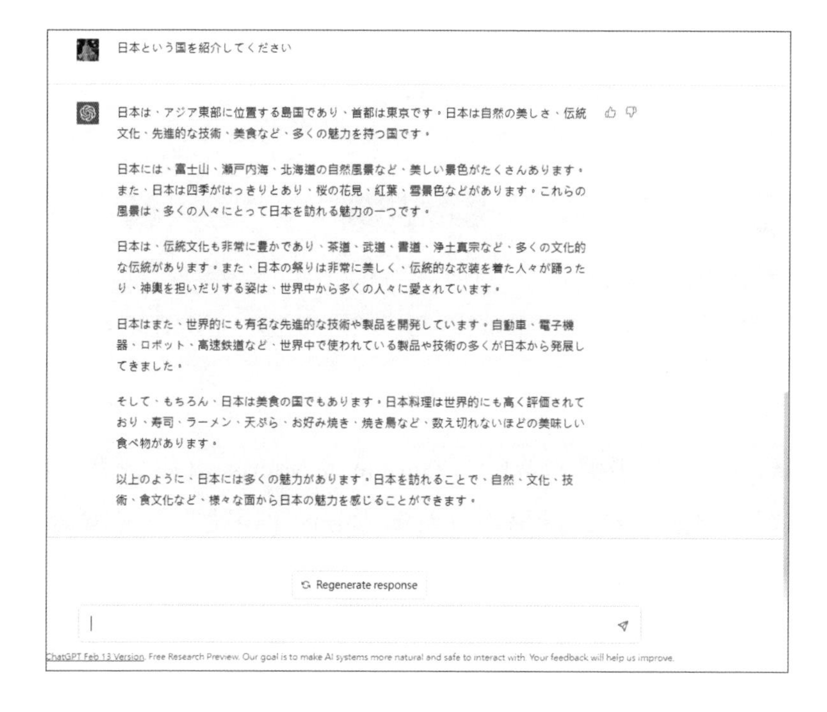

9-2-1 註冊免費 ChatGPT 帳號

首先我們就來示範如何註冊免費的 ChatGPT 帳號，請先登入 ChatGPT 官網（https://chat.openai.com/），登入後，若沒有帳號的使用者，可以直接點選畫面中的「Sign up」按鈕註冊免費的 ChatGPT 帳號：

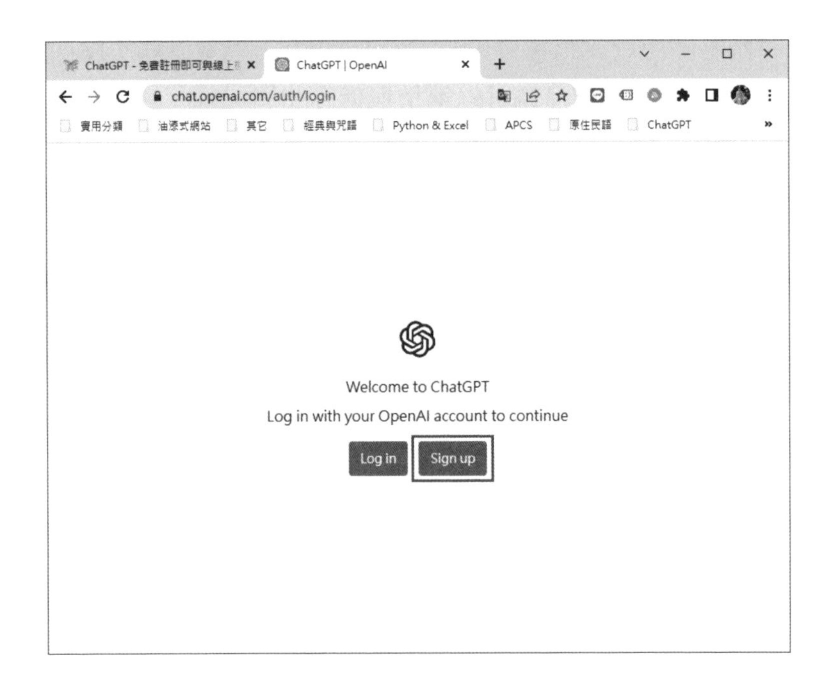

接著輸入 Email 帳號，若已有 Google 或 Microsoft 帳號者，也可以上述帳號進行註冊登入。此處示範以新輸入 Email 帳號的方式來建立帳號，請在如下圖視窗中間的文字框中輸入要註冊的電子郵件，輸入完畢後按下「Continue」鈕。

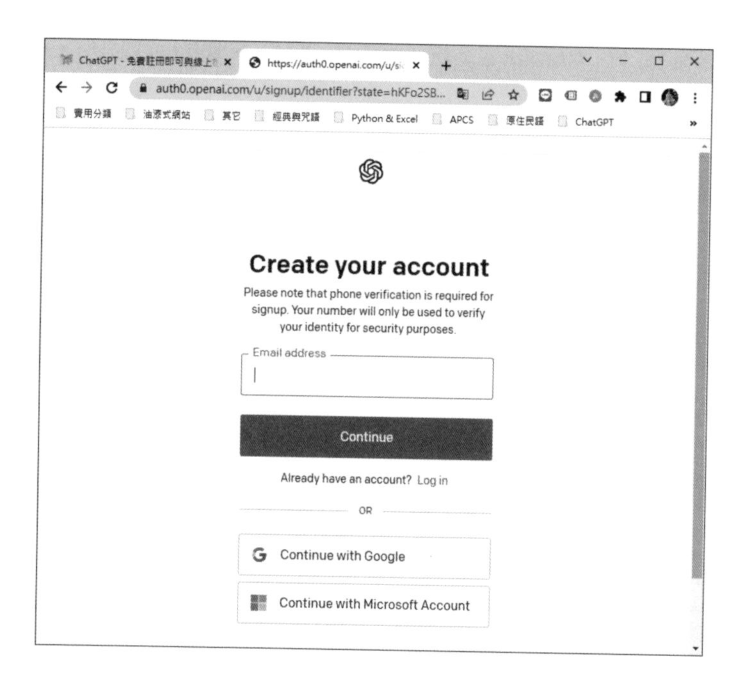

接著系統會要求輸入一組至少 8 個字元的密碼作為這個帳號的註冊密碼。

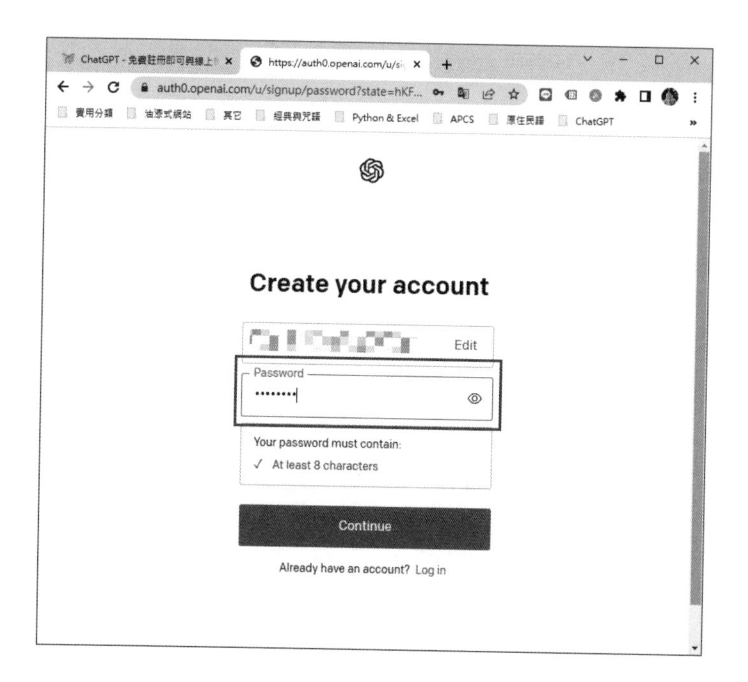

輸入完畢後按下「Continue」鈕，會出現類似下圖的「Verify your email」的視窗。

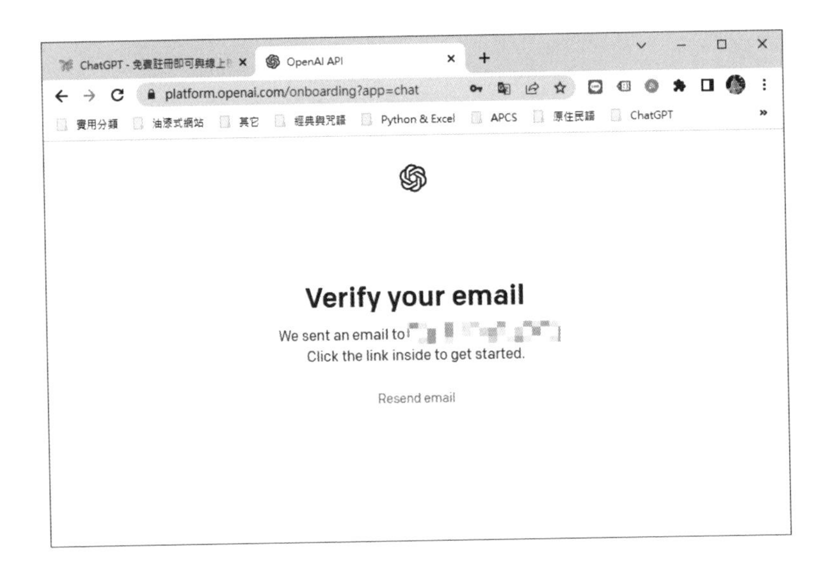

請打開收發郵件的程式，將收到如下圖的「Verify your email address」的電子郵件。請按下「Verify email address」鈕。

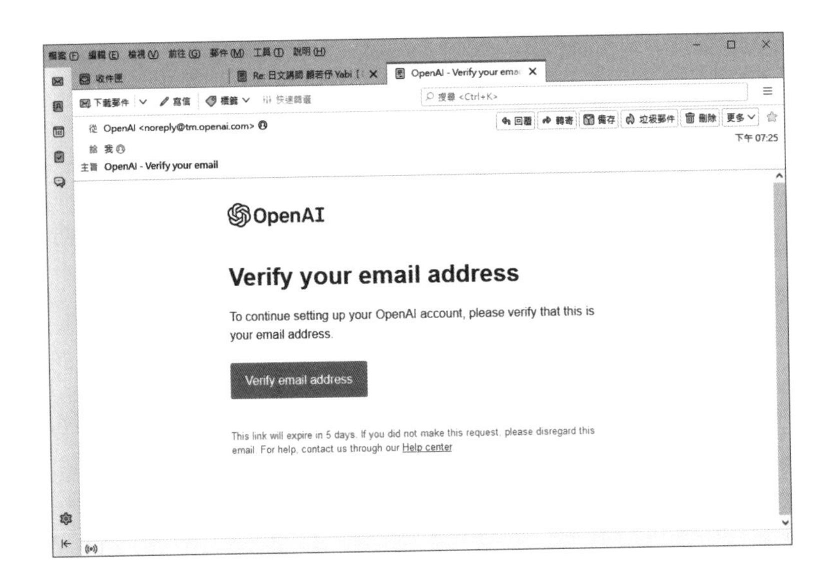

再來會進入到輸入姓名的畫面，請注意，如果先前是採 Google 或 Microsoft 帳號快速註冊登入者，則是會直接進入到輸入姓名的畫面。

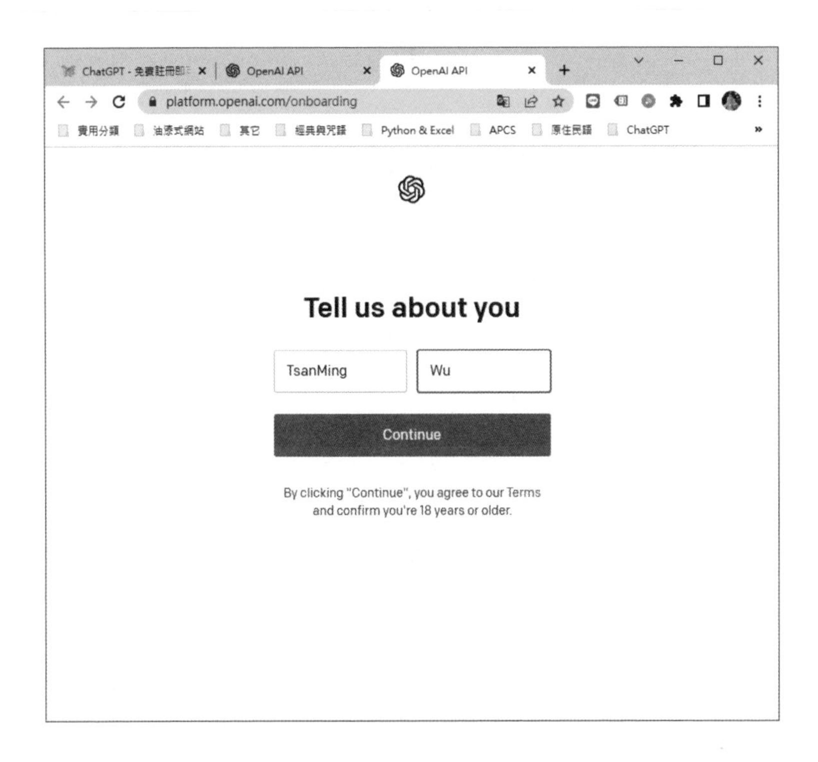

輸入姓名後按下「Continue」鈕，便會要求輸入個人的電話號碼進行身分驗證，這是非常重要的步驟，如果沒有透過電話號碼來通過身分驗證，就沒有辦法使用 ChatGPT。請注意，在輸入行動電話時，請直接輸入行動電話後面的數字，例如電話是「0931222888」，只要直接輸入「931222888」，輸入完畢後，記得按下「Send code」鈕。

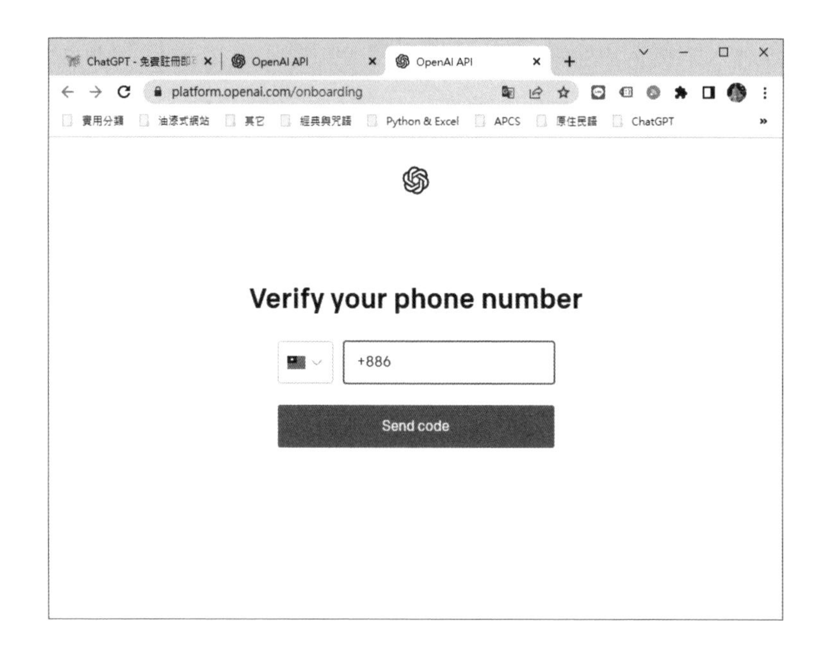

幾秒後即可收到官方系統發送到指定電話號碼的簡訊，該簡訊會顯示 6 碼的數字。

ChatGPT - 免費註冊即
OpenAI API
OpenAI API
platform.openai.com/onboarding
費用分類
油漆式網站
其它
經典與完課
Python & Excel
APCS
原住民語
ChatGPT
Go back
Enter code
Please enter the code we just sent you.
000 000

只要輸入所收到的 6 碼驗證碼後，就可以正式啟用 ChatGPT 了。登入 ChatGPT 後會看到下圖畫面，在畫面中可以找到許多和 ChatGPT 進行對話的真實例子，也可以了解使用 ChatGPT 的限制。

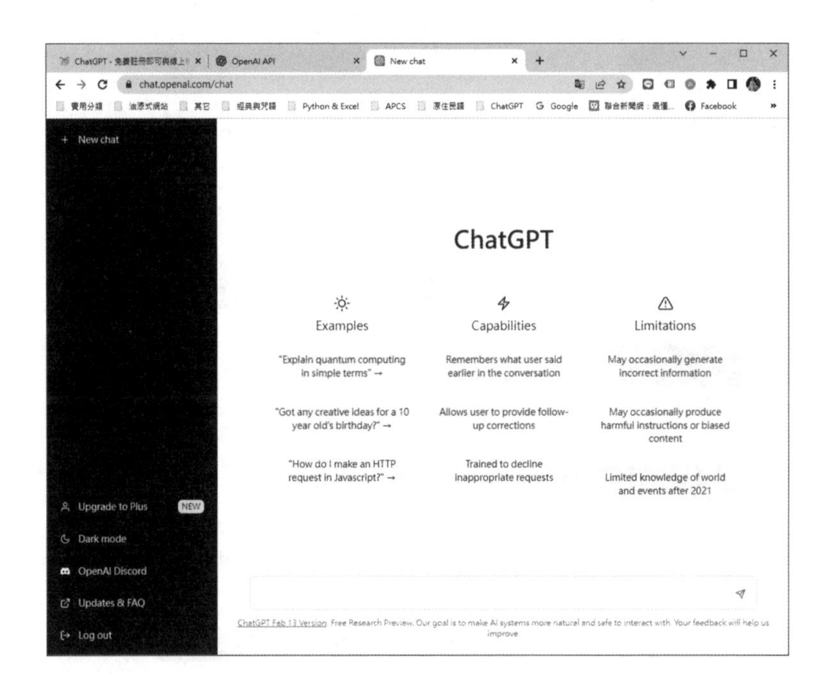

9-2-2 更換新的機器人

你可以藉由這種問答的方式，持續地去和 ChatGPT 對話。而若想要結束這個機器人，可以點選左側的「New chat」，就會重新回到起始畫面，並新開一個訓練模型，此時再輸入同一個題目，得到的結果可能會不一樣。

9-2-3 登出 ChatGPT

如果要登出 ChatGPT，只要按下畫面中的「Log out」鈕。

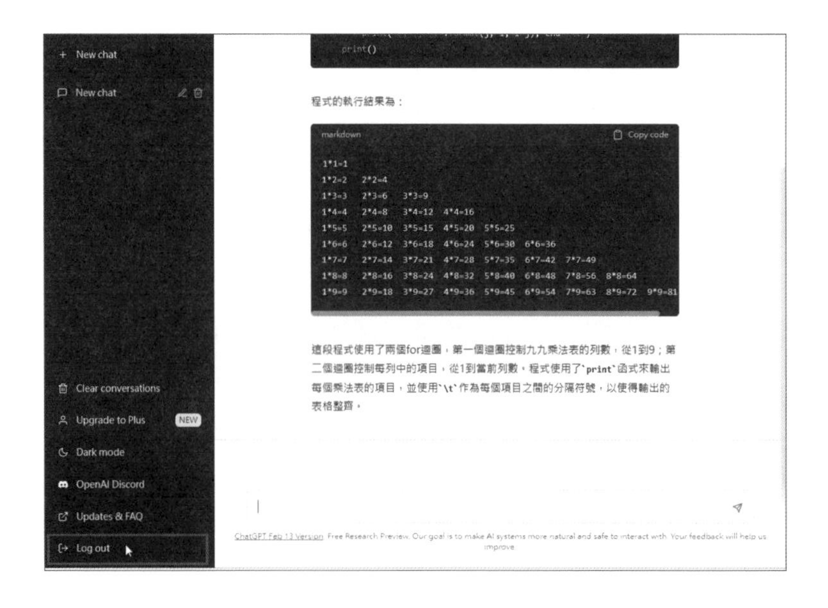

登出後就會看到如下的畫面，要再次登入 ChatGPT，則再按下「Log in」鈕即可。

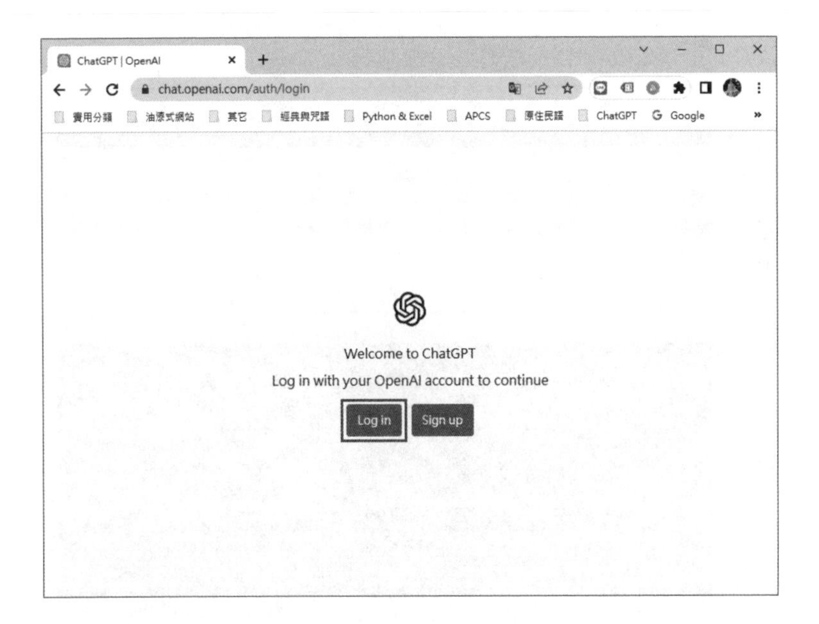

9-3 使用 ChatGPT 寫 Python 程式

當登入 ChatGPT 之後，開始畫面會告訴你 ChatGPT 的使用方式，只要將想要問的問題於畫面下方的對話框輸入即可。

9-3-1 利用 ChatGPT AI 撰寫 Python 程式

輸入「請用 Python 寫九九乘法表的程式」，按下「Enter」鍵正式向 ChatGPT 機器人詢問，就可以得到如下圖的回答：

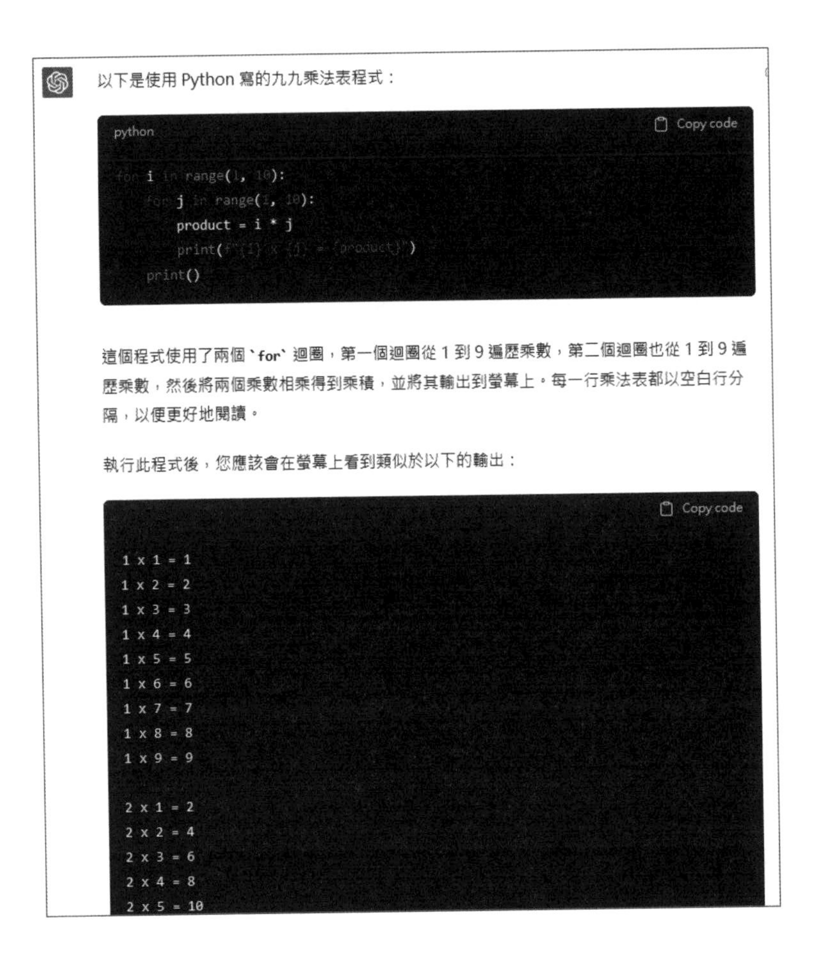

在回答的結果中不僅可以取得九九乘法表的程式碼，還會在該程式碼的下方解釋這支程式的設計邏輯，例如上圖，在程式碼下方的說明文字如下：

> 這個程式使用了兩個 for 迴圈，第一個迴圈從 1 到 9 遍歷乘數，第二個迴圈也從 1 到 9 遍歷乘數，然後將兩個乘數相乘得到乘積，並將其輸出到螢幕上。每一行乘法表都以空白行分隔，以便更好地閱讀。

還可以從 ChatGPT 的回答中看到執行此程式後，會在螢幕上看到類似以下的輸出：

9-3-2 複製 ChatGPT 幫忙寫的程式碼

若要取得這支程式碼，可以按下回答視窗右上角的「Copy code」鈕，就可以將 ChatGPT 所幫忙撰寫的程式碼，複製貼上到 Python 的 IDLE 的程式碼編輯器，如下圖所示：

STEP 1

untitled

File Edit Format Run Options Window Help

```
for i in range(1, 10):
    for j in range(1, 10):
        product = i * j
        print(f"{i} x {j} = {product}")
    print()
```

Ln: 6 Col: 0

STEP 2

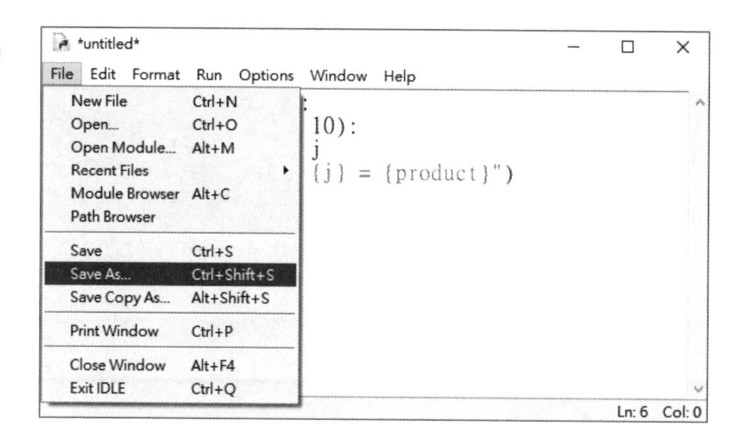

STEP 3

99table.py - C:/Users/User/Desktop/博碩_CGPT/範例檔/99table.py (...

File Edit Format Run Options Window Help

Run Module F5

Run... Customized Shift+F5

Check Module Alt+X

Python Shell

Ln: 6 Col: 0

```
IDLE Shell 3.11.0
File  Edit  Shell  Debug  Options  Window  Help
>>>
============= RESTART: C:/Users/User/Desktop/博碩_CGPT/範例檔/99table.py =======
=====
1 x 1 = 1
1 x 2 = 2
1 x 3 = 3
1 x 4 = 4
1 x 5 = 5
1 x 6 = 6
1 x 7 = 7
1 x 8 = 8
1 x 9 = 9

2 x 1 = 2
2 x 2 = 4
2 x 3 = 6
2 x 4 = 8
2 x 5 = 10
2 x 6 = 12
2 x 7 = 14
2 x 8 = 16
2 x 9 = 18

3 x 1 = 3
3 x 2 = 6
3 x 3 = 9
3 x 4 = 12
3 x 5 = 15
3 x 6 = 18
3 x 7 = 21
3 x 8 = 24
3 x 9 = 27

4 x 1 = 4
4 x 2 = 8
4 x 3 = 12
4 x 4 = 16
4 x 5 = 20
4 x 6 = 24
4 x 7 = 28
4 x 8 = 32
4 x 9 = 36
                                                        Ln: 95  Col: 0
```

9-3-3 ChatGPT AI 程式與人工撰寫程式的比較

以下則是用人工方式撰寫的九九乘法表，從輸出的結果來看，各位可以比對一下，其實用 ChatGPT 撰寫出來的程式完全不輸給程式設計人員自己撰寫的程式，有了 ChatGPT 這項利器，相信可以幫助各位解決不少 Python 程式設計的問題。

範例 table.py ┃ 九九乘法表。

```
01  for x in range(1, 10):
02      for y in range(1, 10):
03          print("{0}*{1}={2: ^2}".format(y, x, x * y), end=" ")
04      print()
```

執行結果

```
1*1=1  2*1=2  3*1=3  4*1=4  5*1=5  6*1=6  7*1=7  8*1=8  9*1=9
1*2=2  2*2=4  3*2=6  4*2=8  5*2=10 6*2=12 7*2=14 8*2=16 9*2=18
1*3=3  2*3=6  3*3=9  4*3=12 5*3=15 6*3=18 7*3=21 8*3=24 9*3=27
1*4=4  2*4=8  3*4=12 4*4=16 5*4=20 6*4=24 7*4=28 8*4=32 9*4=36
1*5=5  2*5=10 3*5=15 4*5=20 5*5=25 6*5=30 7*5=35 8*5=40 9*5=45
1*6=6  2*6=12 3*6=18 4*6=24 5*6=30 6*6=36 7*6=42 8*6=48 9*6=54
1*7=7  2*7=14 3*7=21 4*7=28 5*7=35 6*7=42 7*7=49 8*7=56 9*7=63
1*8=8  2*8=16 3*8=24 4*8=32 5*8=40 6*8=48 7*8=56 8*8=64 9*8=72
1*9=9  2*9=18 3*9=27 4*9=36 5*9=45 6*9=54 7*9=63 8*9=72 9*9=81
```

我們再來看另一個例子，當我們在 ChatGPT 提問框輸入「請用 Python 設計一個計算第 n 項費伯那序列的遞迴程式」，再按下「Enter」鍵，正式向 ChatGPT 機器人詢問，會得到類似下圖的回答：

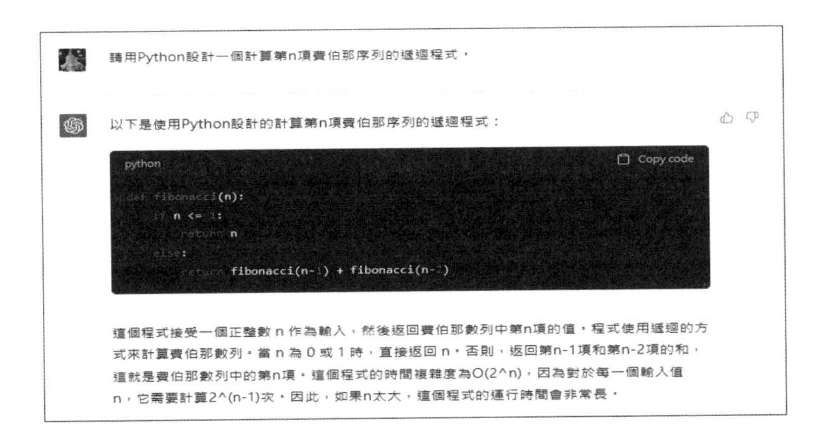

各位可以比對下方用人工方式撰寫的第 n 項費伯那序列的遞迴程式，上面程式只是單純列出定義出費伯那序列的函式，但人工設計的程式則可以要求使用者輸入所要計算第幾個費式數列，並以迴圈依序列出費式數列。

範例 fib.py ┃ n 項費伯那序列的遞迴程式。

```
01  def fib(n):        # 定義函數fib()
02      if n==0 :
```

```
03          return 0 # 如果n=0 則傳回 0
04      elif n==1 or n==2:
05          return 1
06      else:    # 否則傳回 fib(n-1)+fib(n-2)
07          return (fib(n-1)+fib(n-2))
08
09  n=int(input('請輸入所要計算第幾個費式數列:'))
10  for i in range(n+1):# 計算前n個費氏數列
11      print('fib(%d)=%d' %(i,fib(i)))
```

執行結果

```
請輸入所要計算第幾個費式數列:10
fib(0)=0
fib(1)=1
fib(2)=1
fib(3)=2
fib(4)=3
fib(5)=5
fib(6)=8
fib(7)=13
fib(8)=21
fib(9)=34
fib(10)=55
```

9-4 ChatGPT AI Python 程式範例集

這裡我們將示範如何利用 ChatGPT 撰寫各種類型的 Python 程式，這些程式類型包括：

- 使用 Pygame 遊戲套件繪製多媒體圖案
- 以內建模組及模擬大樂透的開獎程式

■ 建立四個主功能表的視窗應用程式

■ 演算法的應用：寫一支迷宮問題的解決方案

■ 海龜繪圖法（Turtle Graphics）繪製出兩款精美的圖形

9-4-1 使用 Pygame 遊戲套件繪製多媒體圖案

Q 請以 Python 運用 Pygame 遊戲套件繪製不同顏色的五個同心圓。

A

以下是使用Python和Pygame繪製不同顏色的五個同心圓的程式碼。在程式碼中，我們創建了一個屏幕，然後在屏幕上繪製五個同心圓。每個圓的半徑不同，並且使用不同的顏色進行繪製。

python Copy code

```python
import pygame

# 初始化Pygame
pygame.init()

# 設定屏幕尺寸
screen_size = (600, 600)

# 創建屏幕
screen = pygame.display.set_mode(screen_size)

# 設定顏色
white = (255, 255, 255)
red = (255, 0, 0)
green = (0, 255, 0)
blue = (0, 0, 255)
yellow = (255, 255, 0)

# 繪製五個同心圓
center_x = screen_size[0] // 2
center_y = screen_size[1] // 2

radius_1 = 200
radius_2 = 150
radius_3 = 100
radius_4 = 50
radius_5 = 20
```

Regenerate response

範例 circle.py | 繪製不同顏色的五個同心圓。

```
01 import pygame
02 import sys
03
04 # 初始化Pygame
05 pygame.init()
06
07 # 設定屏幕尺寸
08 screen_size = (600, 600)
09
10 # 創建屏幕
11 screen = pygame.display.set_mode(screen_size)
12
13 # 設定顏色
14 white = (255, 255, 255)
15 red = (255, 0, 0)
16 green = (0, 255, 0)
17 blue = (0, 0, 255)
18 yellow = (255, 255, 0)
19
20 # 繪製五個同心圓
21 center_x = screen_size[0] // 2
22 center_y = screen_size[1] // 2
23
24 radius_1 = 200
25 radius_2 = 150
26 radius_3 = 100
27 radius_4 = 50
28 radius_5 = 20
29
30 pygame.draw.circle(screen, white, (center_x, center_y), radius_1)
31 pygame.draw.circle(screen, red, (center_x, center_y), radius_2)
32 pygame.draw.circle(screen, green, (center_x, center_y), radius_3)
33 pygame.draw.circle(screen, blue, (center_x, center_y), radius_4)
34 pygame.draw.circle(screen, yellow, (center_x, center_y), radius_5)
```

```
35
36  # 更新屏幕
37  pygame.display.update()
38
39  # 保持屏幕打開，直到用戶退出
40  while True:
41      for event in pygame.event.get():
42          if event.type == pygame.QUIT:
43              pygame.quit()
44              sys.exit()
45
```

執行結果

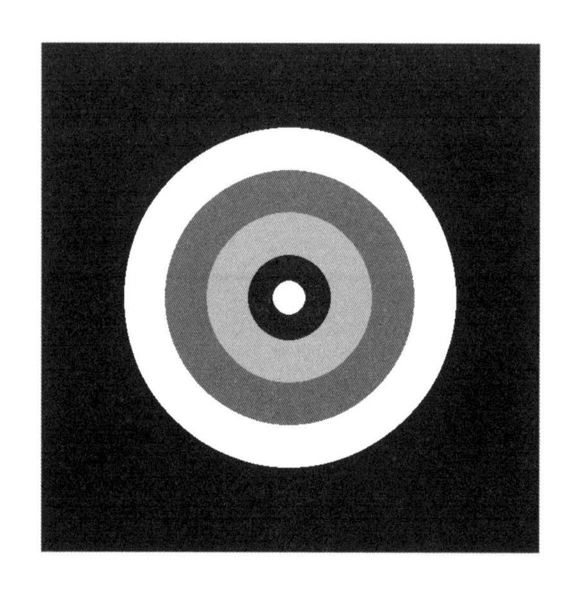

9-4-2 以內建模組及模擬大樂透的開獎程式

Q 請以 Python 寫一支模擬大樂透的開獎程式。

以下是使用Python寫的模擬大樂透的開獎程式。在這個程式中，我們生成六個1到49之間的不重複的隨機數字，這些數字就是大樂透的中獎號碼。

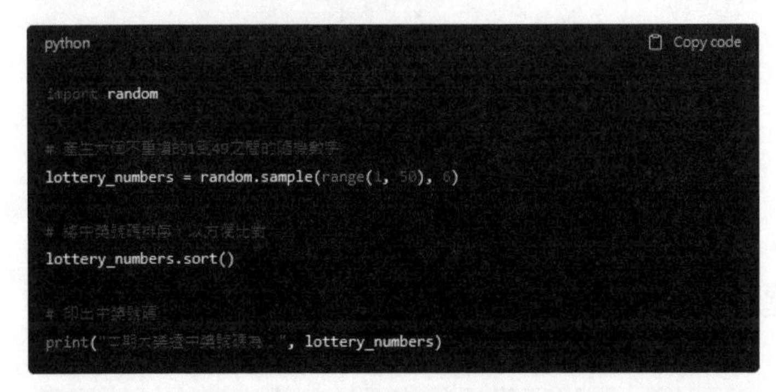

在這個程式中，我們使用了random模組的sample函數，這個函數可以在指定的範圍內隨機抽取指定數量的不重複數字。我們指定的範圍是1到49，指定數量是6，這就相當於模擬了一次大樂透的開獎過程。

最後，我們將中獎號碼排序，以方便比對，然後印出中獎號碼。如果需要模擬多次大樂透的開獎過程，可以將這段程式碼放到一個迴圈中，多次執行。

範例 lotto.py ▌大樂透的開獎程式。

```
01  import random
02
03  # 產生六個不重複的1到49之間的隨機數字
04  lottery_numbers = random.sample(range(1, 50), 6)
05
06  # 將中獎號碼排序，以方便比對
07  lottery_numbers.sort()
08
09  # 印出中獎號碼
10  print("本期大樂透中獎號碼為:", lottery_numbers)
```

執行結果

```
Python 3.11.0 (main, Oct 24 2022, 18:26:48) [MSC v.19
33 64 bit (AMD64)] on win32
Type "help", "copyright", "credits" or "license()" fo
r more information.

========= RESTART: C:/Users/User/Desktop/Python+ChatG
PT改版/範例檔/lotto.py =========
本期大樂透中獎號碼為： [6, 19, 26, 41, 47, 49]
```

9-4-3 建立四個主功能表的視窗應用程式

Q 請以 Python 寫一支視窗應用程式，並在視窗建立主功能表，包括：檔案、編輯、執行、線上說明四個主功能。

範例 mainfun.py ▍主功能表。

```
01  import tkinter as tk
02
03  class Application(tk.Frame):
04      def __init__(self, master=None):
05          super().__init__(master)
06          self.master = master
07          self.master.title("My Application")
08          self.create_menu()
09          self.pack()
10
11      def create_menu(self):
12          # 建立主功能表
13          menubar = tk.Menu(self.master)
14
15          # 建立檔案主功能
```

```
16          file_menu = tk.Menu(menubar, tearoff=0)
17          file_menu.add_command(label="開啟檔案", command=self.
    open_file)
18          file_menu.add_command(label="儲存檔案", command=self.
    save_file)
19          file_menu.add_separator()
20          file_menu.add_command(label="結束", command=self.master.
    quit)
21          menubar.add_cascade(label="檔案", menu=file_menu)
22
23          # 建立編輯主功能
24          edit_menu = tk.Menu(menubar, tearoff=0)
25          edit_menu.add_command(label="複製", command=self.copy)
26          edit_menu.add_command(label="剪下", command=self.cut)
27          edit_menu.add_command(label="貼上", command=self.paste)
28          menubar.add_cascade(label="編輯", menu=edit_menu)
29
30          # 建立執行主功能
31          run_menu = tk.Menu(menubar, tearoff=0)
32          run_menu.add_command(label="執行程式", command=self.run)
33          menubar.add_cascade(label="執行", menu=run_menu)
34
35          # 建立線上說明主功能
36          help_menu = tk.Menu(menubar, tearoff=0)
37          help_menu.add_command(label="使用說明", command=self.
    show_help)
38          menubar.add_cascade(label="線上說明", menu=help_menu)
39
40          # 設定主功能表
41          self.master.config(menu=menubar)
42
43      def open_file(self):
44          print("開啟檔案")
45
46      def save_file(self):
47          print("儲存檔案")
48
49      def copy(self):
50          print("複製")
```

```
51
52      def cut(self):
53          print("剪下")
54
55      def paste(self):
56          print("貼上")
57
58      def run(self):
59          print("執行程式")
60
61      def show_help(self):
62          print("使用說明")
63
64  # 建立主視窗
65  root = tk.Tk()
66
67  # 建立應用程式
68  app = Application(master=root)
69
70  # 執行主迴圈
71  app.mainloop()
```

執行結果

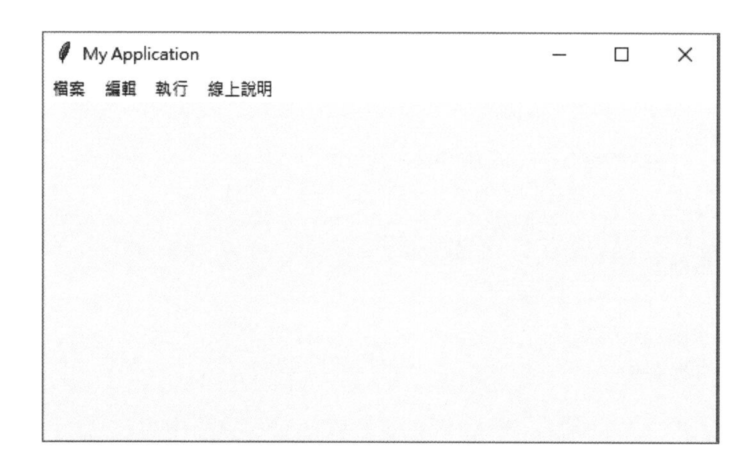

9-4-4 演算法的應用：寫一支迷宮問題的解決方案

Q 請以 Python 寫一支迷宮問題的解決方案。

範例 maze.py | 迷宮問題。

```
01 # 定義迷宮
02 maze = [
03     [1, 1, 1, 1, 1],
04     [0, 0, 1, 0, 1],
05     [1, 1, 1, 0, 1],
06     [1, 0, 0, 0, 1],
07     [1, 1, 1, 1, 1]
08 ]
09
10 # 定義方向
11 directions = [(0, 1), (0, -1), (1, 0), (-1, 0)]
12
13 def dfs(x, y, path):
14     # 到達終點
15     if x == len(maze)-1 and y == len(maze[0])-1:
16         return path + [(x, y)]
17
18     # 標記已經走過的路徑
19     maze[x][y] = -1
20
21     # 遍歷四個方向
22     for dx, dy in directions:
23         nx, ny = x + dx, y + dy
24         # 如果下一個位置在範圍內，且還沒有走過，就繼續往下搜尋
25         if 0 <= nx < len(maze) and 0 <= ny < len(maze[0]) and
maze[nx][ny] == 1:
26             res = dfs(nx, ny, path + [(x, y)])
27             if res:
28                 return res
```

```
29
30        return None
31
32    # 從起點開始搜索
33    path = dfs(0, 0, [])
34    if path:
35        print("找到出口 路徑為:", path + [(len(maze)-1, len(maze[0])-1)])
36    else:
37        print("沒有找到出口")
```

執行結果

```
Python 3.11.0 (main, Oct 24 2022, 18:26:48) [MSC v.
1933 64 bit (AMD64)] on win32
Type "help", "copyright", "credits" or "license()"
for more information.

========== RESTART: C:/Users/User/Desktop/Python+Ch
atGPT改版/範例檔/maze.py ==========
找到出口，路徑為： [(0, 0), (0, 1), (0, 2), (0, 3),
(0, 4), (1, 4), (2, 4), (3, 4), (4, 4), (4, 4)]
```

9-4-5 海龜繪圖法繪製兩款精美的圖形

Q 請以 Python 寫一支利用海龜繪圖法（Turtle Graphics）繪製出兩款精美的圖形。

範例 drawpic1.py ❙ 螺旋矩陣圖案。

```
01  import turtle
02
```

```
03  def draw_spiral_matrix(size):
04      # 初始化海龜
05      turtle.speed(0)
06      turtle.color("black")
07      turtle.penup()
08      turtle.goto(-size//2, size//2)
09      turtle.pendown()
10
11      # 繪製螺旋矩陣
12      for i in range(size//2):
13          for direction in [(1, 0), (0, -1), (-1, 0), (0, 1)]:
14              dx, dy = direction
15              for j in range(i*2 + 1):
16                  turtle.forward(20)
17                  turtle.left(90)
18                  if j == i:
19                      turtle.penup()
20                      turtle.forward(20)
21                      turtle.pendown()
22              turtle.penup()
23              turtle.goto(turtle.xcor()+dx*20, turtle.ycor()+dy*20)
24              turtle.pendown()
25
26      # 隱藏海龜
27      turtle.hideturtle()
28
29  # 畫出螺旋矩陣
30  draw_spiral_matrix(10)
31  turtle.done()
```

執行結果

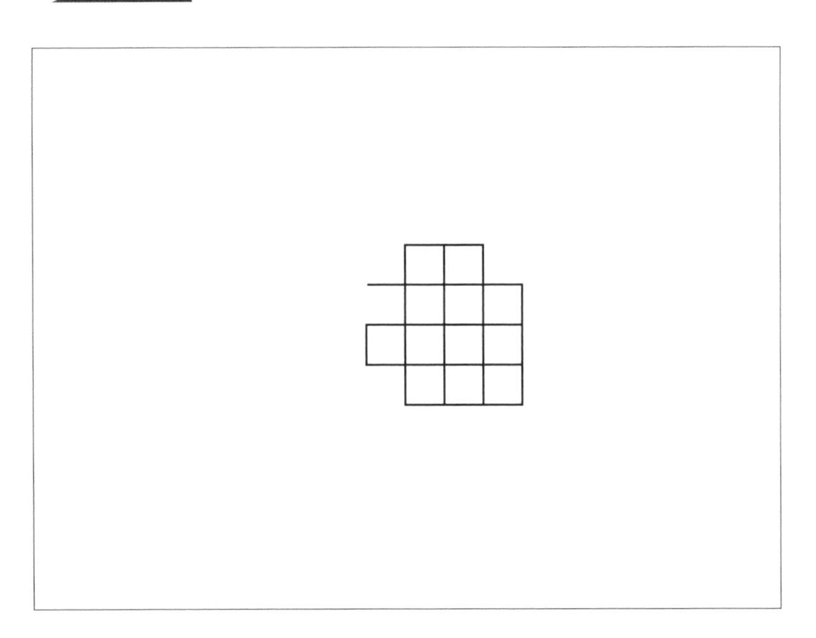

範例 drawpic2.py ▌六邊形螺旋圖案。

```
01  import turtle
02
03  def draw_hexagon_spiral(size):
04      # 初始化海龜
05      turtle.speed(0)
06      turtle.color("black")
07      turtle.penup()
08      turtle.goto(0, 0)
09      turtle.pendown()
10
11      # 繪製六邊形螺旋
12      side_length = 10
13      for i in range(size):
14          for j in range(6):
```

```
15              turtle.forward(side_length*(i+1))
16              turtle.right(60)
17          turtle.right(60)
18
19      # 隱藏海龜
20      turtle.hideturtle()
21
22  # 畫出六邊形螺旋
23  draw_hexagon_spiral(10)
24  turtle.done()
```

執行結果

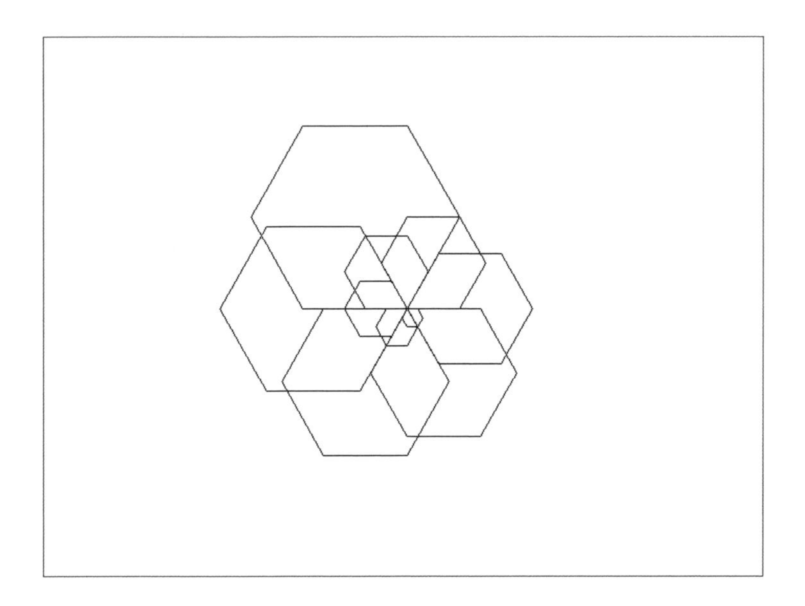

9-5 課堂上學不到的 ChatGPT 使用祕訣

在開始介紹各種 ChatGPT 的對話範例之前，我們先談談 ChatGPT 正確使用訣竅及一些 ChatGPT 的重要特性，這將有助於更得心應手地使用 ChatGPT。當使用 ChatGPT 進行對話前，必須事先想好明確的主題和問題，這才可以幫助 ChatGPT 可以更加精準理解你要問的重點，才能提供一個更準確的答案。尤其所輸入的提問，必須簡單、清晰、明確的問題，避免使用難以理解或模糊的語言，才不會發生 ChatGPT 的回答內容，不是自己所期望的。

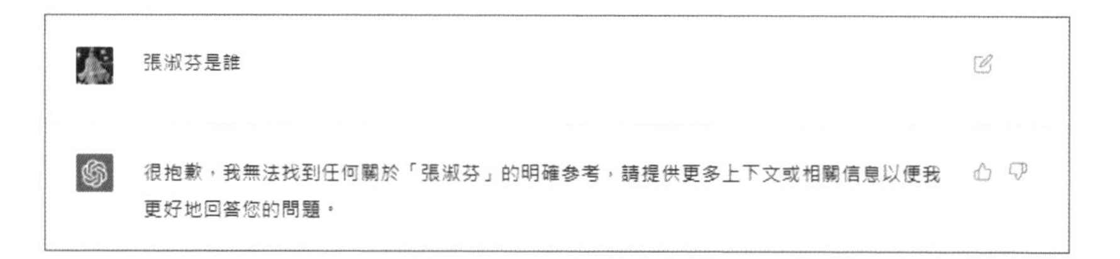

因為 ChatGPT 的設計目的是要理解和生成自然語言，因此輸入的問題儘量使用自然的、流暢的語言與 ChatGPT 對話，尤其是避免使用過於正式或技術性的語言。另外需要注意到，不要提問與主題無關的問題，這樣有可能導致所得到的回答，和自己想要問的題目不相關。

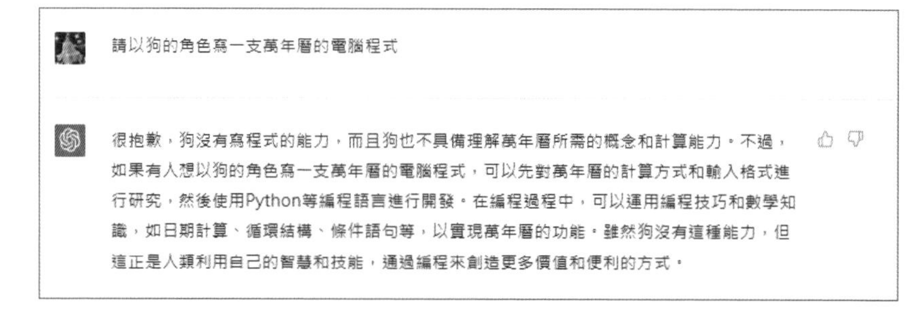

有一點要強調的是在與 ChatGPT 進行對話時，還是要保持基本的禮貌和尊重，不要使用攻擊性的語言或不當言詞，因為與 ChatGPT 進行的對話能記錄對話內容，保持禮貌和尊重的提問方式，將有助於建立一個良好的對話環境。

9-5-1 能記錄對話內容

如果希望 ChatGPT 可以針對所提問的問題提供更準確的回答內容，就必須儘量提供足夠的上下文訊息，例如問題的背景描述、角色細節及專業領域…等。

9-5-2 專業問題可事先安排人物設定腳本

各位要輸入的問題，也可以事先設定人物的背景專業，也就是說，有事先說明人物背景與沒有事先說明人物背景，所得到回答的結果，有時會出現完全不一樣的重點。例如想要問 ChatGPT 如何改善便祕問題的診斷方向，如果沒有事先設定人物背景的專業，其回答內容可能較為一般通俗性的回答。

9-5-3 目前只回答 2021 年前

這是因為 ChatGPT 是使用 2021 年前所收集到的網路資料進行訓練，如果詢問 2022 年之後的新知，就有可能出現 ChatGPT 無法回答的情況產生。

9-5-4 善用英文及 Google 翻譯工具

ChatGPT 在接收到英文問題時，其回答速度及答案的完整度及正確性較好，所以如果用戶想要以較快的方式取得較正確或內容豐富的解答，這時就可以考慮先以英文的方式進行提問，如果自身的英文閱讀能力夠好，就可以直接吸收英文的回答內容。就算英文程度不算好，想要充份理解 ChatGPT 的英文回答內容時，善用 Google 翻譯工具，也可以協助各位將英文內容翻譯成中文來幫助理解。

9-5-5 熟悉重要指令

ChatGPT 指令相當多元，您可以要求 ChatGPT 編寫程式，也可以要求 ChatGPT 幫忙寫 README 文件，或是可以要求 ChatGPT 幫忙編寫履歷與自傳、協助語言的學習。如果想充份了解更多有關 ChatGPT 常見指令大全，建議連上「ExplainThis」（https://www.explainthis.io/zh-hant/chatgpt）這個網站，它提供諸如程式開發、英語學習、寫報告…等許多類別指令，幫助充分發揮 ChatGPT 的強大功能。

9-5-6 充份利用其他網站的 ChatGPT 相關資源

除了上面介紹的「ChatGPT 指令大全」網站的實用資源外，由於 ChatGPT 功能強大，而且應用層面越來越廣，現在有越來越多的網站提供有關 ChatGPT 不同方面的資源，包括：ChatGPT 指令、學習、功能、研究論文、技術文章、示範應用等相關資源，以下將介紹幾個值得推薦的 ChatGPT 相關資源的網站：

- OpenAI 官方網站：提供 ChatGPT 的相關技術文章、示範應用、新聞發布等等，網址：https://openai.com/。
- GitHub：是一個網上的程式碼存儲庫（Code Repository），主要宗旨在協助開發人員與團隊進行協作開發。GitHub 使用 Git 作為其基礎技術，它使得開發人員可以更好地掌握代碼版本控制，更容易地協作開發。OpenAI 官方的開放原始程式碼和相關資源網址：https://github.com/openai。
- arXiv.org：提供 ChatGPT 相關的學術研究論文和技術報告，網址：https://arxiv.org/。
- Google Scholar：為一提供 ChatGPT 相關的學術研究論文和技術報告的搜尋引擎，網址：https://scholar.google.com/。
- Towards Data Science：提供有關 ChatGPT 的技術文章和教學，網址：https://towardsdatascience.com/。
- 數位時代：提供有關 ChatGPT 的技術文章和示範應用，網址：https://www.bnext.com.tw/。

9-6 利用 ChatGPT 輕鬆開發 AI 小遊戲

前面章節提到我們可以利用 ChatGPT 撰寫各種類型的 Python 程式，也舉了一些應用在繪製多媒體圖案、模擬大樂透的開獎、建立視窗應用程式…等例子，這裡我們將更進一步發揮 ChatGPT 不可思議的能力，直接請 ChatGPT 為使用者開發幾款小遊戲。

9-6-1 請 ChatGPT 自我推薦以 Python 實作的小遊戲

如果各位想要請 ChatGPT 開發哪一款遊戲拿不定主意時，這時不妨就來問問 ChatGPT 可以開發哪些小遊戲，現在就直接來問 ChatGPT 吧！

Q 請列出 3 款不需要用到圖形技巧，只需純本文介面的小遊戲的名稱，而且這幾款遊戲你可以提供完整的 Python 程式碼給我參考。

A

以下幾款小遊戲都是 ChatGPT 直接撰寫的程式，筆者只是利用「Copy Code」鈕將程式複製到 Python 的 IDLE 整合式開發環境去執行。

9-6-2 猜數字遊戲

這款遊戲會由系統生成一個隨機數，接著再提示用戶輸入數字，並比較用戶輸入的數字和隨機數的大小，並提示用戶所輸入的數字與答案的大小差別，直到猜對數字。

範例 game1.py ▌猜數字遊戲。

```
01 import random
02
03 # 生成一個隨機數
04 number = random.randint(1, 100)
05
06 # 提示用戶輸入數字
07 guess = int(input("Guess a number between 1 and 100: "))
08
09 # 比較用戶輸入的數字和隨機數的大小
10 while guess != number:
11     if guess < number:
12         guess = int(input("Too low. Guess again: "))
13     else:
14         guess = int(input("Too high. Guess again: "))
15
16 print("Congratulations! You guessed the number", number)
```

執行結果

```
Python 3.11.0 (main, Oct 24 2022, 18:26:48) [MSC v.1933 64 bit
(AMD64)] on win32
Type "help", "copyright", "credits" or "license()" for more in
formation.

======= RESTART: C:\Users\User\Desktop\Python+ChatGPT改版\ch15
範例檔\game1.py =======
Guess a number between 1 and 100: 50
Too low. Guess again: 75
Too low. Guess again: 85
Too low. Guess again: 90
Too low. Guess again: 95
Congratulations! You guessed the number 95
```

9-6-3 OX 井字遊戲

OX 井字遊戲是一款簡單的紙筆遊戲，也被稱為井字遊戲、三目遊戲等。它通常在一個 3*3 的方格棋盤上進行，由兩個玩家交替放置自己的標誌（通常是 O 和 X），目標是在橫、豎、對角線上先形成三個相同的標誌的連線，以獲得勝利。

遊戲開始時，先手玩家通常選擇自己的標誌，然後交替輪流放置，直到其中一方獲勝或棋盤填滿。OX 井字遊戲簡單易上手，但具有豐富的策略和變化，尤其是在高水平比賽中，需要玩家具有良好的判斷和佈局能力，以贏得勝利。

範例 game2.py ▌OX 井字遊戲。

```
01 def print_board(board):
02     for row in board:
03         print(row)
04
05 def get_move(player):
06     move = input(f"{player}, enter your move (row,column): ")
07     row, col = move.split(",")
08     return int(row) - 1, int(col) - 1
09
10 def check_win(board, player):
11     for row in board:
12         if all(square == player for square in row):
13             return True
14     for col in range(3):
15         if all(board[row][col] == player for row in range(3)):
16             return True
17     if all(board[i][i] == player for i in range(3)):
18         return True
19     if all(board[i][2-i] == player for i in range(3)):
20         return True
21     return False
22
23 def tic_tac_toe():
24     board = [[" " for col in range(3)] for row in range(3)]
25     players = ["X", "O"]
26     current_player = players[0]
27     print_board(board)
28     while True:
29         row, col = get_move(current_player)
30         board[row][col] = current_player
31         print_board(board)
32         if check_win(board, current_player):
33             print(f"{current_player} wins!")
34             break
```

```
35          if all(square != " " for row in board for square in row):
36              print("Tie!")
37              break
38          current_player = players[(players.index(current_player)
    + 1) % 2]
39
40  if __name__ == '__main__':
41      tic_tac_toe()
```

執行結果

```
Python 3.11.0 (main, Oct 24 2022, 18:26:48) [MSC v.1933 64 bit (AMD64)] on win32
Type "help", "copyright", "credits" or "license()" for more information.

======= RESTART: C:\Users\User\Desktop\Python+ChatGPT改版\ch15範例檔\game2.py ==
=====
[' ', ' ', ' ']
[' ', ' ', ' ']
[' ', ' ', ' ']
X, enter your move (row,column): 2,2
[' ', ' ', ' ']
[' ', 'X', ' ']
[' ', ' ', ' ']
O, enter your move (row,column): 1,1
['O', ' ', ' ']
[' ', 'X', ' ']
[' ', ' ', ' ']
X, enter your move (row,column): 2,3
['O', ' ', ' ']
[' ', 'X', 'X']
[' ', ' ', ' ']
O, enter your move (row,column): 2,1
['O', ' ', ' ']
['O', 'X', 'X']
[' ', ' ', ' ']
X, enter your move (row,column): 3,1
['O', ' ', ' ']
['O', 'X', 'X']
['X', ' ', ' ']
O, enter your move (row,column): 1,2
['O', 'O', ' ']
['O', 'X', 'X']
['X', ' ', ' ']
X, enter your move (row,column): 1,3
['O', 'O', 'X']
['O', 'X', 'X']
['X', ' ', ' ']
X wins!
```

9-6-4 猜拳遊戲

猜拳遊戲是一種經典的競技遊戲，通常由兩人進行。玩家需要用手勢模擬出「石頭」、「剪刀」、「布」這三個選項中的一種，然後與對手進行比較，判斷誰贏誰輸。「石頭 打 剪刀」、「剪刀 剪 布」、「布 包 石頭」，勝負規則如此。在遊戲中，玩家需要根據對手的表現和自己的直覺，選擇出最可能獲勝的手勢。

範例 game3.py ▎猜拳遊戲。

```
01  import random
02
03  # 定義猜拳選項
04  options = ["rock", "paper", "scissors"]
05
06  # 提示用戶輸入猜拳選項
07  user_choice = input("Choose rock, paper, or scissors: ")
08
09  # 電腦隨機生成猜拳選項
10  computer_choice = random.choice(options)
11
12  # 比較用戶和電腦的猜拳選項 判斷輸贏
13  if user_choice == computer_choice:
14      print("It's a tie!")
15  elif user_choice == "rock" and computer_choice == "scissors":
16      print("You win!")
17  elif user_choice == "paper" and computer_choice == "rock":
18      print("You win!")
19  elif user_choice == "scissors" and computer_choice == "paper":
20      print("You win!")
21  else:
22      print("You lose!")
```

執行結果

```
Python 3.11.0 (main, Oct 24 2022, 18:26:48) [MSC v.1933 64 bit (AMD64)
] on win32
Type "help", "copyright", "credits" or "license()" for more informatio
n.

======= RESTART: C:\Users\User\Desktop\Python+ChatGPT改版\ch15範例檔\g
ame3.py =======
Choose rock, paper, or scissors: scissors
You win!
```

9-6-5 牌面比大小遊戲

比牌面大小遊戲，又稱為撲克牌遊戲，是一種以撲克牌作為遊戲工具的競技遊戲。玩家在遊戲中擁有一手牌，每張牌的面值和花色不同，根據不同的規則進行比較，最終獲得最高的分數或獎勵。

範例 game4.py ▍比牌面大小遊戲。

```
01  import random
02
03  def dragon_tiger():
04      cards = ["A", 2, 3, 4, 5, 6, 7, 8, 9, 10, "J", "Q", "K"]
05      dragon_card = random.choice(cards)
06      tiger_card = random.choice(cards)
07      print(f"Dragon: {dragon_card}")
08      print(f"Tiger: {tiger_card}")
09      if cards.index(dragon_card) > cards.index(tiger_card):
```

```
10          print("Dragon wins!")
11      elif cards.index(dragon_card) < cards.index(tiger_card):
12          print("Tiger wins!")
13      else:
14          print("Tie!")
15
16  if __name__ == '__main__':
17      dragon_tiger()
```

執行結果

```
Python 3.11.0 (main, Oct 24 2022, 18:26:48) [MSC v.1933 64 bit
(AMD64)] on win32
Type "help", "copyright", "credits" or "license()" for more in
formation.

======= RESTART: C:/Users/User/Desktop/Python+ChatGPT改版/ch15
範例檔/game4.py =======
Dragon: K
Tiger: Q
Dragon wins!
```

9-7 你不能不會的演算法

在當今數位時代，演算法成為我們生活中不可或缺的一部分。無論是網路搜尋、社群媒體推薦還是金融交易，演算法都悄悄地影響著我們的日常。了解與應用演算法，已經成為現代人必備的技能，這是你不能不會的重要議題。除了本書之前所介紹的知名演算法外，以下還要介紹作為程式設計人員也必須熟悉的重要演算法。

9-7-1 雞尾酒排序法

雞尾酒排序法（Cocktail Sort）又叫雙向氣泡排序法（Bidirectional Bubble Sort）、搖晃排序法（Shaker Sort）、波浪排序法（Ripple Sort）、搖曳排序法（Shuffle Sort）、飛梭排序法（Shuttle Sort）、歡樂時光排序法（Happy Hour Sort）。

傳統汽泡排序法的特點是由左至右進行比較，如果排序資料的筆數為 n，則必須執行 n-1 次的迴圈，每個迴圈必須進行 n-1 次的比較，但是雞尾酒排序法為氣泡排序法的改良，第一個迴圈會先從左到右比較，每回會利用氣泡排序法，經過第一個迴圈找到最大值，並將此最大值放在最右邊的索引位置。接著再從次右邊的索引從右到左方向的比較，經過這一次向左方向的迴圈可以找到最小值，並將此最小值放在最左邊的索引位置。

下一步再從尚未排序的索引值進行第二次向右迴圈的比較，如此一來會找到第二大的值。找到後再從尚未排序的索引值進行第二次向左迴圈的比較，如此一來會找到第二小的值。只要在執行迴圈工作時，沒有更動到任何值的位置，就表示排序完成。這一點和氣泡排序法必須執行完迴圈內所有的指令是有所不同。

因此，如果序列資料大部份已排好，最佳的時間複雜度為 O(n)，另外最壞情況及平均情況的時間複雜度為 $O(n^2)$。接著以實際例子為各位示範完整的排序過程。

原始資料：

排序過程中圓形數字代表尚未排序資料，方形數字代表已排序資料。排序過程如下：

第 1 次向右迴圈，會找到最大值，找到最大值放在最右邊索引位置。

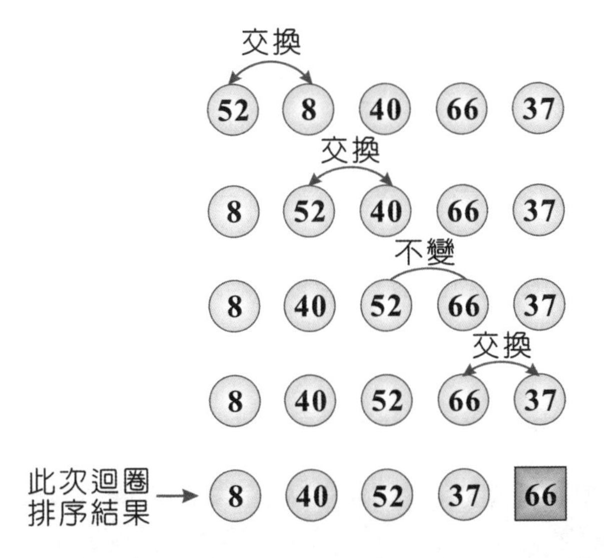

接著針對未排序的資料執行第一次向左迴圈，找到最小值，放在最左邊索引位置。

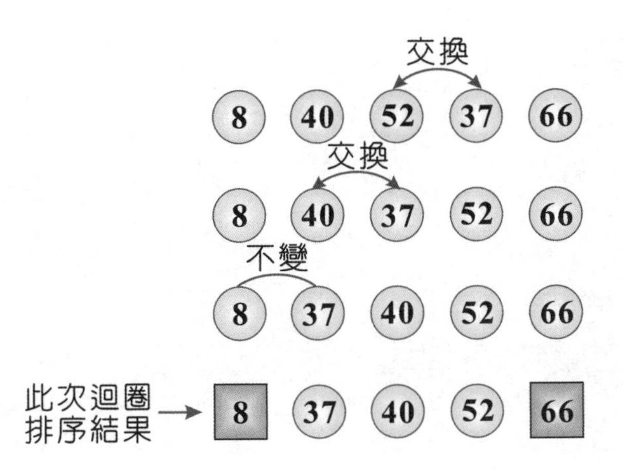

接著繼續執行第 2 次迴圈，執行過程如下：

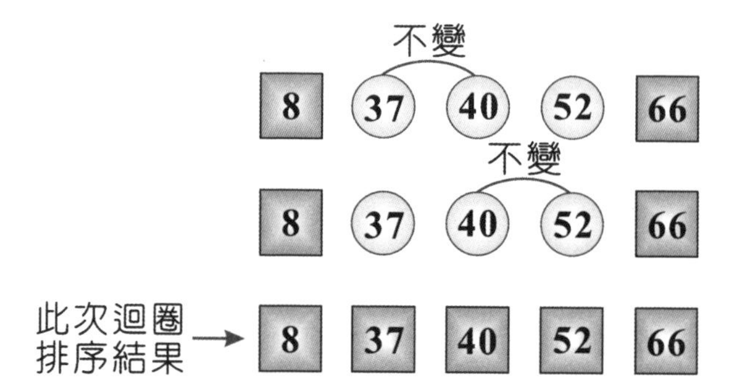

這次迴圈的比較過程中並沒有任何資料的交換動作，表示排序工作已完成。

Q 請設計一 **Python** 程式，利用雞尾酒排序法，最後列出排序的過程。

A

好的，以下是一個使用Python實現雞尾酒排序（Cocktail Sort）並輸出排序過程的程式碼：

python Copy code

```python
def cocktail_sort(arr):
    n = len(arr)
    start = 0
    end = n - 1
    swapped = True

    while swapped:
        swapped = False

        # 從左到右進行排序
        for i in range(start, end):
            if arr[i] > arr[i+1]:
                arr[i], arr[i+1] = arr[i+1], arr[i]
                swapped = True

        # 輸出排序過程
        print(arr)

        if not swapped:
            break

        swapped = False
        end -= 1
```

範例 cocktail.py

```
01 def cocktail_sort(arr):
02     n = len(arr)
03     start = 0
04     end = n - 1
05     swapped = True
06 
07     while swapped:
08         swapped = False
09 
10         # 從左到右進行排序
11         for i in range(start, end):
12             if arr[i] > arr[i+1]:
13                 arr[i], arr[i+1] = arr[i+1], arr[i]
14                 swapped = True
15 
16         # 輸出排序過程
17         print(arr)
18 
19         if not swapped:
20             break
21 
22         swapped = False
23         end -= 1
24 
25         # 從右到左進行排序
26         for i in range(end-1, start-1, -1):
27             if arr[i] > arr[i+1]:
28                 arr[i], arr[i+1] = arr[i+1], arr[i]
29                 swapped = True
30 
31         # 輸出排序過程
32         print(arr)
33 
34         start += 1
35 
36 # 測試程式碼
37 arr = [52, 8, 40, 66, 37]
```

```
38  print("原始數列:", arr)
39  print("排序過程:")
40  cocktail_sort(arr)
41  print("排序結果:", arr)
```

執行結果

```
===
原始數列: [52, 8, 40, 66, 37]
排序過程:
[8, 40, 52, 37, 66]
[8, 37, 40, 52, 66]
[8, 37, 40, 52, 66]
排序結果: [8, 37, 40, 52, 66]
```

9-7-2 內插搜尋法

內插搜尋法（Interpolation Search）又叫做插補搜尋法，是二分搜尋法的改版。它是依照資料位置的分佈，利用公式預測資料的所在位置，再以二分法的方式漸漸逼近。使用內插法是假設資料平均分佈在陣列中，而每一筆資料的差距是相當接近或有一定的距離比例。其內插法的公式為：

$$\text{Mid}=\text{low}+\frac{\text{key - data[low]}}{\text{data[high] - data[low]}}*(\text{high - low})$$

其中 key 是要尋找的鍵，data[high]、data[low] 是剩餘待尋找記錄中的最大值及最小值，對資料筆數為 n，其插補搜尋法的步驟如下：

① 將記錄由小到大的順序給予 1,2,3...n 的編號。

② 令 low=1，high=n

③ 當 low<high 時，重複執行步驟④及步驟⑤

④ 令 $Mid = low + \frac{key - data[low]}{data[high] - data[low]} * (high - low)$

⑤ 若 $key < key_{Mid}$ 且 $high \neq Mid-1$ 則令 $high = Mid-1$

⑥ 若 $key = key_{Mid}$ 表示成功搜尋到鍵值的位置

⑦ 若 $key > key_{Mid}$ 且 $low \neq Mid+1$ 則令 $low = Mid+1$

內插法分析

1. 一般而言，內插搜尋法優於循序搜尋法，而如果資料的分佈愈平均，則搜尋速度愈快，甚至可能第一次就找到資料。此法的時間複雜度取決於資料分佈的情況而定，平均而言優於 O(log n)。
2. 使用內插搜尋法資料需先經過排序。

Q **請設計一 Python 程式，以亂數產生 1~150 間的 50 個整數，並實作內插搜尋法的過程與步驟。**

A

以下是一個Python程式，使用亂數產生50個1到150之間的整數，並實作內插搜尋法的過程與步驟。

python Copy code

```python
import random

# 產生亂數數列
numbers = random.sample(range(1, 151), 50)
numbers.sort()  # 排序數列

# 內插搜尋法
def interpolation_search(arr, target):
    low = 0
    high = len(arr) - 1

    while low <= high and arr[low] <= target <= arr[high]:
        # 計算內插位置
        position = low + ((target - arr[low]) * (high - low)) // (arr[high]

        if arr[position] == target:
            return position
        elif arr[position] < target:
            low = position + 1
        else:
            high = position - 1
```

範例 Interpolation.py

```
01  import random
02  
03  # 產生亂數數列
04  numbers = random.sample(range(1, 151), 50)
05  numbers.sort()  # 排序數列
06  
07  # 內插搜尋法
08  def interpolation_search(arr, target):
09      low = 0
10      high = len(arr) - 1
11  
12      while low <= high and arr[low] <= target <= arr[high]:
13          # 計算內插位置
14          position = low + ((target - arr[low]) * (high - low)) //
    (arr[high] - arr[low])
15  
16          if arr[position] == target:
17              return position
18          elif arr[position] < target:
19              low = position + 1
20          else:
21              high = position - 1
22  
23      return -1
24  
25  # 顯示亂數數列
26  print("亂數數列:", numbers)
27  
28  # 輸入要尋找的數字
29  target = int(input("請輸入要尋找的數字:"))
30  
31  # 執行內插搜尋法
32  index = interpolation_search(numbers, target)
33  
```

```
34  # 列印結果
35  if index != -1:
36      print(f"數字 {target} 在數列中的位置是:{index}")
37  else:
38      print(f"數字 {target} 不存在於數列中。")
```

執行結果

```
亂數數列: [1, 2, 4, 10, 11, 12, 18, 23, 25, 28, 30, 31, 33, 35, 36, 37, 40, 41,
44, 46, 50, 54, 55, 56, 57, 58, 61, 67, 68, 70, 73, 75, 82, 83, 90, 97, 101, 102
, 104, 109, 110, 111, 113, 120, 122, 126, 131, 135, 144, 149]
請輸入要尋找的數字:10
數字 10 在數列中的位置是:3
```

9-7-3 費氏搜尋法

費氏搜尋法（Fibonacci Search）又稱費伯那搜尋法，此法和二分法一樣都是以切割範圍來進行搜尋，不同的是費氏搜尋法不以對半切割而是以費氏級數的方式切割。

費氏級數 F(n) 的定義如下：

$$\begin{cases} F_0=0,\ F_1=1 \\ F_i=F_{i-1}+F_{i-2}，i \geqq 2 \end{cases}$$

費氏級數：0,1,1,2,3,5,8,13,21,34,55,89,…。也就是除了第 0 及第 1 個元素外，每個值都是前兩個值的加總。

費氏搜尋法的好處是只用到加減運算而不需用到乘法及除法，這以電腦運算的過程來看效率會高於前兩種搜尋法。在尚未介紹費氏搜尋法之前，我們先來認識費氏搜尋樹。所謂費氏搜尋樹是以費氏級數的特性所建立的二元樹，其建立的原則如下：

① 費氏樹的左右子樹均亦為費氏樹。

② 當資料個數 n 決定，若想決定費氏樹的階層 k 值為何，我們必須找到一個最小的 k 值，使得費氏級數的 Fib(k+1) ≧ n+1。

③ 費氏樹的樹根定為一費氏數，且子節點與父節點的差值絕對值為費氏數。

④ 當 k ≥ 2 時，費氏樹的樹根為 Fib(k)，左子樹為 (k-1) 階費氏樹（其樹根為 Fib(k-1)），右子樹為 (k-2) 階費氏樹（其樹根為 Fib(k)+Fib(k-2))。

⑤ 若 n+1 值不為費氏數的值，則可以找出存在一個 m 使用 Fib(k+1)-m=n+1，m=Fib(k+1)-(n+1)，再依費氏樹的建立原則完成費氏樹的建立，最後費氏樹的各節點再減去差值 m 即可，並把小於 1 的節點去掉即可。

費氏樹的建立程序概念圖，我們以下圖為您示範說明：

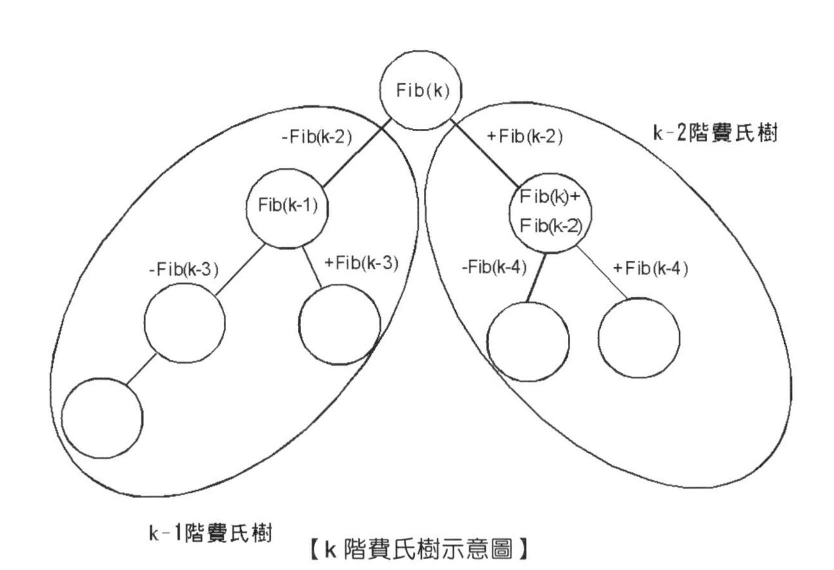

【k 階費氏樹示意圖】

也就是說當資料個數為 n，且我們找到一個最小的費氏數 Fib(k+1) 使得 Fib(k+1) ≧ n+1。則 Fib(k) 就是這棵費氏樹的樹根，而 Fib(k-2) 則是與左右子樹開始的差值，左子樹用減的；右子樹用加的。例如我們來實際求取 n=33 的費氏樹：

由於 n=33，且 n+1=34 為一費氏數，並我們知道費氏數列的三項特性：

```
Fib(0)=0
Fib(1)=1
Fib(k)=Fib(k-1)+Fib(k-2)
```

得知 Fib(0)=0、Fib(1)=1、Fib(2)=1、Fib(3)=2、Fib(4)=3、Fib(5)=5
Fib(6)=8、Fib(7)=13、Fib(8)=21、Fib(9)=34

由上式可得知 Fib(k+1)=34→k=8，建立二元樹的樹根為 Fib(8)=21

左子樹樹根為 Fib(8-1)=Fib(7)=13
右子樹樹根為 Fib(8) ＋ Fib(8-2)=21+8=29

依此原則我們可以建立如下的費氏樹：

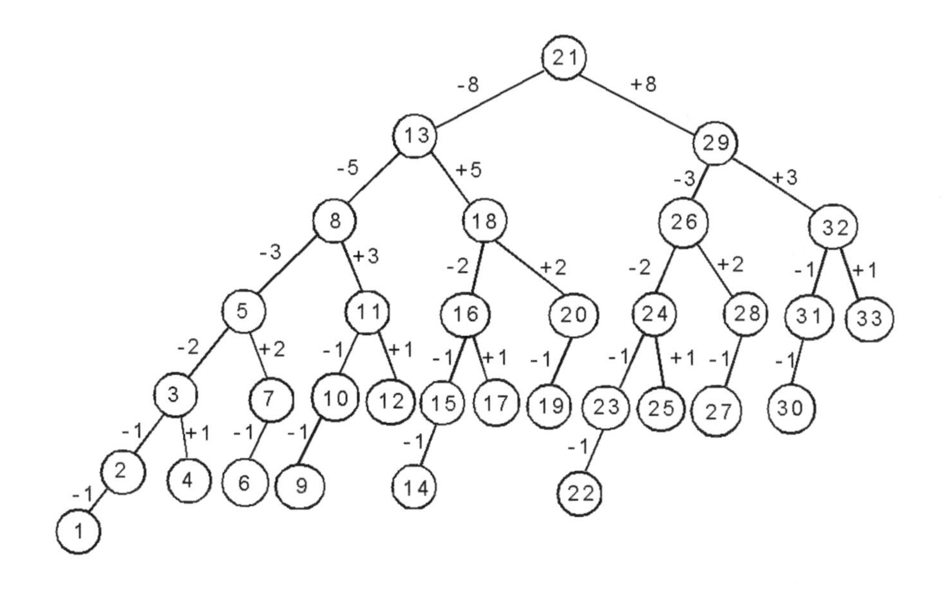

費氏搜尋法是以費氏樹來找尋資料，如果資料的個數為 n，而且 n 比某一費氏數小，且滿足如下的運算式：

Fib(k+1) ≧ n+1

此時 Fib(k) 就是這棵費氏樹的樹根，而 Fib(k-2) 則是與左右子樹開始的差值，若我們要尋找的鍵值為 key，首先比較陣列索引 Fib(k) 和鍵值 key，此時可以有下列三種比較情況：

① 當 key 值比較小，表示所找的鍵值 key 落在 1 到 Fib(k)-1 之間，故繼續尋找 1 到 Fib(k)-1 之間的資料。

② 如果鍵值與陣列索引 Fib(k) 的值相等，表示成功搜尋到所要的資料。

③ 當 key 值比較大，表示所找的鍵值 key 落在 Fib(k)+1 到 Fib(k+1)-1 之間，故繼續尋找 Fib(k)+1 到 Fib(k+1)-1 之間的資料。

費氏搜尋法分析

1. 平均而言，費氏搜尋法的比較次數會少於二元搜尋法，但在最壞的情況下則二元搜尋法較快。其平均時間複雜度為 $O(\log_2 n)$。
2. 費氏搜尋演算法較為複雜，需額外產生費氏樹。

Q 請設計一費氏搜尋法的 Python 程式，並實作費氏搜尋法的過程與步驟，所搜尋的陣列內容如下：

```
data=[5,7,12,23,25,37,48,54,68,77,\
91,99,102,110,118,120,130,135,136,150]
```

以下是一個Python程式，使用費氏搜尋法來搜尋給定陣列 `data` 的過程與步驟。

python　　Copy code

```python
def fibonacci_search(arr, target):
    fib2 = 0  # 前前一個費氏數字
    fib1 = 1  # 前一個費氏數字
    fib = fib2 + fib1  # 目前的費氏數字

    while fib < len(arr):
        fib2 = fib1
        fib1 = fib
        fib = fib2 + fib1

    offset = -1  # 偏移量

    while fib > 1:
        i = min(offset + fib2, len(arr) - 1)

        if arr[i] < target:
            fib = fib1
            fib1 = fib2
            fib2 = fib - fib1
            offset = i
```

範例 Fibonacci.py

```
01  def fibonacci_search(arr, target):
02      fib2 = 0  # 前前一個費氏數字
03      fib1 = 1  # 前一個費氏數字
04      fib = fib2 + fib1  # 目前的費氏數字
05
06      while fib < len(arr):
07          fib2 = fib1
08          fib1 = fib
09          fib = fib2 + fib1
10
11      offset = -1  # 偏移量
12
13      while fib > 1:
14          i = min(offset + fib2, len(arr) - 1)
15
16          if arr[i] < target:
17              fib = fib1
18              fib1 = fib2
```

```
19                fib2 = fib - fib1
20                offset = i
21            elif arr[i] > target:
22                fib = fib2
23                fib1 = fib1 - fib2
24                fib2 = fib - fib1
25            else:
26                return i
27
28        if fib1 == 1 and arr[offset + 1] == target:
29            return offset + 1
30
31        return -1
32
33    # 測試程式碼
34    data = [5, 7, 12, 23, 25, 37, 48, 54, 68, 77, 91, 99, 102, 110,
      118, 120, 130, 135, 136, 150]
35    print(data)
36
37    # 輸入要尋找的數字
38    target = int(input("請輸入要尋找的數字:"))
39
40    # 執行費氏搜尋法
41    index = fibonacci_search(data, target)
42
43    # 列印結果
44    if index != -1:
45        print(f"數字 {target} 在陣列中的位置是:{index}")
46    else:
47        print(f"數字 {target} 不存在於陣列中。")
```

執行結果

```
[5, 7, 12, 23, 25, 37, 48, 54, 68, 77, 91, 99, 102, 110, 118, 120, 130, 135, 136
, 150]
請輸入要尋找的數字：7
數字 7 在陣列中的位置是：1
```

MEMO

MEMO